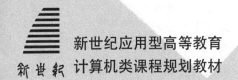

新世纪应用型高等教育
计算机类课程规划教材

数据库系统原理及应用实践教程

SHUJUKU XITONG YUANLI JI YINGYONG
SHIJIAN JIAOCHENG

主　编　袁丽娜
副主编　潘正军　罗　琼

U0245180

 大连理工大学出版社

图书在版编目(CIP)数据

数据库系统原理及应用实践教程 / 袁丽娜主编. --
大连：大连理工大学出版社，2020.8(2024.7重印)
新世纪应用型高等教育计算机类课程规划教材
ISBN 978-7-5685-2635-7

Ⅰ. ①数… Ⅱ. ①袁… Ⅲ. ①数据库系统－高等学校
－教材 Ⅳ. ①TP311.13

中国版本图书馆 CIP 数据核字(2020)第 142994 号

大连理工大学出版社出版

地址:大连市软件园路 80 号　邮政编码:116023
发行:0411-84708842　邮购:0411-84708943　传真:0411-84701466
E-mail:dutp@dutp.cn　URL:https://www.dutp.cn
大连朕鑫印刷物资有限公司印刷　　　　大连理工大学出版社发行

幅面尺寸:185mm×260mm　　　印张:18.75　　　字数:453 千字
2020 年 8 月第 1 版　　　　　　2024 年 7 月第 4 次印刷

责任编辑:王晓历　　　　　　　　　　责任校对:李明轩
封面设计:对岸书影

ISBN 978-7-5685-2635-7　　　　　　　定　价:48.80 元

随着计算机信息化的不断发展,数据库技术已经属于应用最为广泛的技术之一,已成为各类信息管理系统的核心技术和重要基础。而数据库课程是计算机、软件工程及相关专业的专业基础课程之一。本教材详细介绍了数据库系统的基本原理及相关实践应用,使学生在掌握数据库系统原理相关理论知识的同时,也能熟练掌握一门主流数据库管理系统(MySQL)的应用技术,利用常用的开发工具进行数据库应用系统的设计与开发。

本教材内容理论联系实际,主要包括两个部分:数据库理论篇和数据库实践指导篇。

数据库理论篇主要介绍数据库系统原理基础理论知识,包括数据库系统概述、关系数据库、关系数据库标准语言 SQL、关系规范化理论、数据库设计和数据库安全保护等;数据库实践指导篇主要介绍在 MySQL—8.0.20 环境下,数据库实践的各项实验。实践部分又分为三大部分:数据库基础操作实践、数据库开发实践和数据库综合实践。数据库基础操作实践涉及数据库和表的基本操作、完整性约束、数据的增删改操作、索引、视图、数据库设计;数据库开发实践主要介绍了存储过程、自定义函数、触发器、数据库的备份与恢复等高级应用;数据库综合实践提供了综合案例,在学习数据库理论的同时,为学生的数据库应用开发实践提供指导。

本教材具有以下几个特点:

(1)内容系统全面,同时包含数据库理论知识和实验指导,理论和实践内容相互融合、相互补充。

(2)实验部分采用较新的 MySQL—8.0.20 作为开发环境,采用案例作为实验驱动,以一个案例贯穿整个实验内容。实验中还特别提供了案例场景、最佳实践等实践经验,采用深入浅出、循序渐进的方式,每个实验都具有典型性,且实践性强。实验最后部分还给出了一个综合案例,将所有知识进行融合,便于读者从中学习和实践,以达到理论联系实际、真正学以致用的教学目的。

(3)本教材还提供了丰富的习题和练习,供读者进行举一反三的学习。

(4)为方便读者学习和教师讲课,本教材还提供了 PPT 电子讲稿和习题答案。

本教材由广州大学华软软件学院袁丽娜任主编,广州大学华软软件学院潘正军、罗琼任副主编。具体分工如下:第 2 章、第 4 章、第 5 章、第 6 章和第二部分由袁丽娜编写,第 1 章由潘正军编写,第 3 章、第三部分由罗琼编写,第一部分由袁丽娜、潘正军、罗琼共同编写。

本教材在编写过程中还得到了很多领导及老师的帮助,在此表示衷心的感谢。

在编写本教材的过程中,编者参考、引用和改编了国内外出版物中的相关资料以及网络资源,在此表示深深的谢意! 相关著作权人看到本教材后,请与出版社联系,出版社将按照相关法律的规定支付稿酬。

限于水平,书中仍有疏漏和不妥之处,敬请专家和读者批评指正,以使教材日臻完善。

编　者

2020 年 8 月

所有意见和建议请发往:dutpbk@163.com

欢迎访问高教数字化服务平台:https://www.dutp.cn/hep/

联系电话:0411-84708445　84708462

目录

第 I 篇

数据库理论篇

第1章 数据库系统概述

本章重点

- 掌握数据、数据库、数据库系统的相关概念；
- 了解数据库技术的产生及发展过程；
- 掌握数据库系统的体系结构；
- 掌握数据模型；
- 了解数据库技术发展趋势。

21世纪是信息技术飞速发展的时代。数据库技术作为信息技术主要支柱之一，在社会各个领域中均有着广泛的应用。数据库技术专门研究如何高效地组织和存储数据，如何快速获取和处理数据。对信息进行收集、组织、存储、加工、传播、管理和使用都是以数据库为基础。利用数据库可以为各种用户提供及时的、准确的、相关的信息，满足这些用户各种不同的需要。因此，数据库课程不仅是计算机相关专业的必修课程，也是很多非计算机专业的必修课程之一。

本章将介绍数据库系统的相关基本概念，数据库技术的产生、发展过程以及数据库系统的体系结构，然后全面分析数据模型，最后介绍关于数据库技术未来发展的趋势。

1.1 数据、数据库、大数据的基本概念

随着信息系统在各个行业的广泛使用，我们周围有着很多数据库应用的案例，比如图书馆信息管理系统、财务系统等。在科学计算、过程控制和数据处理这计算机的三大主要应用领域中数据处理所占比例差不多超过70％。信息已经成为这个时代最核心的资源，通过对信息的高效利用可以使社会资源得到最大限度地节约和合理运用，在这个过程中数据库起到了极其重要的作用，在学习数据库之前先了解数据库相关的概念是非常有必要的。

1. 数据（Data）

数据是数据库中存储的基本对象。由于早期的计算机系统主要用于科学计算，处理的数据基本都是整数、浮点数等数值型数据，因此数据在人们大脑中第一反应是数字，其实数字只是数据最简单的一种形式。在现代计算机系统中数据的种类非常丰富，比如文本、图像、音频、视频等都是数据。

数据的定义是用来记录信息的可识别的符号组合，是信息的具体表现形式。例如：一个学生的信息可以用一组数据"20190401126,刘平安,男,18,软件工程"来表示。数据必须和语义相结合才有实际意义，例如：上面这组数据根据其赋予的语义，表示的信息是一个姓名

为刘平安的学生,学号为 20190401126,性别为男,年龄为 18 岁,专业为软件工程。

数据的表现形式是多样的,可以用多种不同的数据形式表示同一个信息。例如:"2020 年股市将上涨 10%""二〇二〇年股市将上涨 10%""2020 年股市将上涨百分之十",这三种不同的数据表现形式所表达的信息是同一个,并无不同。

2.数据库(DataBase,DB)

数据库是长期存储在计算机中的有组织的、可共享的大量数据和数据对象(存储过程、触发器等)的集合,这种集合按一定的数据模型组织、描述和存储,具有较小的数据冗余、较高的数据独立性,可为多种用户共享,能以安全和可靠的方法进行数据的检索和存储。目前使用最广泛的是支持关系模型的关系数据库,主要用它来存储结构化数据。

数据库也可简单地理解为是在计算机中按照一定的格式存储数据的仓库。人们在使用计算机的过程中采集和生成了大量的数据,这些数据都需要保存在计算机中,以方便将来使用,而且随着计算机技术的不断发展和在人类各个领域的广泛应用,需要存储的数据量越来越大,简单的数据存储技术早已不能满足实际需求,这促使了功能强大的数据管理技术——数据库的诞生。

3.大数据(Big Data)

随着各个领域信息化的高度发展,数据量暴增,数据类型除了结构化数据,也还存在很多视频、即时消息(微博、微信)等非结构化和半结构化数据,传统的数据库技术已经不能存储和处理这些数据,因此大数据技术应运而生。大数据是指无法在一定时间范围内使用常规软件工具进行捕捉、管理和处理的数据集合,是需要新处理模式才能具有更强的决策力、洞察发现力和流程优化能力的海量、高增长率和多样化的信息资产。

对于大数据,不同的研究机构从不同的角度给出了不同的定义。研究机构 Gartner 给出了这样的定义:"大数据是需要新处理模式才能具有更强的决策力、洞察力和流程优化能力来适应海量、高增长率和多样化的信息资产。"而麦肯锡认为:"大数据是一种规模大到在获取、存储、管理、分析方面大大超出了传统数据库软件工具能力范围的数据集合,具有海量的数据规模、快速的数据流转、多样的数据类型和价值密度低四大特征。"互联网数据中心 IDC 说:"大数据不是一个'事物',而是一个跨多个信息技术领域的动力/活动。大数据技术描述了新一代的技术和架构,其被设计用于通过使用高速(Velocity)的采集、发现、分析从超大容量(Volume)的多样(Variety)数据中经济的提取价值(Value)。"

1.2 数据库技术的产生及发展过程

数据库技术的发展,已经成为先进信息技术的重要组成部分,是现代计算机信息系统和计算机应用系统的基础和核心。根据数据管理手段,数据库技术的发展可以划分为四个阶段:人工管理阶段、文件系统阶段、数据库系统阶段和大数据时代。

1.人工管理阶段

20 世纪 40 年代至 20 世纪 50 年代中期,计算机外部设备只有磁带机、卡片机和纸带穿孔机,而没有直接存取的磁盘设备,也没有操作系统,只有汇编语言。计算机主要用于科学计算,数据处理也采取批处理的方式,被称为人工管理数据阶段。

这个阶段的特点是数据不保存,数据面向某一应用程序,数据无共享、冗余度极大,数据不独立,完全依赖于程序,数据无结构,应用程序自己控制数据。

2.文件系统阶段

从20世纪50年代中期到20世纪69年代中期,计算机不仅用于科学计算,同时也开始用于信息处理。硬件方面有了很大改进,出现了磁盘、磁鼓等直接存储设备;软件方面出现了高级语言和操作系统,且操作系统中出现了专门的数据管理软件。

这个阶段数据以文件形式可长期保存下来。由文件系统管理数据,文件形式多样化,程序与数据间有一定独立性。由专门的软件即文件系统进行数据管理,程序和数据间由软件提供的存取方法进行转换,数据存储发生变化不一定影响程序的运行。这个阶段仍存在明显缺陷,数据冗余度大,数据一致性差。

3.数据库系统阶段

进入20世纪60年代,计算机软件、硬件技术得到了飞速发展。1969年IBM公司研发的层次性信息管理系统(IMS系统)、数据库语言研究会发布的数据库任务组关于网状数据库的报告以及1970年IBM公司的研究员E.F.Codd在发表的论文"大型共享数据库数据的关系模型"中提出的"关系模型"是数据库技术发展史上具有里程碑意义的重大事件,这些研究成果大大促进了数据库管理技术的发展和应用。

这个阶段数据高度结构化。使用规范的数据模型表示数据结构,数据不再针对某一项应用,而是面对系统整体,应用程序可通过数据库管理系统(DBMS)访问数据库中所有数据。较小的数据冗余,共享性高,数据与应用程序相互独立,通过DBMS进行数据安全性和完整性控制。DBMS可以有效地防止数据库中的数据被非法使用或修改。对于完整性控制,DBMS提供了数据完整性定义方法和进行数据完整性检验的功能。数据管理三个阶段的比较见表1-1。

表 1-1　　　　　　　　　　　　　数据管理三个阶段的比较

	人工管理阶段	文件系统阶段	数据库系统阶段
应用领域	科学计算	科学计算、管理	大规模管理
硬件需求	无直接存储设备	磁盘、磁鼓	大容量磁盘
软件需求	没有操作系统	文件系统	数据库管理系统
数据共享	无共享,冗余度极大	共享性差,冗余度大	共享性高,冗余度小
数据独立性	不独立,完全依赖于程序	独立性差	具有高度的物理独立性和逻辑独立性
数据结构化	无结构	记录内有结构,整体无结构	整体结构化,用数据模型描述
数据控制能力	应用程序自己控制	应用程序自己控制	由数据库管理系统提供数据安全性、完整性、并发控制和恢复能力

4.大数据时代

随着政府、电商、医疗、金融等各行各业的信息化迅速发展,结构化数据、非结构化数据也在快速增长,数据量的暴增使得传统的数据库已经很难存储、管理、查询和分析这些数据。如何实现结构化和非结构化的PB级、ZB级等海量数据的存储,如何挖掘出这些海量数据隐藏的商业价值,已成为两大挑战。为解决这两大挑战,大数据技术应运而生,并成功解决这两大挑战。大数据时代,存储数据采用多种方式混合进行,包括关系数据库、云存储、NoSQL 数据库、数据仓库、分布式文件系统等多种方式。

1.3 数据库系统的体系结构

数据库系统(DataBase System,DBS)是实现有组织地、动态地存储大量关联数据、方便多用户访问的计算机硬件、软件和数据资源组成的系统,即它是采用数据库技术的计算机系统。数据库系统一般由数据库、操作系统、DBMS、应用开发工具、应用系统、数据库管理员和用户构成,如图 1-1 所示。

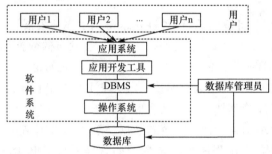

图 1-1　数据库系统的组成

1.3.1　内部体系结构

数据库的结构可以从多个角度进行分析,从数据库管理系统的角度看,数据库系统通常采用三级模式结构,这被称为数据库系统的内部体系结构。

根据美国国家标准协会和标准计划与需求委员会提出的建议,将数据库系统的内部体系结构定义为三级模式和二级映像结构,如图 1-2 所示。数据库系统的三级模式之间的联系通过二级映像实现,实际的映像转换工作是由 DBMS 完成。

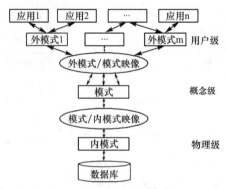

图 1-2　数据库系统的三级模式和二级映像结构

与数据抽象的层次相对应,数据库系统的三级模式分别是外模式、模式和内模式。一个数据库只有一个模式、一个内模式,但可以有多个外模式。数据库系统的三级模式不仅可以使数据具有独立性,而且还可以使数据达到共享,使同一数据能够满足更多用户的不同要求。

1.外模式

外模式(External Schema)也称子模式或用户模式,是数据库在视图层上的数据库模式。它是数据库用户能够看见和使用的局部数据的逻辑结构和特征的描述,是数据库用户的数据视图,是与某一应用有关的数据的逻辑表示。

一个数据库可以有多个外模式,因为不同用户有不同的需求以及拥有不同的访问权限。因此,对不同用户提供不同的外模式的描述,即每个用户只能看见和访问所对应的外模式中的数据。同一外模式可以为多个应用程序使用。例如:学生信息系统中,根据学生需要看到的信息组成一个数据库视图,包含学生的个人信息、所选课程等数据,而教师需要的信息组成另外一个数据库视图,包含教师的个人信息、课表等数据。

2.模式

模式(Schema)也称逻辑模式,是在逻辑层描述数据库的设计。模式是数据库中全体数据的逻辑结构和特征的描述,通常称为数据模式,是所有用户的公共数据视图。模式实际上是数据库数据在逻辑层上的视图。

DBMS一般提供数据定义语言来严格定义数据的逻辑结构、数据之间的联系以及与数据有关的安全性要求、完整性约束等。数据的逻辑结构包括数据记录的名称、组成的数据项的名称、类型、取值范围等。例如:学生信息系统中有学生关系模式(学号、姓名、性别、出生日期、班级、所在系),教师模式(教师编号、姓名、性别、年龄、职称、所在系),课程模式(课程编号、课程名称、学分、所在系)等。

3.内模式

内模式(Internal Schema)也称存储模式。它是对数据库物理结构和存储方法的描述,是数据在存储介质上的实际保存方式,是数据库最低一级的逻辑描述。例如:数据的存储方式是顺序存储、还是按照B树结构存储等。

一般由DBMS提供的数据定义语言来定义内模式。内模式对一般用户是透明的。用户无须关心内模式的具体实现细节,但它的设计会直接影响到数据库的性能。

在一个数据库系统中,只有唯一的一个数据库,因此作为描述数据库存储结构的内模式和描述数据库逻辑结构的模式也是唯一的,但建立在数据库系统之上的应用则是非常多的,所以对应的外模式不是唯一的,可以有多个。

外模式/模式映像保证了数据与程序之间的逻辑独立性,模式/内模式映像保证了数据的物理独立性。

1.3.2　外部体系结构

从数据库管理系统的角度来看数据库系统是一个三级模式结构,但数据库的这种模式结构对程序员和最终用户来说是透明的,它们所看到的是数据库系统的外部体系结构。数据库系统的外部体系结构有5种结构:单用户结构、主从式结构、分布式结构、客户机/服务器结构、浏览器/服务器结构。

1.单用户结构

单用户结构的整个数据库系统是装在一台计算机上的,为一个用户所独占,不同机器之间不能共享数据,数据冗余度大,是早期和最简单的数据库系统。例如,一个企业的各个部门都使用本部门的机器来管理本部门的数据,各个部门间的机器是相互独立的。由于不同部门之间不能共享数据,因此企业内部存在大量的冗余数据。

2.主从式结构

主从式结构也称为集中式结构,是一个主机带多个终端用户结构的数据库系统。在这种结构中,包括应用程序、DBMS、数据,都集中存放在主机上,所有处理任务都由主机来完成。各个用户通过主机的终端可同时或并发地存取数据库,共享数据资源。主从式结构的优点是结构简单,易于管理、控制与维护;缺点是当终端用户数目增加到一定程度后,主机的任务会过分繁重,成为瓶颈,使系统性能下降。系统的可靠性依赖主机,当主机出现故障时,整个系统都不能使用。

3.分布式结构

分布式数据库是数据库技术与网络技术相结合的产物。在实际应用中,一些大型企业的连锁店经常是在物理位置上分布式存在的,单位中各个部门都维护着自身的数据,整个单位的信息被分解成了若干信息分块,分布式数据库正是针对这种情形建立起来的信息桥梁。

分布式数据库中的数据在逻辑上相互关联,是一个整体,但物理地分布在计算机网络的不同结点上。网络中的每个结点都可以独立处理本地数据库中的数据,执行局部应用,同时也可以通过网络通信系统执行全局应用。

分布式结构的优点是适应了地理上分散的公司、团体和组织对于数据库应用的需求;缺点是数据的分布存放给数据的处理、管理与维护带来困难。当用户需要经常访问远程数据时,系统效率会明显地受到网络传输的制约。

4.客户机/服务器结构

客户机/服务器(Client/Server,C/S)结构也称为C/S结构。它将数据库系统看作由两个非常简单的部分组成,一个服务器(后端)和一组客户(前端)。服务器指DBMS本身,客户端指在DBMS上运行的各种应用程序,包括用户编写的应用程序和内置的应用程序。

在C/S结构的数据库系统中,客户端具有一定的数据处理、数据表示和数据存储能力,服务器端完成数据库管理系统的核心功能。客户端和服务器都参与一个应用程序的处理,可以有效地降低网络通信量和服务器运算量,从而降低系统的通信开销,可以称为一种特殊的协作式处理模式。在该体系结构中,客户端向服务器发送请求,服务器响应客户端发出的请求并返回客户端所需要的结果。

C/S结构的优点是充分利用两端硬件环境的优势,发挥客户端的处理能力,很多工作可以在客户端处理后再提交给服务器,可以有效降低系统的通信开销;缺点是只适用于局域网,客户端需要安装专用的客户端软件,升级维护不方便,并且对客户端的操作系统一般也会有一定限制。

C/S形式的两层结构中客户端和服务器直接相连,服务器要消耗资源用于处理与客户端的通信。当大量客户端同时提交数据请求时,服务器很有可能无法及时响应数据请求,导致系统运行效率降低甚至崩溃,而且客户端应用程序的分发和协调难于处理。为此,三层结构的B/S模式应运而生。

5.浏览器/服务器结构

浏览器/服务器(Browser/Server,B/S)结构也称为B/S结构,实质是一个三层结构的客户机/服务器体系。该结构是一种以Web技术为基础的新型数据库应用系统体系结构,它把传统C/S模式中的服务器分解为一个数据服务器和多个应用服务器(Web服务器),统一客户端为浏览器。在B/S结构的数据库系统中,作为客户端的浏览器并非直接与数据库相连,而是通过应用服务器与数据库进行交互。这样减少了与数据库服务器的连接数量,而且应用服务器分担了业务规则、数据访问、合法校验等工作,减轻了数据库服务器的负担。

B/S 结构的优点:首先是简化了客户端,客户端只要安装通用的浏览器软件即可,因此,只要有一台能上网的计算机就可以在任何地方进行操作而不用安装专门的客户应用软件,节省客户机的硬盘空间与内存,实现客户端零维护;其次是简化了系统的开发和维护,使系统的扩展非常容易。系统的开发者无须再为不同级别的用户设计开发不同的应用程序,只需把所有的功能都实现在应用服务器上,并就不同的功能为各个级别的用户设置权限即可。B/S 结构的缺点:首先是应用服务器端处理了系统的绝大部分事务逻辑,从而造成应用服务器运行负荷较重;其次是客户端浏览器功能简单,许多功能不能实现或实现起来比较困难。

目前大多数应用软件系统都是采用 B/S 结构。

1.4　数据库管理系统

在大量的数据中如何能快速找到所需要的数据,并对庞大的数据库进行日常维护,这就需要使用数据库管理系统(DataBase Management System,DBMS)。这个系统是一种操纵和管理数据库的大型软件,用于建立、使用和维护数据库。它对数据库进行统一的管理和控制,以保证数据库的安全性和完整性。用户通过 DBMS 访问数据库中的数据,数据库管理员也可以通过 DBMS 进行数据库的维护工作。它可使多个应用程序和用户用不同的方法在同时或不同时刻去建立、修改和询问数据库。大部分 DBMS 提供数据定义语言(Data Definition Language,DDL)、数据操作语言(Data Manipulation Language,DML)和数据控制语言(Data Control Language,DCL)供用户定义数据库的模式结构与权限约束,实现对数据的添加、删除等操作。

DBMS 是位于用户与操作系统之间的一层数据管理软件,主要功能是为用户或应用程序提供访问数据库的方法,如图 1-3 所示。

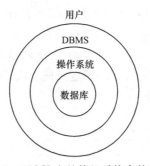

图 1-3　DBMS 在计算机系统中的位置

1.5　数据模型

计算机应用系统所有的业务功能都是来自现实世界的真实需求,但计算机并不能直接处理现实世界中的具体事物和联系,所以通常是将现实真实存在的事物和联系抽象成信息世界的概念模型,再转换成计算机世界的数据模型。

根据模型应用的目的不同,可以将模型分成两类:

(1)概念模型:根据用户的观点对数据和信息建模,是对现实世界存在的事物和联系的第一级抽象,不依赖于具体的计算机系统。

(2)逻辑模型(又称数据模型)和物理模型:逻辑模型是属于计算机世界中的模型,是按计算机的观点对数据建模,是对现实世界的第二级抽象,后面讲到的层次模型、网状模型、关系模型和面向对象等数据模型都属于逻辑模型;物理模型是对数据最底层的抽象,描述数据在磁盘或磁带上的存储方式和存取方法。逻辑模型向物理模型的转换一般由 DBMS 自动转换。

1.5.1　数据模型概念

随着数据库学科的发展,数据模型的概念也逐渐深入和完善。早期,一般把数据模型仅理解为数据结构。其后,在一些数据库系统中,则把数据模型归结为数据的逻辑结构、物理配置、存取路径和完整性约束条件等方面。现代数据模型的概念,则认为数据结构只是数据模型的组成成分之一。数据的物理配置和存取路径是关于数据存储的概念,不属于数据模型的内容。此外,数据模型不仅应该提供数据表示的手段,还应该提供数据操作的类型和方法,因为数据库不是静态的而是动态的。因此,数据模型还包括数据操作部分。

数据(Data)是描述事物的符号记录,模型(Model)是现实世界的抽象。数据模型(Data Model)是数据特征的抽象,是数据库管理的教学形式框架,是数据库系统中用以提供信息表示和操作手段的形式构架。层次数据模型、网状数据模型和关系数据模型是三种重要的数据模型,这三种模型是按其数据结构而命名的。

1.5.2　层次数据模型

层次数据模型表现为倒立的树,用户把层次数据库理解为段的层次。一个段(Segment)等价于一个文件系统的记录型。在层次数据模型中,文件或记录之间的联系形成层次。换句话说,层次数据库把记录集合表示成倒立的树结构。层次数据模型如图 1-4 所示。树可以被定义成一组结点,即有一个特别指定的结点称为根(结点),它是段的双亲,其他段都直接在它之下,其余结点被分成不相交的系并作为上面段的子女。每个不相交的系依次构成树和根的子树。树的根是唯一的。双亲可以没有、有一个或者有多个子女。层次数据模型可以表示两个实体之间的一对多联系,此时这两个实体被表示为双亲和子女关系。树的结点表示记录型。如果把根记录型定义成 0 级,那么依赖它的记录型定义成 1 级,依赖 1 级的记录型称为 2 级,等等。

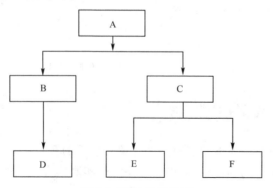

图 1-4　层次数据模型

层次数据模型是企业在过去所使用的最老的数据模型之一。层次模型数据库系统是最早研制成功的数据库系统,这种数据库最成功的类型是 IBM 公司研制成功的 IMS。

1.层次数据模型的优点

(1)简单。由于数据库基于层次结构,所以各层之间的联系逻辑上(或概念上)简单且层次数据库的设计也简单。

(2)数据共享。因为所有数据都保存在公共数据库里,所以使数据共享成为现实。

(3)数据安全。层次数据模型是第一个由 DBMS 提供和强制数据安全的数据库模型。

(4)数据独立性。DBMS 提供了保持数据独立性的环境,这充分地降低了编程的难度,减少了对程序的维护工作量。

(5)数据完整性。给定双亲/子女联系,在双亲段和它的子女段之间存在连接。由于子女段是自动地引用它的双亲,所以这种模式保证了数据完整性。

(6)高效率。当数据库包含大量一对多($1:m$)联系的数据并且用户在大量事务中所使用的数据的联系固定时,层次数据模型是非常高效率的。

(7)可用的技术。由于已有许多大型计算机技术基础,因此经验丰富的编程人员可以加以有效利用。

(8)可靠的商业应用程序。在主机环境内部存在大量可靠的商业应用程序。

2.层次数据模型的缺点

(1)如果改变了层次数据库的数据库结构,那么必须修改所有访问数据库的应用程序。这样,维护数据库和应用程序变得非常困难。

(2)在现实世界中普通的多对多($n:m$)联系在层次数据模型中都很难实现。

(3)虽然层次数据库概念简单、容易设计而且没有数据依赖性问题,但实现起来特别复杂。DBMS 要求数据存储的物理级知识,数据库设计者必须要具备一定的物理数据存储特性的知识。数据库结构的任何变化,都要求所有访问数据库的应用程序随之改变。

(4)层次数据模型数据库缺乏灵活性,新的联系或段的改变通常会带来非常复杂的系统管理任务。

(5)为层次数据模型数据库编写应用程序是非常费时和复杂的。应用程序编程人员和终端用户必须准确地知道数据库中数据的物理描述以及如何编写访问数据的线性控制代码。只有很少或没有编程技术的普通用户通常是很难掌握这一知识的。

1.5.3　网状数据模型

网状数据模型是用网络结构表示实体类型及其实体之间联系的模型。网状数据模型中以记录为数据的存储单位。记录包含若干数据项。网状数据库的数据项可以是多值的和复合的数据。每个记录有一个唯一标识它的内部标识符,该内部标识符在一个记录存入数据库时由 DBMS 自动赋予。网状数据库是导航式数据库,用户在操作数据库时不但需要说明要做什么,还需要说明怎么做。例如:在查找语句中不但要说明查找的对象,而且要规定存取路径。世界上第一个网状数据库管理系统也是第一个 DBMS 是美国通用电气公司 Bachman 等人在 1964 年开发成功的 IDS(Integrated Data Store)。IDS 奠定了网状数据库的基础,并在当时得到了广泛的发行和应用。1971 年,数据库语言研究会(CODASYL)下属的数据库任务组(DBTG)提出了一个系统方案——DBTG 系统,对网状数据模型和语言进行了定义,并在 1978 年和 1981 年又做了修改和补充。因此网状数据模型又称为 CODASYL 模型或 DBTG 模型。1984 年,美国国家标准协会(ANSI)提出了一个网状定义语言(Network Definition Language,NDL)的推荐标准。在 20 世纪 70 年代,曾经出现过大量的网状数据库的 DBMS 产品,比较著名的有 Cullinet 软件公司的 IDMS、Honeywell 公司的 IDSII、Univac 公司的 DMS1100 和 HP 公司的 IMAGE 等。网状数据模型对于层次和非层次结构的事物都能比较自然的模拟,在关系数据库出现之前网状 DBMS 要比层次 DBMS 用得普遍。在数据库发展史上,网状数据库占有重要地位。网状数据模型如图 1-5 所示。

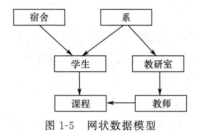

图 1-5　网状数据模型

1.5.4　关系数据模型

　　网状数据库和层次数据库已经很好地解决了数据的集中和共享问题,但是在数据独立性和抽象级别上仍有很大欠缺。用户在对这两种数据库进行存取时,仍然需要明确数据的存储结构,指出存取路径。而后来出现的关系数据库较好地解决了这些问题。关系数据库理论出现于 20 世纪 60 年代末到 70 年代初。1970 年,IBM 的研究员 E.F.Codd 博士发表的《大型共享数据银行数据的关系模型》一文中提出了关系数据模型的概念。后来 E.F.Codd 博士又陆续发表多篇文章,奠定了关系数据库的基础。关系数据模型有严格的数学基础,抽象级别比较高,而且简单清晰,便于理解和使用。但是当时也有人认为关系数据模型是理想化的数据模型,用来实现 DBMS 是不现实的,尤其担心关系数据库的性能难以接受,更有人视其为当时正在进行中的网状数据库规范化工作的严重威胁。为了促进对问题的理解,1974 年 ACM 牵头组织了一次研讨会,会上开展了一场分别以 E.F.Codd 博士和 Bachman 为首的支持和反对关系数据库两派之间的辩论。这次著名的辩论推动了关系数据库的发展,使其最终成为现代数据库产品的主流。

　　关系数据模型提供了关系操作的特点和功能要求,但不对 DBMS 的语言给出具体的语法要求。对关系数据库的操作是高度非过程化的,用户不需要指出特殊的存取路径,路径的选择由 DBMS 的优化机制来完成。E.F.Codd 博士在 20 世纪 70 年代初期的论文论述了范式理论和衡量关系系统的 12 条标准,用数学理论奠定了关系数据库的基础。E.F.Codd 博士也以其对关系数据库的卓越贡献获得了 1981 年 ACM 图灵奖。

　　关系数据模型是以集合论中的关系概念为基础发展起来的。关系数据模型中无论是实体还是实体间的联系均由单一的结构类型——关系来表示。在实际的关系数据库中的关系也称为表。一个关系数据库就是由若干个表组成。

1.关系数据模型的优点

　　(1)简单。关系数据模型比层次数据模型和网状数据模型更简单,设计人员不再受到实际物理数据存储细节的约束,因而可以专注于数据库的逻辑视图。

（2）结构独立性。与层次数据模型和网状数据模型不同的是,关系数据模型不依赖于导航式的数据访问系统。数据库结构的变化不会影响数据访问。

（3）易于设计、实现、维护和使用。关系数据模型提供结构独立性和数据独立性,这使得数据库的设计、实现、维护和使用更容易。

（4）灵活和强大的查询能力。关系数据模型提供非常强大、灵活和易于使用的查询能力,其结构化查询语言（SQL）使得特别的查询成为现实。

2.关系数据模型的缺点

（1）硬件开销。关系数据模型需要更高效的计算硬件和数据存储设备来完成 RDBMS 安排的任务。因此,它们可能比其他数据库更慢。但是,随着计算机技术和更高效的操作系统的快速发展,速度慢的缺点已不再成为问题。

（2）容易设计出不合理或性能低下的数据库。关系数据库易于使用的特点,容易导致未经训练的人员在没有充分理解和深入思考的情况下设计出不合理或性能低下的数据库,从而导致系统更慢、性能下降和数据不可靠。

1.5.5 面向对象数据模型

面向对象的基本概念是在 20 世纪 70 年代萌发出来的,它的基本做法是把系统工程中的某个模块和构件视为问题空间的一个或一类对象。到了 80 年代,面向对象的方法得到很大发展,在系统工程、计算机、人工智能等领域获得了广泛应用。但是,在更高级的层次上和更广泛的领域内对面向对象的方法进行研究还是 90 年代的事。面向对象的基本思想是通过对问题领域进行自然的分割,用更接近人类通常思维的方式建立问题领域的模型,并进行结构模拟和行为模拟,从而使设计出的软件能尽可能地直接表现出问题的求解过程。因此,面向对象的方法就是以接近人类通常思维方式的思想,将客观世界的一切实体模型转化为对象。每一种对象都有各自的内部状态和运动规律,不同对象之间的相互联系和相互作用就构成了各种不同的系统。

面向对象数据库管理系统（OODBMS）是数据库管理中最新的方法,它们始于工程和设计领域的应用,并且成为广受金融、电信和万维网（WWW）应用欢迎的系统。它适用于多媒体应用以及复杂的、很难在关系 DBMS 里模拟和处理的关系。

1.面向对象数据模型的优点

（1）适合处理各种各样的数据类型。与传统的数据库（如层次、网状或关系）不同,面向对象数据库适合存储不同类型的数据。例如:图片、声音、视频、文本、数字等。

（2）面向对象程序设计与数据库技术相结合。面向对象数据模型结合了面向对象程序设计与数据库技术,因而提供了一个集成应用开发系统。

（3）提高开发效率。面向对象数据模型提供强大的特性,例如:继承、多态和动态绑定,这样允许用户不用编写特定对象的代码就可以构成对象并提供解决方案。这些特性能有效地提高数据库应用程序开发人员的开发效率。

（4）改善数据访问。面向对象数据模型明确地表示联系,支持导航式和关联式两种方式的信息访问。它比基于关系值的联系更能提高数据访问性能。

2.面向对象数据模型的缺点

（1）没有准确的定义。很难提供一个准确的定义来说明面向对象 DBMS 应建成什么样,这是因为该名称已经应用到很多不同的产品和原型中,而这些产品和原型考虑的方面可能不一样。

（2）维护困难。随着组织信息需求的改变，对象的定义也要求改变并且需移植现有数据库，以完成新对象的定义。当改变对象的定义和移植数据库时，它可能面临真正的挑战。

（3）不适合所有的应用。面向对象数据模型用于需要管理数据对象之间存在的复杂关系的应用，它们特别适合于特定的应用。例如：工程、电子商务、医疗等，但并不适合所有应用。当用于普通应用时，其性能会降低并要求很高的处理能力。

1.6 数据库技术展望

数据库技术是计算机科学技术中发展最快、应用最广泛的领域之一，它是计算机信息系统与应用程序的核心技术和重要基础。自 20 世纪 50 年代中期，计算机的应用由科学计算扩展到数据处理，数据库技术的重要性也日益被人们所认识。目前数据库技术已经形成了比较完善的理论体系和实用技术，并且受到相关学科和应用领域的影响，数据库技术的研究并没有停滞，仍在不断发展。

20 世纪 90 年代以来，涌现了一大批新一代数据库技术，例如：数据仓库、OLAP 分析、数据挖掘、数字图书馆、电子商务、远程教育、Web 上得数据管理和信息检索等。新一代数据库的应用大大地激发了数据库技术的研究和开发，出现了一大批具有 Internet 时代特征的数据库技术和相应的数据库管理系统。例如：Web 信息检索技术与系统、Web 数据集成和共享技术与系统、数据流技术与系统、电子商务和电子政务技术与系统、数据库图书馆技术与系统、安全数据库技术与系统等，使数据库的应用发展到了一个新的阶段。

未来的数据管理系统将更快、更强大。通过开放协议、Web 服务、网络计算和 XML 等技术，它们能够对多个异构资源进行集成数据并通过应用和数据库交互。它们将成为自我管理、自我协调、高度自主的系统。随着数据库技术不断向新的应用领域的渗透，新技术的不断涌现，数据库技术将在以下方面得到更大的发展：

1.对象-关系数据库（ORDB）

关系数据库是目前最流行的数据库，关系语言与常规语言一起几乎可完成任意的数据库操作，但其简洁的建模能力、有限的数据类型、程序设计中数据结构的制约等却成为关系型数据库发挥作用的瓶颈。面向对象方法起源于程序设计语言，它本身就是以现实世界的实体对象为基本元素来描述复杂的客观世界，但功能不如数据库灵活。因此将面向对象的建模能力和关系数据库的功能进行有机结合是数据库技术的一个发展方向。

2.数据仓库（DW）和数据挖掘（DM）

数据仓库是由数据仓库之父比尔·恩门（Bill Inmon）于 1990 年提出的，主要功能仍是将组织透过资讯系统之联机事务处理（OLTP）经长年累月所累积的大量资料，透过数据仓库理论所特有的资料储存架构，进行系统的分析整理，以利用各种分析方法如联机分析处理（OLAP）、数据挖掘（Data Mining）的进行，并进而支持如决策支持系统（DSS）、主管资讯系统（EIS）的创建，帮助决策者能快速有效的从大量资料中，分析出有价值的资讯，以利于决策拟定及快速回应外在环境变动，帮助建构商业智能（BI）。数据仓库是决策支持系统（DSS）和联机分析应用数据源的结构化数据环境。数据仓库研究和解决从数据库中获取信息的问题。数据仓库的特征在于面向主题、集成性、稳定性和时变性。

数据挖掘(Data Mining,DM)又称为数据采矿。它是数据库知识发现(Knowledge Discovery in Database,KDD)中的一个步骤。数据挖掘一般是指从大量的数据中通过算法搜索隐藏于其中信息的过程。数据挖掘通常与计算机科学有关,并通过统计、在线分析处理、情报检索、机器学习、专家系统和模式识别等诸多方法来实现上述目标。数据挖掘是从超大型数据库或数据仓库中发现并提取隐藏在内部的信息的一种新技术,其目的是帮助决策者寻找数据间潜在的关联,发现被经营者忽略的要素,从而做出正确的决策。越来越多的大中型企业利用数据挖掘工具分析公司的数据,能够首先使用数据挖掘工具已经成为能否在市场竞争中获胜的关键所在。

3.实时数据库(RTDB)

传统数据库在传统应用领域获得极大成功,然而在一些事务信息对时间要求较高的应用领域,传统数据库却存在致命的弱点。传统的实时系统虽然支持任务定时限制,但在维护大量数据,保证数据的完整性和一致性方面又有不足。在许多应用领域,如电子银行、实时仿真等,这些领域既需要维护大量数据,又要保证这些活动的时间性和实效性,这时仅用数据库技术或实时系统均不能有效地处理这些事务。因此实时数据库管理系统(RTDBMS)的研究应运而生。实时数据库是数据库系统发展的一个分支,它适用于处理不断更新的快速变化的数据及具有时间限制的事务处理。实时数据库技术是实时系统和数据库技术相结合的产物,利用数据库技术来解决实时系统中的数据管理问题,同时利用实时技术为实时数据库提供时间驱动调度和资源分配算法。

实时数据库系统是开发实时控制系统、数据采集系统、CIMS系统等的支撑软件。在流程行业中,大量使用实时数据库系统进行控制系统监控,系统先进控制和优化控制,并为企业的生产管理和调度、数据分析、决策支持及远程在线浏览提供实时数据服务和多种数据管理功能。实时数据库已经成为企业信息化的基础数据平台,可直接实时采集、获取企业运行过程中的各种数据,并将其转化为对各类业务有效的公共信息,满足企业生产管理、企业过程监控、企业经营管理之间对实时信息完整性、一致性、安全共享的需求,可为企业自动化系统与管理信息系统间建立起信息沟通的桥梁。帮助企业的各专业管理部门利用这些关键的实时信息,提高生产销售的营运效率。

3.Web 数据库(Web DB)

Web 数据库指在互联网中以 Web 查询接口方式访问的数据库资源。Web 技术是促进Internet 发展的因素之一。由静态网页技术的 HTML 到动态网页技术的 CGI、ASP、PHP、JSP 等,Web 技术经历了一个重要的变革过程。Web 已经不再局限于由静态网页提供信息服务,而改变为动态的网页,可提供交互式的信息查询服务,使信息数据库服务成为可能。Web 数据库就是将数据库技术与 Web 技术融合在一起,使数据库系统成为 Web 的重要有机组成部分,从而实现数据库与网络技术的无缝结合。这一结合不仅把 Web 与数据库的所有优势集合在了一起,而且充分利用了大量已有数据库的信息资源。Web 数据库由数据库服务器(Database Server)、中间件(Middle Ware)、Web 服务器(Web Server)、浏览器(Browser)4 部分组成。

基于 Web 的数据库应用系统,是将数据库和 Web 技术结合,通过浏览器访问数据库并可实现动态的信息服务系统。利用扩展技术和一些相应的软件将数据库和 Web 结合起来，在 Web 上提供用户访问和修改数据库的接口，用户就能通过浏览器在任何地方访问这些数据库。Web 访问数据库必须有相应的接口程序，这是 Web 访问数据库的关键技术。它的工作过程可简单地描述成，用户通过浏览器端的操作界面以交互的方式经由 Web 服务器来访问数据库。用户向数据库提交的信息以及数据库返回给用户的信息都是以网页的形式显示。

4.云数据库(Cloud DB)

云数据库是指被优化或部署到一个虚拟计算环境中的数据库，可以实现按需付费、按需扩展、高可用性以及存储整合等优势。云数据库是专业、高性能、高可靠的云数据库服务。云数据库不仅提供 Web 界面进行配置、操作数据库实例，还提供可靠的数据备份和恢复、完备的安全管理、完善的监控、轻松扩展等功能支持。相对于用户自建数据库，云数据库具有更经济、更专业、更高效、更可靠、简单易用等特点。主流云数据库包括关系型数据库和非关系型数据库。常用的数据库有阿里云分布式关系型数据库，这种分布式关系型数据库主要是一种水平拆分、可平滑扩容、读写分离的在线分布式数据库服务。

5.NoSQL 数据库(Not Only SQL)

NoSQL 泛指非关系型数据库。NoSQL 提供了一种与传统关系型数据库不太一样的存储模式，为开发者提供了除关系型数据库之外的另一种选择，是一项全新的数据库革命性运动。

传统的关系型数据库擅长支持结构化数据的存储和管理，并且以严格的关系代数作为理论基础，支持事务 ACID 特性，使用索引机制实现高效查询，所以一直是主流数据库。但随着大数据时代的到来，海量数据爆炸式增长，非结构化数据的增多、数据高并发、高扩展和高可用性的需求，关系型数据库都有所局限。在这种新的应用背景下，NoSQL 数据库应运而生。NoSQL 数据库数据结构简单，不需要数据库结构定义（或者可以灵活变更），不对数据一致性进行严格保证，通过横向扩展可实现较好扩展性。

简而言之，NoSQL 数据库就是一种以牺牲一定的数据一致性为代价，追求灵活性、扩展性的数据库。目前 NoSQL 产品大致分为列式数据库、文档型数据库、键值数据库和图数据库等类型，常用的有列式存储数据库（HBase）、文档型数据库（MongoDB）、键值数据库（Redis）和图数据库（Neo4j）等。

6.NewSQL 数据库

NoSQL 数据库具有良好的可扩展性和灵活性，很好地弥补了关系型数据库的一些缺陷。但同样存在着一些不足，如不支持事务 ACID 特性、复杂查询效率不高等。因此，NewSQL 数据库逐步升温。

NewSQL 数据库是对各种新的可扩展、高性能数据库的简称，这类数据库不仅具有 NoSQL 数据库对海量数据的存储管理能力，还保持了传统数据库支持事务 ACID 特性和支持 SQL 等特性。这类系统目前主要包括 Spanner、Clustrix、NimbusDB 及 VoltDB 等。

目前，传统关系型数据库、NoSQL 数据库、NewSQL 数据库三者各有各的应用场景和发展空间，数据库技术也是朝着多元化方向发展，在如今的大数据平台下，可以根据需求相互结合使用。

习题

一、选择题

1.下列关于数据库技术的描述,错误的是( )。

A.数据库中不但需要保存数据,而且还需要保存数据之间的关联关系

B.由于数据是存储在磁盘上的,因此用户在访问数据库数据时需要知道数据的存储位置

C.数据库中数据存储结构的变化不会影响到应用程序

D.数据库中的数据具有较小的数据冗余

2.数据库系统中将数据分为三个模式,从而提供了数据的独立性,下列关于数据逻辑独立性的说法,正确的是( )。

A.当内模式发生变化时,模式可以不变

B.当内模式发生变化时,应用程序可以不变

C.当模式发生变化时,应用程序可以不变

D.当模式发生变化时,内模式可以不变

3.下列关于用文件管理数据的说法,错误的是( )。

A.用文件管理数据,难以提供应用程序对数据的独立性

B.当存储数据的文件名发生变化时,必须修改访问数据文件的应用程序

C.用文件存储数据的方式难以实现数据访问的安全控制

D.将相关的数据存储在一个文件中,有利于用户对数据进行分类,因此也可以加快用户操作数据的效率

4.数据库管理系统是数据库系统的核心,它负责有效地组织、存储和管理数据,它位于用户和操作系统之间,属于( )。

A.系统软件　　　　　B.工具软件　　　　　C.应用软件　　　　　D.数据软件

5.下列模式中,用于描述单个用户数据视图的是( )。

A.内模式　　　　　B.概念模式　　　　　C.外模式　　　　　D.存储模式

6.在数据库系统中,数据库管理系统和操作系统之间的关系是( )。

A.相互调用　　　　　　　　　　　B.数据库管理系统调用操作系统

C.操作系统调用数据库管理系统　　　　D.并发运行

7.数据库系统的物理独立性是指( )。

A.不会因为数据的变化而影响应用程序

B.不会因为数据存储结构的变化而影响应用程序

C.不会因为数据存储策略的变化而影响数据的存储结构

D.不会因为数据逻辑结构的变化而影响应用程序

8.下列关于数据库管理系统的说法,错误的是( )。

A.数据库管理系统与操作系统有关,操作系统的类型决定了能够运行的数据库管理系统的类型

B.数据库管理系统对数据库文件的访问必须经过操作系统才能实现

C.数据库应用程序可以不经过数据库管理系统而直接读取数据库文件

D.数据库管理系统对用户隐藏了数据库文件的存放位置和文件名

9.数据库系统是由若干部分组成的,下列不属于数据库系统组成部分的是( )。

A.数据库　　　　　　　　　　　　　　B.操作系统

C.应用程序　　　　　　　　　　　　　D.数据库管理系统

10.数据模型三要素是指( )。

A.数据结构、数据对象和数据共享

B.数据结构、数据操作和数据完整性约束

C.数据结构、数据操作和数据的安全控制

D.数据结构、数据操作和数据的可靠性

11.下列关于客户机/服务器结构和文件服务器结构的描述,错误的是( )。

A.客户机/服务器结构将数据库存储在服务器端,文件服务器结构将数据存储在客户端

B.客户机/服务器结构返回给客户端的是处理后的结果数据,文件服务器结构返回给客户端的是包含客户所需数据的文件

C.客户机/服务器结构比文件服务器结构的网络开销小

D.客户机/服务器结构可以提供数据共享功能,而用文件服务器结构存储的数据不能共享,数据库是相互关联的数据的集合,它用综合的方法组织数据,具有较小的数据冗余,可供多个用户共享,具有较高的数据独立性,具有安全控制机制,能够保证数据的安全、可靠,允许并发地使用数据库,能有效、及时地处理数据,并能保证数据的一致性和完整性

12.下列说法中,不属于数据库管理系统特征的是( )。

A.提供了应用程序和数据的独立性

B.所有的数据作为一个整体考虑,因此是相互关联的数据的集合

C.用户访问数据时,需要知道存储数据的文件的物理信息

D.能够保证数据库数据的可靠性,即使在存储数据的硬盘出现故障时,也能防止数据丢失

13.数据库系统中的三级模式以及模式间的映像提供了数据的独立性。下列关于两级映像的说法,正确的是( )。

A.外模式到模式的映像是由应用程序实现的,模式到内模式的映像是由 DBMS 实现的

B.外模式到模式的映像是由 DBMS 实现的,模式到内模式的映像是由应用程序实现的

C.外模式到模式的映像以及模式到内模式的映像都是由 DBMS 实现的

D.外模式到模式的映像以及模式到内模式的映像都是由应用程序实现的

二、填空题

1.数据管理的发展主要经历了_____和_____两个阶段。

2.数据的逻辑独立性是指当_____变化时可以保持_____不变。

3.在利用数据库技术管理数据时,所有的数据都被_____统一管理。

4.数据库管理系统提供的两个数据独立性是_____独立性和_____独立性。

5.关系数据模型的组织形式是_____。

6.数据库系统能够保证进入数据库中的数据都是正确的数据,该特征称为_____。

7.在客户机/服务器结构中,数据的处理是在_____端完成的。

8.数据库系统就是基于数据库的计算机应用系统,它主要由_____、_____和_____三部分组成。

9.与用数据库技术管理数据相比,文件管理系统的数据共享性_____,数据独立性_____。

10.在数据库技术中,当表达现实世界的信息内容发生变化时,可以保证不影响应用程序,这个特性称为_____。

11.当数据库数据由于机器硬件故障而遭到破坏时,数据库管理系统提供了将数据库恢复到正确状态,并尽可能使数据不丢失的功能,这是数据库管理系统的_____特性保证的。

12.数据库中的数据是相互关联的数据集合,具有较小的数据冗余,可供多个用户共享,具有较高的数据独立性,且具有安全性和可靠性,这些特征都是由_____保证的。

三、简答题

1.数据库管理方式中,应用程序是否需要关心数据的存储位置和结构?为什么?

2.比较文件管理数据和数据库管理数据的主要区别。

3.数据库系统由哪几部分组成?每一部分在数据库系统中的作用大致是什么?

4.数据库系统包含哪三级模式?试分别说明每一级模式的作用。

5.数据库三级模式划分的优点是什么?它能带来哪些数据独立性?

第2章 关系数据库

- 掌握关系数据库的相关概念；
- 了解实体完整性、参照完整性和用户自定义完整性这三种关系完整性的内容；
- 熟悉两种关系操作：关系代数和关系演算。

在众多的数据模型中，关系模型是一种非常重要的数据模型。而关系数据库是支持关系模型的数据库。关系数据库是目前应用最广泛、最重要的一种数据库。

本章主要从关系模型的数据结构、操作集合及完整性约束三个方面介绍关系数据库的基本理论及基本概念。

2.1 关系模型的概述

数据模型是用于描述数据或信息的标记，一般由数据结构、操作集合和完整性约束三部分组成。对于关系模型，其数据结构简单，不管是现实世界中的实体还是实体间的相互联系都可以用单一的数据结构即关系来表示。购物系统数据库的关系模型及其示例，包含 5 个关系：客户关系 Customer（表 2-1）、商品关系 Goods（表 2-2）、客户订购商品关系 Orders（表 2-3）、供应商关系 Supplier（表 2-4）、供应商与供应商品关系 Supply（表 2-5）。后续章节的各例题均采用此数据库中的基本表，后文不再赘述。

表 2-1 客户关系 Customer

cid 客户编号	cname 姓名	csex 性别	caddress 地址	czip 邮编	ctel 电话	cage 年龄
44000001	李琦	女	广州市天河区中山大道中 89 号	510660	13802088889	20
43000002	陈冬	男	长沙市天心区 29 号	410002	13626780026	35
44000002	张岩	男	广州市越秀区八旗二马路 68 号	510115	13925056669	16
44000003	刘敏	女	广州市越秀区北京路 186 号	510030	13802222866	25

表 2-2 商品关系 Goods

gid 商品编号	gname 商品名称	gtype 商品类型	gmodel 型号	gstock 库存量	gprice 单价	gdescribe 商品描述
15010001	创维电视机	电器	55 寸	60	5000	
15010002	格力空调	电器	大一匹	80	3600	

（续表）

gid 商品编号	gname 商品名称	gtype 商品类型	gmodel 型号	gstock 库存量	gprice 单价	gdescribe 商品描述
15020001	开心果	食品	200 克	100	35	
15030001	维达面巾纸	日用品	130 抽	300	6	

表 2-3　　　　　　　　　　　　　客户订购商品关系 Orders

oid 订单编号	cid 客户编号	gid 商品编号	oamount 订购金额	osum 订购数量	orderdate 订购日期
1	44000001	15020001	280	8	2015-1-6
2	44000002	15010001	5000	1	2015-1-8
3	44000002	15020001	70	2	2015-1-8
4	44000003	15030001	218	36	2015-1-10

表 2-4　　　　　　　　　　　　　供应商关系 Supplier

sid 供应商编号	sname 名称	stel 电话	semail 邮箱	saddress 地址	szip 邮编
10001	广州云客食品有限公司	02084660909	yk@163.com	广州番禺	511400
10002	广州达运电器有限公司	02082280006	dy@qq.com	广州黄埔	510700
10003	广州明昌百货有限公司	02084662568	mc@163.com	广州番禺	511400

表 2-5　　　　　　　　　　　　供应商与供应商品关系 Supply

suid 供应编号	sid 供应商编号	gid 商品编号	ssum 供应数量	samount 供应金额	sdate 供应日期
1	10001	15020001	100	3000	2014-11-12
2	10003	15030001	300	1600	2014-10-09
3	10002	15010001	60	250000	2014-09-16
4	10002	15010002	80	170000	2014-08-26

从上例各个关系示例看出,在用户看来,关系的逻辑结构其实就是一张二维关系表。

关系模型的常用关系操作主要包括数据插入、数据修改、数据删除和数据查询等操作,数据查询操作相对复杂。关系操作的特点主要采用集合操作方式,即操作的对象和结构都是集合。而非关系数据模型的操作方式则是一次一记录的方式。

早期的关系操作能力通常是用代数方式或逻辑方式来表示,分别称为关系代数和关系演算。关系代数是用对关系的运算来表达查询要求的方式,而关系演算则是用谓词来表达查询要求。关系代数和关系演算均是抽象的查询语言,与 DBMS 中实现的实际语言并不完全一样。

目前 DBMS 最流行的关系数据库的标准语言 SQL,不仅具有丰富的数据查询功能,还包括数据定义和数据控制功能。SQL 是以数据代数作为前期基础。

为了维护数据库中数据与现实世界的一致性,关系数据库的数据进行更新操作必须遵循三类完整性约束:实体完整性约束、参照完整性约束和用户自定义完整性约束。

下面将分别详细介绍关系模型的数据结构及定义、关系完整性和关系操作。

2.2 关系模型的数据结构及定义

关系模型中,实体及实体之间的联系均由关系来表示。关系模型是建立在集合代数的基础上,因此,首先用集合代数给出关系数据结构的形式化定义。

2.2.1 关系的定义及概念

1.域

定义 2.1 域(Domain)是一组具有相同数据类型的值的集合,又称为值域(用 D 表示)。例如:整数、日期和字符串的集合都是域。

域中所包含的值的个数称为域的基数(用 m 表示)。在关系中就是用域来表示属性的取值范围。例如:

$D_1=\{李琦,陈冬,张岩,刘敏\};m_1=4$;

$D_2=\{男,女\};m_2=2$。

其中 D_1、D_2 为域名,分别表示姓名的集合和性别的集合。D_1 域的基数是 4,D_2 域的基数是 2,域中的值交换顺序等价。

2.笛卡尔积

定义 2.2 给定一组域 $D_1,D_2,\cdots,D_n$,这些域中的值可以是相同的。$D_1,D_2,\cdots,D_n$ 的笛卡尔积(Cartesian Product)为:

$$D_1\times D_2\times\cdots\times D_n=\{(d_1,d_2,\cdots,d_n)\,|\,d_i\in D_i,i=1,2,\cdots,n\}$$

笛卡尔积也是一个集合。其中:

(1)每一个元素$(d_1,d_2,\cdots,d_n)$ 叫作一个 n 元组(n-Tuple),简称元组(Tuple)。

(2)每一个元素中的每一个值 d_i 叫作一个分量(Component),分量来自相应的域$(d_i\in D_i)$。

(3)若 $D_i(i=1,2,\cdots,n)$ 为有限集,D_i 中的集合元素的个数称为 D_i 的基数,用 m_i $(i=1,2,\cdots,n)$ 表示,那么笛卡尔积 $D_1\times D_2\times\cdots\times D_n$ 的基数 M(元素 $d_1,d_2,\cdots,d_n$ 的个数)为:$M=\prod\limits_{i=1}^{n}m_i$(基数为构成该笛卡尔积所有域的基数累乘之积)。

(4)笛卡尔积可以用一个二维表表示,是各集合各元素间一切可能的组合。

【例 2-1】 上述表示用户关系中姓名、性别两个域的笛卡尔积 $D_1\times D_2$ 为:

$D_1\times D_2=\{(李琦,男),(李琦,女),(陈冬,男),(陈冬,女),(张岩,男),(张岩,女),(刘敏,男),(刘敏,女)\}$,可用以下二维表表示(表 2-6)。

表 2-6　　　　　　　　　　　　　　D_1 和 D_2 的笛卡尔积

姓名	性别
李琦	男
李琦	女
陈冬	男

（续表）

姓名	性别
陈冬	女
张岩	男
张岩	女
刘敏	男
刘敏	女

该笛卡尔积包括 8 个元组，即基数 $M = m_1 \times m_2 = 4 \times 2 = 8$；元素（李琦，男），（陈冬，男）等为元组；（李琦）叫作分量，来自姓名域。表中的任意一行就是一个元组，表中的每一个列都来自同一个域。

3.关系

定义 2.3 笛卡尔积 $D_1 \times D_2 \times \cdots \times D_n$ 的任一子集叫作在域 $D_1, D_2, \cdots, D_n$ 上的 n 元关系（Relation），表示为 $R(D_1, D_2, \cdots, D_n)$。R 表示关系的名字，n 是关系的目或度（Degree）。

说明：（1）关系是笛卡尔积的有限子集，所以关系也是一个二维表。实际应用中，关系是笛卡尔积中所取的有意义的子集。表的每行对应一个元组，表的每列对应一个域。每列必须取唯一的名称，称为属性。属性的取值范围称为值域，不同的属性可以有相同的值域。

（2）当 $n = 1$：单元关系；当 $n = 2$：二元关系；以此类推；n 目关系必有 n 个属性。

（3）关系中的每一个元素是关系中的元组，通常用 t 表示。

【例 2-2】 上例笛卡尔积 $D_1 \times D_2$ 的一个有意义的子集可以构成用户关系 C_1，见表 2-7。

表 2-7 　　　　　　　　　$D_1 \times D_2$ 笛卡尔积的子集（关系 C_1）

姓名	性别
李琦	女
陈冬	男
张岩	男
刘敏	女

以上用户关系 C_1 的度为 2，包含姓名和性别两个属性，所以为二元关系。该关系包括（李琦，女），（陈冬，男），（张岩，男），（刘敏，女）四个元组，关系基数为 4。

2.2.2 关系的码

1.候选码

能唯一标识关系中元组的一个属性或属性集，称为候选码（Candidate Key），在计算机世界也称为候选键。下面给出候选码的定义：

定义 2.4 设关系 R 有属性 $A_1, A_2, \cdots, A_n$，其属性集 $K = (A_i, A_j, \cdots, A_k)$，当且仅当满足下列条件时，$K$ 被称为候选码。

（1）唯一性。关系 R 的任意两个不同元组，其属性集 K 的值都是不同的。

(2)最小性。组成候选码的属性集$(A_i, A_j, \cdots, A_k)$中,任一属性都不能从属性集 K 中删除。

例如:客户关系中,客户编号能唯一标识每一个客户,则属性"客户编号"是客户关系的候选码。在客户订购商品关系中,如果规定每个客户每天只能订购同一种商品一次,则"客户编号＋商品编号＋订购日期"属性组才能唯一确定每一条订购记录,则属性集"客户编号＋商品编号＋订购日期"是客户订购商品关系的候选码,且属性集"客户编号＋商品编号＋订购日期"不能去掉任一属性,否则都无法唯一标识订购记录。

在一个关系当中,可以包含多个候选码。

例如:在客户关系中,客户编号能唯一标识每一个客户,是客户关系的候选码;如果规定所有客户的姓名不能重复,则客户姓名也能唯一标识每一个客户,也是客户关系的候选码。

2.主码

在一个关系中若有多个候选码,则选定其中一个作为主码(Primary Key),作为关系查询、更新或删除元组的操作变量,也称为主关系键、关键字、主键(计算机世界)等。

每个关系中可以有多个候选码,但是有且仅有一个主码。

例如:在客户关系中,候选码有客户编号和客户姓名,可以从中任意选择一个候选码作为主码,如选择客户编号作为主码,主码一旦选定就不能随便改变。

在实际应用中,一般使用单个属性作为主码,不建议使用包含多个属性的复合主键,一般使用编号作为主码。

3.主属性和非主属性

主属性(Prime Attribute):包含在主码中的各个属性称为主属性。

非主属性(Non-Prime Attribute):不包含在任何候选码中的属性称为非主属性(或非码属性)。

全码:所有属性的组合是关系的候选键,这时称为全码。

例如:客户订购商品关系中,只有"客户编号""商品编号""订购日期"三个属性,而(客户编号,商品编号,订购日期)是客户订购商品关系的候选码,这时称为全码,而"客户编号""商品编号""订购日期"都是主属性。

4.外码

主码与外码(Foreign Key)提供了一个实现关系间联系的手段,也是在计算机世界描述现实世界实体间联系的手段。

定义 2.5 设有关系 R_1 和 R_2,若关系 R_2 的一个或一组属性 X 不是 R_2 的主码,而是另一关系 R_1 的主码,则该属性或属性组 X 称为关系 R_2 的外码或者外部关系键、外键(计算机世界),并称关系 R_2 为参照关系,关系 R_1 为被参照关系。

例如:本章第1节的购物系统中,客户订购商品关系中的"客户编号"属性与客户关系的主码"客户编号"相对应,"商品编号"属性与商品关系的主码"商品编号"相对应。因此客户关系和商品关系是被参照关系,客户订购商品关系是参照关系。客户订购商品关系中的"客户编号"和"商品编号"分别对应于客户关系和商品关系的外码。

注意:外码定义中,参照关系的外码和被参照关系的主码必须定义在同一个域上。例如:客户订购商品关系中的"客户编号"必须和客户关系的主码"客户编号"来自同一个域。

2.2.3　关系的性质

尽管关系与二维表格、传统的数据文件有类似之处，但它们又有区别。严格地讲，关系是一种规范化的二维表格。在关系模型中，对关系做了下列规范化限制，关系具有以下性质：

(1)关系中每一个属性值都具有原子性，都是不可分解的。满足此条件的关系称为规范化关系，否则称为非规范化关系。

【例 2-3】　在表 2-8 中，出生日期包含有出生年、出生月、出生日三项，出现了"表中有表"的现象，则为非规范化关系，而应把出生日期分成出生年、出生月、出生日三列，将其规范化，见表 2-9。

表 2-8　　　　　　　　　　　　非规范化关系

姓名	出生日期		
	出生年	出生月	出生日
李琦	1995	6	18
陈冬	1980	3	10

表 2-9　　　　　　　　　　　　规范化关系

姓名	出生年	出生月	出生日
李琦	1995	6	18
陈冬	1980	3	10

(2)列是同质的，每一列的分量都必须是同一类型的数据，来自同一个域。

(3)不同的列可以来自同一个域，每一列称为属性，不同的属性必须有唯一可区分的名字。

【例 2-4】　在表 2-10 中，姓名和曾用名为两个不同的属性，所以需要取不同的属性名，但这两个属性值来自同一个域。

表 2-10　　　　　　　　　　不同属性来自同一个域

姓名	曾用名
李琦	李奇
陈冬	陈用

(4)列的顺序可以任意交换。交换时，属性名应和属性值同时交换，否则将得到不同的关系。

【例 2-5】　关系 C1 交换姓名属性和性别属性后，对其关系无任何影响，见表 2-11。

表 2-11　　　　　　　　　　关系 C1 的两列交换(交换属性名)

性别	姓名
女	李琦
男	陈冬

（续表）

性别	姓名
男	张岩
女	刘敏

关系 C1 交换姓名属性和性别属性，只交换属性值，不交换属性名后，将得到不同的关系，见表 2-12。

表 2-12　　　　　　　　关系 C1 的两列交换（不交换属性名）

姓名	性别
女	李琦
男	陈冬
男	张岩
女	刘敏

虽然理论上属性的顺序无所谓，但在实际应用中，重要的、常用的属性通常列在关系的前面。

（5）关系中元组的顺序（即行序）可任意，在一个关系中可以任意交换两行的顺序。由于关系是一个集合，而集合中的元素是无序的，所以元组也是无序的。

（6）关系中不允许出现重复元组（即不允许出现相同的元组）。

2.2.4　关系模式和关系数据库

关系模式是对关系的描述，关系模式的定义如下：

定义 2.6　关系的描述称为关系模式（Relation Schema）。它可以形式化地表示为：$R(U,D,DOM,F)$。

其中，R 为关系名，U 为组成该关系的属性名集合，D 为属性组 U 中属性所来自的域，DOM 为属性向域的映像集合，F 为属性间数据的依赖关系集合。

属性间的函数依赖将在后面章节中进行讨论。域名 D 及属性向域的映像 DOM 经常直接说明为属性的类型、长度。因此，关系模式还通常简记为：$R(U)$ 或 $R(A_1,A_2,\cdots,A_n)$。

其中，R 为关系名，U 为属性名集合，$A_1,A_2,\cdots,A_n$ 为各属性名。

由此可以看出，关系模式是关系的框架，是对关系结构的描述，是静态的、稳定的；而关系是动态的，随时间不断变化的。关系是关系模式在某一时刻的状态或内容，是因为关系的各种操作引起了数据库中的数据不断更新。但在实际应用中，经常把关系模式和关系都统称为关系，可以通过上下文来加以区别。

首先，由于关系是笛卡尔积的有意义的有限子集，实质上是一张二维表，表的每一行为一个元组，每一列为一个属性。一个元组就是该关系所涉及的属性集的笛卡尔积的一个元素。关系是元组的集合，因此关系模式必须指出这个元组集合的结构，即它由哪些属性构成？这些属性来自哪些域？以及属性与域之间的映像关系。

其次，一个关系通常是由赋予它的元组语义来确定的。元组语义实质上是一个 n 目谓词（n 是属性集中属性的个数）。使该 n 目谓词为真的笛卡尔积中的元素（或者说符合元组语义的那部分元素）的全体就构成了该关系模式的关系。

【例 2-6】 在表 2-1 至表 2-5 的购物系统中,共有 5 个关系,其关系模式可以表示为:

客户关系(客户编号,姓名,性别,地址,邮编,电话,年龄)

商品关系(商品编号,商品名称,商品类型,型号,库存量,单价,商品描述)

客户订购商品关系(订单编号,客户编号,商品编号,订购金额,订购数量,订购日期)

供应商关系(供应商编号,名称,电话,邮箱,地址,邮编)

供应商与供应商品关系(供应编号,供应商编号,商品编号,供应数量,供应金额,供应日期)

在关系模型中,实体及实体之间的联系都是用关系来表示的。例如:客户实体、商品实体、客户订购商品之间的多对多的联系都可以分别用一个关系来表示。在一个给定的应用领域中,所有实体及实体之间的联系所对应的关系的集合构成一个关系数据库。

在数据库中要区分型和值。关系数据库中,关系模式是型,关系是值。关系数据库也有型和值的区分。关系数据库的型称为关系数据库模式,是对关系数据库的描述,它包括若干域的定义以及在这些域上定义的若干关系模式,即关系数据库框架的描述。而关系数据库的值是关系模式在某一时刻对应的关系的集合,通常也称为关系数据库。

2.3 关系完整性

关系完整性是为了使数据库中数据与现实世界保持一致,保证数据库中数据的正确性和相容性,对关系模型提出的某种约束条件或规则,使得关系数据库进行数据插入、修改和删除操作时必须遵循其条件或规则。关系模型中,有三类完整性约束,分别为实体完整性、参照完整性和用户自定义完整性。其中,实体完整性和参照完整性是关系模型必须满足的完整性约束条件,被称作是关系的两个不变性。

2.3.1 实体完整性

实体完整性(Entity Integrity)指的是主码的值不能为空或部分为空。

一个关系对应现实世界中一个实体集。现实世界中的实体是可以相互区分、识别的,即它们应具有某种唯一性标识。在关系模式中,以主码作为唯一性标识,而主码中的属性(称为主属性)不能取空值,否则表明关系模式中存在着不可标识的实体(因空值是"不确定"的),这与现实世界的实际情况相矛盾,这样的实体就不是一个完整实体。按实体完整性规则要求,主码不能取空值,如主码是多个属性的组合,则所有主属性均不得取空值。

例如:客户关系中,若"客户编号"为主码,则"客户编号"不能为空值;客户订购商品关系中,若(客户编号,商品编号,订购日期)为主码,则"客户编号""商品编号""订购日期"三个主属性均不能为空值。

2.3.2 参照完整性

参照完整性(Referential Integrity)指的是如果关系 R_2 的外码 X 与关系 R_1 的主码相符,则 R_2 的外码 X 的每个值或者等于 R_1 中主码的某一个值,或者取空值。

参照完整性是定义建立关系之间联系的主码与外码引用的约束条件,是涉及两个关系的约束条件。

【例 2-7】 此章第 1 节的购物系统中,客户订购商品关系中的"客户编号"属性与客户关系的主码"客户编号"相对应。客户关系是被参照关系,客户订购商品关系是参照关系。客户订购商品关系中的"客户编号"如果没有特别定义,不能为空值,可以取两种值,一种为空值,另外一种为客户关系中的主码"客户编号"存在的数据值,否则表示不存在的客户订购商品,不符合现实语义。

客户订购商品关系"客户编号"的取值或者为空,或者是客户关系中"客户编号"存在的数据"44000001""43000002""44000002""44000003",而不能为不存在的数据,如"20150105"。

2.3.3 用户自定义完整性

用户自定义完整性(User Defined Integrity)则是根据应用环境的要求和实际需要,对某一具体应用所涉及的数据提出约束性条件。这一约束机制一般不应由应用程序提供,而应由关系模型提供定义并检验,用户自定义完整性主要包括字段有效性约束和记录有效性。

例如:客户关系中的年龄取值范围为 0～100。

2.4 关系操作

早期的关系操作能力通常是用代数方式或逻辑方式来表示,分别称为关系代数和关系演算。关系代数是用对关系的运算来表达查询要求的方式,而关系演算则是用谓词来表达查询要求。

2.4.1 关系代数

关系代数是一种抽象的查询语言,是关系数据操纵语言的一种传统表达方式,用对关系的运算来表达查询的要求。

运算的三大要素是运算对象、运算符和运算结果。关系代数的运算对象是关系,运算结果也为关系。关系代数用到的运算符主要包括传统的集合运算符、专门的关系运算符、算术比较运算符和逻辑运算符四类,见表 2-13。

表 2-13　关系代数运算符

运算符		含义	运算符		含义
传统的集合运算符	∪ - ∩ ×	并 差 交 广义笛卡尔积	逻辑运算符	¬ ∧ ∨	非 与 或
专门的关系运算符	σ Π ∞ ÷	选择 投影 连接 除法	算术比较运算符	> ≥ < ≤ = ≠	大于 大于或等于 小于 小于或等于 等于 不等于

算术比较运算符和逻辑运算符是用来辅助专门的关系运算符进行操作的,所以,关系代

数的运算按照运算符的不同主要分为以下两类：

(1)传统的集合运算：包括并、差、交、广义笛卡尔积等运算。该运算是从关系的"水平"方向即行的角度进行的。

(2)专门的关系运算：包括选择(水平分割)、投影(对关系进行垂直分割)、连接(关系的结合)、除法(笛卡尔积的逆运算)等运算。该运算不仅涉及行运算，也涉及列运算，这种运算是为数据库的应用而引进的特殊运算。

1.传统的集合运算

传统的集合运算包括并、差、交、广义笛卡尔积四种运算。对两个关系进行的传统的集合运算是二目运算，但并不是任意的两个关系都可以进行这种集合运算，而是要在两个满足一定条件的关系中才能进行运算。

设关系 R 和关系 S 具有相同的度 n(即两个关系都有 n 个属性)，且 R 中的第 i 个属性和 S 中的第 i 个属性必须取自同一个域，则称关系 R 和关系 S 是相容的，可以进行并、差、交运算，而笛卡尔积不需要满足此条件。

(1)并

关系 R 和关系 S 的并(Union)是由属于 R 或属于 S 的元组构成的集合，即将 R 和 S 的所有元组合并，再删除重复元组，组成一个仍然为 n 目的新关系。记作：

$$R \cup S = \{t \mid t \in R \lor t \in S\}$$

上式中，"$\cup$"是并运算符；"t"为元组变量；"$\lor$"为逻辑或运算符。

(2)差

关系 R 和关系 S 的差(Difference)是由属于 R 但不属于 S 的元组构成的集合，即 R 中删除与 S 中相同的元组，组成一个仍然为 n 目的新关系。记作：

$$R\text{-}S = \{t \mid t \in R \land \neg\, t \in S\}$$

上式中，"$-$"是差运算符；"t"为元组变量；"$\land$"为逻辑与运算符；"$\neg$"为逻辑非运算符。

(3)交

关系 R 和关系 S 的交(Intersection)是由既属于 R 又属于 S 的元组(即 R 和 S 中相同的元组)构成的集合，组成一个仍然为 n 目的新关系。记作：

$$R \cap S = \{t \mid t \in R \land t \in S\}$$

上式中，"$\cap$"是交运算符；"t"为元组变量；"$\land$"为逻辑与运算符。

如果两个关系没有相同的元组，则这两个关系的交为空。

关系 R 和关系 S 的交还可以用差运算来表示：$R \cap S = R\text{-}(R\text{-}S)$。

(4)广义笛卡尔积

两个分别为 n 目和 m 目的关系 R 和 S 的广义笛卡尔积(Extended Cartesian Product)是一个 $(n \mid m)$ 列的元组的集合，每个元组的前 n 个分量(属性值)来自 R 的一个元组，后 m 个分量来自 S 的一个元组。若 R 有 k_1 个元组，S 有 k_2 个元组，则关系 R 和 S 的广义笛卡尔积有 $k_1 \times k_2$ 个元组，记作：

$$R \times S = \{t_r \cap t_s \mid t_r \in R \land t_s \in S\}$$

关系的笛卡尔积可以用于两个关系的连接操作(连接操作将在下节介绍)。

【例 2-8】 如图 2-1(a)、(b)所示的两个关系 R 与 S 为相容关系，图 2-1(c)为 R 与 S 的并，图 2-1(d)为 R 与 S 的差，图 2-1(e)为 R 与 S 的交，图 2-1(f)为 R 与 S 的广义笛卡尔积。

A	B	C
a1	b2	c1
a2	b1	c1
a2	b1	c2

(a)R

A	B	C
a1	b2	c2
a2	b1	c1
a2	b1	c2

(b)S

A	B	C
a1	b2	c1
a1	b2	c2
a2	b1	c1
a2	b1	c2

(c)R∪S

A	B	C
a1	b2	c1

(d)R-S

A	B	C
a2	b1	c1
a2	b1	c2

(e)R∩S

A	B	C	A	B	C
a1	b2	c1	a1	b2	c2
a1	b2	c1	a2	b1	c1
a1	b2	c1	a2	b1	c2
a2	b1	c1	a1	b2	c2
a2	b1	c1	a2	b1	c1
a2	b1	c1	a2	b1	c2
a2	b1	c2	a1	b2	c2
a2	b1	c2	a2	b1	c1
a2	b1	c2	a2	b1	c2

(f)R×S   图 2-1 传统的集合运算

2.专门的关系运算

传统的并、交、差等集合运算,只是从行的角度进行运算,而要灵活地实现关系数据库中多样化的查询操作,必须引入专门的关系运算。

专门的关系运算包括选择、投影、连接和除法等。为方便叙述,先引入几个概念:

(1)关系 $R,t \in R,t[A_i]$

设关系模式为 $R(A_1,A_2,\cdots,A_n)$,它的一个关系设为 $R,t \in R$ 表示 t 是 R 的一个元组,$t[A_i]$ 则表示元组 t 中相应于属性 A_i 的一个分量。

(2) $A,t[A],\tilde{A}$

若 $A=\{A_{i1},A_{i2},\cdots,A_{ik}\}$,其中 $A_{i1},A_{i2},\cdots,A_{ik}$ 是 $A_1,A_2,\cdots,A_n$ 中的一部分,则 A 称为属性列或域列。$t[A]=\{t[A_{i1}],t[A_{i2}],\cdots,t[A_{ik}]\}$ 表示元组 t 在属性列 A 上诸分量的集合。$\tilde{A}$ 则表示 $\{A_1,A_2,\cdots,A_n\}$ 中去掉 $\{A_{i1},A_{i2},\cdots,A_{ik}\}$ 后剩余的属性组。

(3)元组的连接 $\widehat{t_r t_s}$

R 为 n 目关系,S 为 m 目关系,$t_r \in R$,$t_s \in S$,$\widehat{t_r t_s}$ 称为元组的连接(Concatenation),它是一个 $n+m$ 列的元组,前 n 个分量为 R 的一个 n 元组,后 m 个分量为 S 的一个 m 元组。

(4)象集 Z_x

给定一个关系 $R(X,Z)$，X 和 Z 为属性组，定义当 $t[X]=x$ 时，x 在 R 中的象集(Image Set)为：

$$Z_x = \{t[Z] \mid t \in R, t[X]=x\}$$

它表示 R 中的属性组 X 上值为 x 的诸元组在 Z 上分量的集合。

【例2-9】 有关系 R，见表2-14，求 A 中包含的 $a1,a2,a3$ 的象集。

表 2-14 关系 R

A	B	C
$a1$	$b1$	$c1$
$a1$	$b3$	$c2$
$a2$	$b1$	$c2$
$a3$	$b1$	$c1$
$a3$	$b2$	$c3$

根据象集定义，关系 $R(X,Z)$，在此，A 属性相当于 X，(B,C) 属性组相当于 Z。A 的值包含 $\{a1,a2,a3\}$，$a1$ 的象集为 $a1$ 在属性组 (B,C) 上分量的集合。因此为 $\{(b1,c1),(b3,c2)\}$；$a2$ 的象集为 $a2$ 在属性组 (B,C) 上分量的集合，为 $\{(b1,c2)\}$；$a3$ 的象集为 $a3$ 在属性组 (B,C) 上分量的集合，为 $\{(b1,c1),(b2,c3)\}$。

下面给出这些专门关系运算的定义：

(1)选择

选择(Selection)是在关系 R 中根据一定的条件选择满足给定条件的诸元组，记作：

$$\sigma_F(R) = \{t \mid t \in R \land F(t) = '真'\}$$

其中 σ 为选择运算符；F 为选择条件，是一个逻辑表达式，由逻辑运算符($\lnot$、$\land$、$\lor$)连接各个算术表达式组成。而算术表达式的基本形式为 $X_1 \theta Y_1$，θ 为比较运算符，可以是 $<$、$\leqslant$、$>$、$\geqslant$、$\neq$、$=$，X_1 和 Y_1 是运算对象，可以是属性名、常量、简单函数。

选择操作是根据某些条件对关系做水平分割，即选取符合条件的元组，是从行的角度进行运算，是从关系 R 中选取使逻辑表达式 F 为真的元组。

【例2-10】 查询所有男客户的信息。

$$\sigma_{csex='男'}(\text{Customer}) \quad 或 \quad \sigma_{3='男'}(\text{Customer})$$

其中下角标"3"为属性 csex 的序号，不建议使用属性序号的实现方式。运算结果如图2-2所示。

| 43000002 | 陈冬 | 男 | 长沙市天心区29号 | 410002 | 13626780026 | 35 |
| 44000002 | 张岩 | 男 | 广州市越秀区八旗二马路68号 | 510115 | 13925056669 | 16 |

图 2-2 查询所有男客户的信息的运算结果

【例2-11】 查询年龄大于30岁的男客户信息。

$$\sigma_{csex='男' \land cage>30}(\text{Customer})$$

运算结果如图2-3所示。

| 43000002 | 陈冬 | 男 | 长沙市天心区29号 | 410002 | 13626780026 | 35 |

图 2-3 查询年龄大于30岁的男客户信息的运算结果

注意:字符类型的数据值应该用单引号括起来,例如:'男'。

(2)投影

关系 R 上的投影(Projection)是从 R 中选择出若干属性列组成新的关系,记作:

$$\Pi_A(R) = \{t[A]|t \in R\}$$

其中 Π 为投影运算符,A 为 R 中的属性列。

投影操作是对一个关系进行垂直分割,消去某些列,并重新安排列的顺序,是从列的角度进行运算。

【例 2-12】 查询客户的客户姓名、客户编号和电话,即求 Customer 关系在客户编号、姓名和电话三个属性上的投影。

$$\Pi_{cname,cid,ctel}(\text{Customer}) \text{ 或 } \Pi_{2,1,6}(\text{Customer})$$

其中下角标"2""1""6"分别为属性 cname、cid 和 ctel 的序号。运算结果如图 2-4 所示。

李琦	44000001	13802088889
陈冬	43000002	13626780026
张岩	44000002	13925056669
刘敏	44000003	13802222866

图 2-4 查询客户的客户姓名、客户编号和电话的运算结果

以上表明,投影可以改变关系的属性顺序。

【例 2-13】 查询男客户的客户姓名、客户编号和电话。

$$\Pi_{cname,cid,ctel}(\sigma_{csex='男'}(\text{Customer}))$$

运算结果如图 2-5 所示。

陈冬	43000002	13626780026
张岩	44000002	13925056669

图 2-5 查询男客户的客户姓名、客户编号和电话的运算结果

本例中使用了选择和投影两种运算相结合的方式,先在关系 Customer 中选择 csex = '男'的元组,再在 cname,cid,ctel 三个属性上进行投影。

(3)连接

①连接(Join)也称为 θ 连接,是从两个关系的笛卡尔积中选取属性间满足连接条件的元组,组成新的关系。记作:

$$R \underset{X\theta Y}{\infty} S = \{t_r \cap t_s | t_r \in R \wedge t_s \in S \wedge t_r[X]\theta t_s[Y]\}$$

其中,R 和 S 为两个关系,X 和 Y 分别为关系 R 和 S 上的属性组,且 X 和 Y 中属性数目相等,对应属性也有共同的域。∞是连接运算符,θ 为算术比较运算符。

$X\theta Y$ 为连接条件,根据 θ 的不同可分为:

当 θ 为"="时,称为等值连接;

当 θ 为">"时,称为大于连接;

当 θ 为"<"时,称为小于连接。

等值连接是最重要最常用的连接之一,是从关系 R 和 S 的广义笛卡尔积中选择 X 和 Y 属性值相等的那些元组。

②自然连接和等值连接是最重要最常用的两种连接。自然连接是一种特殊的等值连

接,要求关系 R 和 S 中进行比较的 X 和 Y 属性必须是相同的属性组,且须在连接后的结果中把重复的属性列去掉。设 R 和 S 具有相同的属性组 Y,则自然连接可记作:

$$R * S = \{t_r \cap t_s \mid t_r \in R \land t_s \in S \land t_r[Y] = t_s[Y]\}$$

自然连接是在广义笛卡尔积 $R \times S$ 中选出同名属性上符合相等条件的元组,再进行投影,去掉重复的同名属性,同时从行和列的角度进行运算,再组成新关系。

【例 2-14】 设有如图 2-6(a)、(b)所示的两个关系 R 与 S,图 2-6(c)为 R 和 S 的小于连接($B<D$),图 2-6(d)为 R 和 S 的等值连接($B=D$),图 2-6(e)为 R 和 S 的等值连接($R.C=S.C$),图 2-6(f)为 R 和 S 的自然连接。

A	B	C
$a1$	3	$c1$
$a2$	6	$c2$
$a3$	8	$c2$
$a3$	9	$c3$

(a)R

C	D
$c1$	2
$c2$	5
$c3$	7
$c4$	8

(b)S

A	B	$R.C$	$S.C$	D
$a1$	3	$c1$	$c2$	5
$a1$	3	$c1$	$c3$	7
$a1$	3	$c1$	$c4$	8
$a2$	6	$c2$	$c3$	7
$a2$	6	$c2$	$c4$	8

(c)小于连接($B<D$)

A	B	$R.C$	$S.C$	D
$a3$	8	$c2$	$c4$	8

(d)R 和 S 的等值连接($B=D$)

A	B	$R.C$	$S.C$	D
$a1$	3	$c1$	$c1$	2
$a2$	6	$c2$	$c2$	5
$a3$	8	$c2$	$c2$	5
$a3$	9	$c3$	$c3$	7

(e)R 和 S 的等值连接($R.C=S.C$)

A	B	C	D
$a1$	3	$c1$	2
$a2$	6	$c2$	5
$a3$	8	$c2$	5
$a3$	9	$c3$	7

(f)R 和 S 的自然连接

图 2-6　连接运算举例

综合上例,自然连接和等值连接的区别如下:

①两个关系中只有同名属性才能进行自然连接,如上例中,关系 R 中的 C 和 S 中的 C 属性名相同才能进行自然连接;而等值连接不要求相等属性值的属性名称相同,如上例中关系 R 中的 B 和 S 中的 D 属性名称不相同,也可以进行等值连接,但不能进行自然连接。

②在连接的结果中,自然连接需要去掉重复属性,而等值连接不需要去掉重复属性。如上例中,关系 R 和 S 进行自然连接时,其结果只有一个属性列 C,而关系 R 中的 C 列和 S 中的 C 列进行等值连接时,其结果包含两个重复的属性列 C。

接下来,将自然连接和选择、投影相结合,如下例:

【例2-15】 查询所有女客户所购买的商品名称和商品类型。

$$\Pi_{gname,gtype}(\sigma_{csex='女'}(Customer)*orders*\Pi_{gid,gname,gtype}(Goods))$$

(4)除法(Division)

设有关系 $R(X,Y)$ 和 $S(Y,Z)$,其中 X、Y、Z 为属性组。R 中的 Y 与 S 中的 Y 可以有不同的属性名,但必须出自相同的域。关系 R 除以关系 S 的商得到一个新的关系 $P(X)$,P 是 R 中满足下列条件的元组在 X 属性列上的投影,元组在 X 上分量值为 x 的象集 Y_x 包含 S 在 Y 上投影的集合。记作:

$$R\div S=\{t_r[X]|t_r\in R\wedge\Pi_y(S)\subseteq Y_x\}$$

其中 Y_x 为 x 在 R 中的象集,$x=t_r[X]$。

【例2-16】 设有关系 R 和 S ,分别如图2-7(a)、(b)所示,则 $R\div S$ 结果如图2-7(c)所示。

分析:根据除法定义,此题中的 $X=\{A,B\}=\{(a1,b1),(a2,b1),(a2,b3)\}$,$Y=\{C,D\}=\{(c2,d3),(c3,d5)\}$,$Z=\{E\}=\{e5,e6\}$。元组在 X 上各个分量值的象集分别是:

$(a1,b1)$ 的象集为 $\{(c1,d1)\}$;

$(a2,b1)$ 的象集为 $\{(c2,d2)\}$;

$(a2,b3)$ 的象集为 $\{(c2,d3),(c3,d5)\}$;

而 S 在 Y 上的投影为 $\{(c2,d3),(c3,d5)\}$。

显然只有 $(a2,b3)$ 的象集完全包含 S 在 Y 上的投影,所以 $R\div S=\{(a2,b3)\}$。

注意:必须是完全包含 S 在 Y 上的投影,且除法运算是同时从行和列的角度进行运算,适合于"全部"之类的短语的信息查询。

R

A	B	C	D
a1	b1	c1	d1
a2	b1	c2	d2
a2	b3	c2	d3
a2	b3	c3	d5

(a)

S

C	D	E
c2	d3	e5
c3	d5	e6

(b)

$R\div S$

A	B
a2	b3

(c)

图2-7 除法运算

2.4.2 关系演算*

关系演算是以数理逻辑中的谓词演算为基础的。以谓词演算为基础的查询语言称为关系演算语言。用谓词演算作为数据库查询语言的思想最早见于 Kuhns 的论文。把谓词演算用于关系数据库(即关系演算的概念)是由 E.F.Codd 提出来的。关系演算按谓词变元的不同分为元组关系演算语言和域关系演算语言。

1.元组关系演算语言(ALPHA)

元组关系演算以元组变量作为谓词变元的基本对象。典型具有代表性的元组关系演算语言是 E.F.Codd 提出的 ALPHA 语言,但这一语言并没有实现。而关系库管理系统 INGRES 所用的 QUEL 语言是参照 ALPHA 语言研制的。这里主要介绍 ALPHA 语言。

ALPHA 语言语句的基本格式是:

<操作符> <工作空间名> (<目标表>)[:<操作条件>]

其中,操作符主要包括 GET、PUT、HOLD、UPDATE、DELETE 和 DROP 等六种;工作空间是用户与系统的通信区,表示内存空间,通常用一个字母 W 表示;目标表用于指定语句的操作对象,可以是关系名和属性名,一条语句可以同时操作多个关系或多个属性;操作条件是一个逻辑表达式,用谓词公式来表示,用于将操作结果限定在满足条件的元组中,操作条件可以为空;另外还可以在基本格式的基础上加上排序要求、定额要求等。

(1)数据插入

数据插入使用 PUT 语句实现,其步骤为:

①建立新元组:用宿主语言在工作空间中建立新元组;

②写入数据:用 PUT 语句把该元组存入指定关系中。

注意:PUT 语句只能对一个关系进行操作。

【例 2-17】 新增加一个客户,客户编号为"43000002",姓名为"王化",性别为"男",电话为"13500006699",即插入一个客户信息。

```
MOVE '43000002' TO W.cid
MOVE '王化' TO W.cname
MOVE '男' TO W.csex
MOVE '13500006699' TO W.ctel
PUT W(Customer)
```

(2)数据修改

数据修改使用 UPDATE 语句实现,其步骤为:

①读数据:用 HOLD 语句将要修改的元组从数据库中读到工作空间中,格式如下:

```
HOLD 工作空间名(表达式1)[:操作条件]
```

HOLD 语句是带并发控制的 GET 语句。

②修改:用宿主语言修改工作空间中元组的属性。

③送回:用 UPDATE 语句将修改后的元组送回数据库中,格式如下:

```
UPDATE   工作空间名
```

【例 2-18】 把客户编号为"43000002"的客户电话更改为"13601028899"。

```
HOLD W(Customer.cid,Customer.ctel): Customer.cid ='43000002'
MOVE  '13601028899' TO W.ctel
UPDATE W
```

其中,HOLD 语句从 Customer 关系中读出客户编号为"43000002"的数据,MOVE 语句是用宿主语言进行数据修改,UPDATE 语句把修改后的元组送回 Customer 关系。

ALPHA 语言中,不允许修改关系的主码,如需修改某元组的主码,则应先删除该元组,再插入具有新主码值的元组。

(3)数据删除

数据删除使用 DELETE 语句实现,不但可以删除元组,也可以删除关系。删除若涉及多个关系,需遵循参照完整性。其步骤为:

①读数据:用 HOLD 语句把要删除的元组从数据库中读到工作空间中;

②用 DELETE 语句删除该元组,格式如下:

```
DELETE   工作空间名
```

【例 2-19】 客户编号为"43000002"的客户因故注销,删除该客户。

```
HOLD W(Customer):Customer.cid='43000002'
DELETE   W
```

【例 2-20】 删除全部客户。

```
HOLD   W(Customer)
DELETE   W
```

(4)数据查询

ALPHA 语言中,数据查询使用 GET 语句实现。

①简单查询,格式如下:

GET 工作空间名(表达式 1)

【例 2-21】 查询所有的客户姓名。

```
GET W (Customer.cname)
```

【例 2-22】 查询所有客户的数据。

```
GET W (Customer)
```

②条件查询,格式如下:

GET 工作空间名(表达式 1):[操作条件]

【例 2-23】 查询女客户中年龄小于 25 岁的客户的编号和年龄。

```
GET W (Customer.cid,Customer.cage):Customer.csex='女'∧ Customer.cage <25
```

③有序查询,格式如下:

```
GET   工作空间名(表达式 1)[:操作条件] DOWN/UP 表达式 2
```

【例 2-24】 查询男客户的编号、年龄,结果按年龄降序排序。

```
GET W (Customer.cid,Customer.cage):Customer.csex='男' DOWN Customer.cage
```

其中,DOWN 代表降序,UP 代表升序。

④定额查询,格式如下:

```
GET   工作空间名(定额)(表达式 1)[:操作条件][DOWN/UP 表达式 2]
```

定额查询实际就是在查询结果中限定了查询出的元组的个数。

【例 2-25】 查询年龄最大的一位女客户的姓名和年龄。

```
GET W (1)(Customer.cname,Customer.cage):Customer.csex='女' DOWN Customer.cage
```

定额查询经常与有序查询结合使用。

⑤用元组变量的查询

元组关系演算是以元组变量作为谓词变元的基本对象。关系演算进行查询操作时,可以在相应的关系上定义元组变量。元组变量可以在某一关系范围内变化,也称为范围变量。一个关系可以设置多个元组变量,定义元组变量格式如下:

```
RANGE 关系名 变量名
```

元组变量主要包含两方面的用途:

第一,可以简化关系名,设置一个较短名字的元组变量来代替较长的关系名。

第二,操作条件中如果使用量词时必须使用元组变量。

【例 2-26】 查询客户编号为"43000002"的客户所订购的商品编号。

RANGE Customer X

GET W(X.gid):X.cid＝'43000002'

其中,X 为关系 Customer 上的元组变量。

⑥包含存在量词的查询

【例 2-27】 查询订购商品编号为"15020001"的客户姓名。

RANGE Orders X

GET W(Customer.cname):∃X(X.cid＝Customer.cid∧X.gid＝'15020001')

其中,涉及 Orders 和 Customer 两个关系,使用了一个元组变量。在操作条件中若使用了了量词必须使用元组变量。

⑦包含库函数的查询

用户在查询数据时,经常会进行一些简单的统计计算。例如:统计某关系中符合条件的元组的数量,或者元组一些分量的总和、平均值等,见表 2-15。

表 2-15　　　　ALPHA 语言常用库函数及其功能

函数名称	功能
AVG	按列计算平均值
TOTAL	按列计算值的总和
MAX	求一列中的最大值
MIN	求一列中的最小值
COUNT	按列值计算元组个数

【例 2-28】 查询客户的数量。

GET W (COUNT(Customer.cid))

COUNT 函数在计数时会自动排除重复值。

【例 2-29】 查询男客户的平均年龄。

GET　W　(AVG(Customer.cage):Customer.csex＝'男')

2.域关系演算语言(QBE)

域关系演算是另一种形式的关系演算。域关系演算以元组变量的分量(即域变量)作为谓词变元的基本对象。QBE 是一个很具特色的域关系演算语言,由 M.M.Zloof 于 1975 年提出,于 1978 年在 IBM 370 上得以实现。QBE 是 Qucry By Example 的简称,即通过例子进行查询。它是一种关系语言,同时也指使用此语言的关系数据库管理系统。

QBE 语言具有以下特点:

(1)QBE 是交互式语言

QBE 的操作方式非常特别。它是一种高度非过程化的基于屏幕表格的查询语言,用户通过终端屏幕编辑程序以填写表格的方式构造查询要求,而查询结果也是以表格形式显示,因此具有直观和可对话的特点。

（2）QBE 是表格语言

QBE 是在显示屏幕的表格上进行查询,所以具有"二维语法"的特点,而其他语言的语法则是线形的。

（3）QBE 是基于例子的查询语言

QBE 的意思就是通过例子查询,它的操作方式对用户来讲容易掌握,特别为缺乏计算机和数学知识的非计算机专业人员乐于接受。

QBE 中用示例元素来表示查询结果可能的例子,示例元素实质上就是域变量。

习 题

一、选择题

1.以下关于关系的叙述错误的是(　　)。

A.关系是笛卡尔积的子集,所以也可以把关系看成是一个二维表

B.关系中每一列的分量必须来自同一个域,不同的列也可来自同一个域

C.关系中列的顺序不可以交换

D.关系中元组的顺序可任意

2.关系模式的任何属性(　　)。

A.不可再分　　　　　　　　　　B.可再分

C.命名在该关系模式中可以不唯一　　D.以上都不是

3.关于关系数据库中的主码,描述错误的是(　　)。

A.每个关系中可以有两个主码

B.主码的值不能为空值

C.主码的值不能有重复

D.能唯一标识元组的一个属性或属性集合

4.在关系 $R(R\#,RN,S\#)$ 和 $S(S\#,SN,SD)$ 中,R 的主码是 $R\#$,S 的主码是 $S\#$,则 $S\#$ 在 R 中称为(　　)。

A.外码　　　　　　B.候选码　　　　　　C.主码　　　　　　D.超码

5.一个关系数据库文件中的各条记录(　　)。

A.前后顺序不能任意颠倒,一定要按照输入的顺序排列

B.前后顺序可以任意颠倒,不影响库中的数据关系

C.前后顺序可以任意颠倒,但排列顺序不同,统计处理的结果可能不同

D.前后顺序不能任意颠倒,一定要按照码段的顺序排列

6.关系数据库管理系统应能实现的专门关系运算包括(　　)。

A.排序、索引、统计　　　　　　　　B.选择、投影、连接

C.关联、更新、排序　　　　　　　　D.显示、打印、制表

7.自然连接可以构成新关系,当关系 R 和 S 进行自然连接时,要求 R 和 S 含有一个或多个共有的(　　)。

A.元组　　　　　　B.行　　　　　　　C.记录　　　　　　D.属性

8.设商品关系模式为:商品(商品编号 gid,商品名称 gname,商品类型 gtype,型号 gmodel,库存量 gstock,单价 gprice,商品描述 gdescribe),则"从商品中查询商品类型为电器的商品名称及库存量"的关系代数式是(　　　)。

A.$\Pi_{gname,gstock}(\sigma_{gtype='电器'}(Goods))$　　　　　B.$\sigma_{gtype='电器'}(\Pi_{gname,gstock}(Goods))$

C.$\sigma_{gname,gstock}(\sigma_{gtype='电器'}(Goods))$　　　　　D.$\Pi_{gname,gstock}(\Pi_{gtype='电器'}(Goods))$

9.有两个关系 R 和 S,分别包含 10 个和 5 个元组,则在 $R\cup S$,R-S,$R\cap S$ 中不可能出现的元组数目情况是(　　　)。

A.10,5,5　　　　　B.13,7,2　　　　　C.12,7,3　　　　　D.15,5,0

10.取出关系中的某些列,并消去重复元组的关系代数运算,称为(　　　)。

A.取列运算　　　　B.投影运算　　　　C.连接运算　　　　D.选择运算

11.设有如下关系表:

关系 T

A	B	C
1	2	3
2	2	2
3	2	1
2	1	3

关系 R

A	B	C
1	2	3
2	2	2

关系 S

A	B	C
3	2	1
2	1	3

则下列操作正确的是(　　　)。

A.$T=R\cap S$　　　　B.$T=R\cup S$　　　　C.$T=R\times S$　　　　D.$T=R\div S$

12.设有关系 R 和 S,关系代数 $R\cap S$ 还可以表示为(　　　)。

A.R-$(R$-$S)$　　　　B.R-$(S$-$R)$　　　　C.$R\cup(R$-$S)$　　　　D.S-$(R$-$S)$

二、填空题

1.关系 $R(A,B)$,A,B 为关系 R 的属性,则此 R 关系为_____元关系。

2.关系的三类完整性包括_____、_____和_____。

3.关系的描述称为_____。

4.在关系中能唯一标识元组的属性或属性集称为关系模式的_____。

5.实体完整性是指_____。

6.关系运算可分为_____和_____两大类,其中关系演算又可分为_____和_____两类。

7.关系代数中四类传统的集合运算分别为:_____、_____、_____和广义笛卡尔积运算。

8.关系代数中专门的运算操作包括_____、_____、_____和除法运算四种操作。

9.在专门关系运算中,从表中按照要求取出指定属性的操作称为_____;从表中选出满足某种条件的元组的操作称为_____;将两个关系中满足一定条件的元组连接到一起构成新表的操作称为_____。

10.设有关系模式为:客户(客户编号,客户名称,电话,地址,邮编),则该关系模式的主码是_____,主属性是_____,非主属性是_____。

三、简答题

1.解释以下概念:关系、属性、元组、域、候选码、主码、外码、关系模式、关系数据库,并举例说明。

2.关系的性质主要包括哪些内容?

3.写出实体完整性和参照完整性的定义,并举例说明。

4.等值连接和自然连接有什么区别,并举例说明。

5.设有以下关系 R、S 和 T,求下列各关系代数的运算结果。

关系 R

A	B	C
1	2	3
2	2	2
5	2	6

关系 S

A	B	C
3	2	1
2	1	3
5	2	6

关系 T

A	D
1	3
2	2
3	1

(1) $R \cup S$ (2) $R \cap S$ (3) $R-S$ (4) $R * T$ (5) $\Pi A(\sigma_{C=6}(R))$

6.以此章的购物系统为例,用关系代数表达式表示以下各种查询操作。

(1)查询年龄大于 20 岁的男客户的客户编号、姓名及电话。

(2)查询客户"张岩"购买的商品名称及购买数量。

第 3 章　关系数据库标准语言 SQL

本章重点

- SQL 结构化查询语言的特点；
- MySQL 的优势及数据库组成；
- SQL 的四大功能及使用方法。

结构化查询语言(Structured Query Language,SQL)是目前应用最为广泛的关系数据库语言,主要用于存取数据以及查询、更新和管理关系数据库系统,同时也是数据库脚本文件的扩展名。通过 SQL 语句可以实现数据定义、数据操纵、数据查询和数据控制四部分功能。通过本章的学习,读者应了解 SQL,并且掌握 SQL 在数据库管理系统中如何实现数据定义、数据操纵、数据查询和数据控制功能。

3.1　SQL 概述

结构化查询语言是高级的非过程化编程语言,允许用户在高层数据结构上工作。它不要求用户指定对数据的存放方法,也不需要用户了解具体的数据存放方式,所以具有完全不同底层结构的不同数据库系统,可以使用相同的结构化查询语言作为数据输入与管理的接口。结构化查询语言语句可以嵌套,这使它具有极大的灵活性和强大的功能。

1974 年由 Boyce 和 Chamberlin 提出,1975 年—1979 年由 IBM 公司的 San Jose Research Laboratory 研制出关系数据库管理系统原型 System R ,实现了 SQL 语言。1986 年 10 月由美国国家标准局(ANSI)通过的数据库语言美国标准,接着,国际标准化组织(ISO)颁布了正式的 SQL 国际标准。1989 年 4 月,ISO 提出了具有完整性特征的 SQL-89 标准,1992 年 11 月又公布了 SQL-92 标准,在此标准中,把数据库分为三个级别:基本集、标准集和完全集。SQL-92 标准涉及 SQL 最基础和最核心的一些内容。接着,1999 年公布了 SQL-1999(SQL3)标准,2003 年、2008 年、2011 年依次公布了 SQL-2003、SQL-2008、SQL-2011 标准。

3.1.1　SQL 的特点

(1)一体化。SQL 集数据定义 DDL、数据操纵 DML 和数据控制 DCL 于一体,语言风格统一,可以独立完成数据库生命周期中的全部活动,包括建立数据库、定义关系模式、插入数据、查询、更新、维护、数据库重构、数据库安全性控制等一系列操作要求。

(2)非过程化。只提操作要求,不必描述操作步骤,也不需要导航。使用时只需要告诉计算机"做什么",而不需要告诉它"怎么做"。用户无须了解存取路径,存取路径的选择以及

SQL 语句的操作过程,这些都是由系统自动完成的。

(3)面向集合的操作方式。SQL 语言采用集合方式,不仅插入、删除、更新操作的对象是元组的集合,而且操作的结果也是元组的集合。

(4)使用方式灵活。它具有两种使用方式,既可以直接以命令方式交互使用;也可以嵌入使用,嵌入 C、C++、FORTRAN、COBOL、JAVA 等语言中使用。

(5)语言简洁,语法简单,好学好用。在 ANSI 标准中,只包含了 94 个英文单词,核心功能只用 9 个动词:CREATE、DROP、SELECT、INSERT、UPDATE、DELETE、GRANT、REVOKE。SQL 语言语法简单,容易学习,容易使用。

(6)SQL 具有数据定义、数据操纵、数据查询和数据控制四种功能。

3.1.2 SQL 语句的扩充

SQL 语言是关系数据库标准语言,任何 DBMS 都支持,但不同的 DBMS 厂商对 SQL 语句进行了一定程度的扩充,形成自身的数据库语言。例如:Oracle 的 PL/SQL,Microsoft SQL Server 的 Transact-SQL(简称 T-SQL)等。

3.2 MySQL 简介

MySQL 由瑞典 MySQL AB 公司开发,在 2008 年 1 月,MySQL 被美国的 Sun 公司收购;2009 年 4 月,Sun 公司又被甲骨文(Oracle)公司收购,目前属于 Oracle 公司。

MySQL 以其开源、免费、体积小、便于安装,并且功能强大等特点,成为全球最受欢迎的关系型数据库管理系统之一。MySQL 可以工作在各种平台下(Unix,Linux,Windows)以及支持多种编程语言,这些编程语言包括 C、C++、Python、Java、Perl、PHP、Eiffel、Ruby 等。

3.2.1 MySQL 优势及发行版本

MySQL 是一款开源的单进程多线程、支持多用户的关系型数据库管理系统,支持 SQL 语言。

1.MySQL 的优势

(1)低成本。MySQL 开放源代码,社区版本可以免费使用。

(2)性能好。执行速度快,功能强大,服务稳定。

(3)操作简单。软件体积小,安装方便,有图形客户端管理工具和一些集成开发环境。

(4)兼容性好。可安装于多种操作系统,跨平台性好。

MySQL 与其他大型数据库相比,存在规模小、功能有限等方面的不足,但丝毫没有影响它的受欢迎程度。

2.MySQL 的系统特性

(1)使用 C 语言和 C++语言编写,并使用多种编译器进行测试,保证源代码的可移植性。

(2)支持 AIX、FreeBSD、HP-UX、Linux、Mac OS、NovellNetware、OpenBSD、OS/2 Wrap、Solaris、Windows 等多种操作系统平台。

(3)为多种编程语言提供了 API。这些编程语言包括 C、C++、Python、Java、Perl、

PHP、Eiffel、Ruby 等。

(4)支持多线程,充分利用 CPU 资源。

(5)优化的 SQL 查询算法,有效地提高查询速度。

(6)既能够作为一个单独的应用程序应用在客户机/服务器网络环境中,也能够作为一个库而嵌入其他的软件中。

(7)提供 TCP/IP、ODBC 和 JDBC 等多种数据库连接途径。

(8)提供用于管理、检查、优化数据库操作的管理工具。

(9)支持大型的数据库。可以处理拥有上千万条记录的大型数据库。

(10)支持多种存储引擎。

3.MySQL 发行版本

根据操作系统的类型来划分,MySQL 数据库大体上可以分为 Windows 版、Unix 版、Linux 版和 Mac Os 版。

根据 MySQL 数据库用户群体的不同,将其分为社区版(Community Edition)和企业版(Enterprise Edition)。社区版免费开源,但没有官方的技术支持,而企业版对商业用户采取收费的方式,提供技术服务。

根据 MySQL 数据库的开发情况,可将其分为 Alpha、Beta、Gamma、GA(Generally Available)等版本。

(1)Alpha

Alpha 是内部测试版,一般不向外部发布,会有很多 Bug。Alpha 就是 α,是希腊字母的第一位,表示最初级的版本。

(2)Beta

Beta 一般是 Alpha 后面的版本。该版本相对于 α 版已有了很大的改进,消除了严重的错误,但还是存在一些缺陷,需要经过多次测试来进一步消除。这个阶段的版本会一直加入新的功能。Beta 就是 β。

(3)Gamma

Gamma 版,是发行过一段时间的 Beta 版,比 Beta 版更稳定。

(4)GA

GA 版(Generally Available),就是软件最终的发行版,已经足够稳定,也可以叫稳定版。

MySQL 版本的命名机制由 3 个数字和 1 个后缀组成,例如:mysql-8.0.20。

第 1 个数字"8"是主版本号,用于描述文件的格式,所有版本 8 的发行版都有相同的文件夹格式。

第 2 个数字"0"是发行级别,主版本号和发行级别组合在一起便构成了发行序列号。

第 3 个数字"20"是在此发行系列的版本号,随每次新发行的版本递增。通常选择已经发行的最新版本。

本教程采用的 MySQL 版本为 mysql-8.0.20。

4.MySQL 字符集

字符集是一套符号和编码,校验规则(Collation)是在字符集内用于比较字符的一套规则,即字符集的排序规则。MySQL 可以使用对多种字符集和检验规则来组织字符。

MySQL 服务器可以支持多种字符集,在同一台服务器、同一个数据库,甚至同一个表的不同字段都可以指定使用不同的字符集,相比 Oracle 等其他数据库管理系统,在同一个数据库只能使用相同的字符集,MySQL 明显存在更大的灵活性。

每种字符集都可能有多种校对规则,并且都有一个默认的校对规则,并且每个校对规则只是针对某个字符集,和其他的字符集没有关系。

在 MySQL 中,字符集的概念和编码方案被看作是同义词,一个字符集是一个转换表和一个编码方案的组合。

Unicode(Universal Code)是一种在计算机上使用的字符编码。Unicode 是为了解决传统的字符编码方案的局限而产生的,它为每种语言中的每个字符设定了统一并且唯一的二进制编码,以满足跨语言、跨平台进行文本转换、处理的要求。Unicode 存在不同的编码方案,包括 UTF-8、UTF-16 和 UTF-32。UTF 表示 Unicode Transformation Format。UTF-8 就是在互联网上使用最广的一种 Unicode 的实现方式。

GBK 是一个汉字编码标准,全称"汉字内码扩展规范"(GBK),英文名称 Chinese Internal Code Specification。

3.2.2 MySQL 架构及 MySQL 数据库系统组成

1.MySQL 逻辑架构主要包括三大块核心组件,如图 3-1 所示。

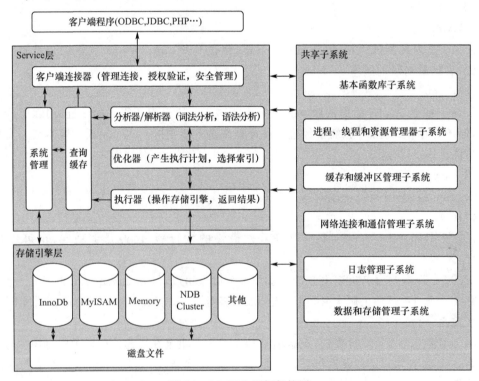

图 3-1　MySQL 逻辑架构图

(1)Service 层

客户端连接器,也称为 MySQL 应用层。主要负责:

管理连接:当客户端请求 MySQL 会从线程池分配一个线程来与客户端连接,如果连接处于空闲状态,wait_timeout 参数决定断开时间。

授权验证:是通过用户名、客户端地址、密码的方式来鉴权用户。

安全管理:MySQL 通过连接的权限来控制连接可以执行哪些操作。

系统管理:提供了丰富的数据库管理功能。例如:数据库备份和恢复,数据库安全管理与权限管理,数据库复制管理,集群管理,数据库元数据管理等。

查询缓存:之前执行过的语句与结果是以 K-V 方式保存在查询缓存中,查询请求如果命中直接返回,查询结束。查询缓存失效非常频繁,只要对一张表进行更新,那么它所对应的查询缓存都会被清空。query_cache_type 参数来设置是否使用查询缓存,8.0 以后的版本直接废弃查询缓存。

分析器/解析器:如果没有命中查询缓存,将会进入分析器。先开始做词法分析解析出表名、函数、关键字等,然后开始校验语法分析,校验语法的正确性。

优化器:经过分析器,SQL 有多张表关联或者有多个索引的时候,优化器是根据索引来决定表的顺序与条件顺序。

执行器:经过优化的 SQL 重写以后,执行器会先判断线程有没有数据的读写权限,如果有将打开表继续执行。执行器会根据不同存储引擎接口来调用 API 实现,根据索引规则来对表进行扫描,返回结果。

(2)存储引擎层

存储引擎:一种管理物理数据和位置的插件类组件,负责执行 SQL 语句并从磁盘文件中获取数据。

磁盘文件:包括 redolog、undolog、binlog、errorlog、querylog、slowlog、data、index 等。

(3)共享子系统

基本函数库子系统:在所有 MySQL 子系统之间共享的一组通用函数。

进程、线程和资源管理器子系统:基于线程资源的管理服务器体系结构。

缓存和缓冲区管理子系统:提高查询速度,减少 IO 次数的检索方式。私有会话级别与实例共享级别。

网络连接与通信管理子系统:维护这全部的会话连接与通信。

日志管理子系统:管理所有的 MySQL 日志、数据日志、操作日志、慢查询日志、访问日志等。

数据和存储管理子系统:管理数据文件与存储方式、存储格式、存储位置。

2.MySQL 数据库系统由多个组件构成,通常包括以下几个部分:

(1)MySQL 数据库服务

①MySQL 服务。也称为 MySQL 数据库服务,是保存在 MySQL 服务器硬盘上的一个服务软件,通常是指 mysqld 服务器程序,是 MySQL 数据库系统的核心,所有的数据库和数据表操作都是由它完成。想要使用 MySQL 数据库,首先要启动 MySQL 服务。

②MySQL 服务实例。MySQL 服务实例是一个正在运行的 MySQL 服务,其实质是一个进程,只有处于运行状态的 MySQL 服务实例才可以响应 MySQL 客户机的请求,提供数据库服务。同一个 MySQL 服务,如果 MySQL 配置文件参数不同,启动 MySQL 后生成的 MySQL 服务实例也不相同。通常是指 mysqld 进程以及该进程持有的内存资源。

③MySQL 数据库。通常是指一个物理概念,即一系列物理文件的集合。一个 MySQL 数据库下可以创建很多数据库,安装好 mysql-8.0.20 后默认至少会有四个系统自带的数据

库(information_schema、mysql、performance_schema、sys),另外 MySQL 也有示例数据库 sakila 和 world。这些数据库及其关联的磁盘上的一系列物理文件构成 MySQL 数据库。

• information_schema 数据库:提供了访问数据库元数据的方式。元数据是关于数据的数据,如数据库名或表名,列的数据类型,或访问权限等。有时用于表述该信息的其他术语包括"数据词典"和"系统目录"。

• mysql 数据库:核心数据库,类似于 SQL Server 中的 master 表,主要负责存储数据库的用户、权限设置、关键字等 MySQL 自己需要使用的控制和管理信息。例如:常用的 user 表就是在 MySQL 数据库中。

• performance_schema 数据库:主要用于收集数据库服务器性能参数。

• sys 数据库:其所有的数据源来自 performance_schema 数据库,目标是把数据库 performance_schema 的复杂度降低,让 DBA 能更好地阅读这个数据库里的内容,更快地了解数据库的运行情况。

• sakila 和 world 数据库:MySQL 中的示例数据库,在安装时选择完全安装,或者在自定义安装时勾选示例数据库即可安装。

(2)MySQL 客户程序和工具程序

主要负责与服务器进行通信,主要有如下几个:

①mysql:用于把 SQL 语句发往服务器并让查看其结果的交互式程序,位于 MySQL 的安装目录的 bin 目录下。通过它完成连接数据库、查询、修改对象、执行维护等操作。

②mysqladmin:用于完成关闭服务器或在服务器运行不正常时检查其运行状态等工作的管理性程序。

③mysqlcheck 和 myisamchk:用于对数据表进行分析和优化,可以用来检测和修复表(主要是 MyISAM 表)。

④mysqldump 和 mysqlhotcopy:用于备份数据库或者把数据库复制到另一个服务器的工具。

(3)服务器语言

MySQL 支持结构化查询语言(Structured Query Language,SQL),SQL 是一种标准的关系数据库语言。

3.MySQL 服务器与端口

一个有 MySQL 服务的服务器还包括操作系统、CPU、内存及硬盘等软、硬件资源。特殊情况下,同一台 MySQL 服务器可以安装多个 MySQL 服务,同时运行多个 MySQL 服务实例,各 MySQL 服务实例占用不同的端口号,为不同的 MySQL 客户机提供服务。简而言之,若同一台 MySQL 服务器同时运行多个 MySQL 服务实例时,使用端口号区分不同的 MySQL 服务实例。

服务器上运行的网络程序一般都是通过端口号来识别的,一台主机上端口号可以有 65 536 个。

3.3 数据定义

SQL 支持数据库的三级模式结构,其中,模式对应"基本表",内模式对应"存储文件",

外模式对应"视图",如图 3-2 所示。

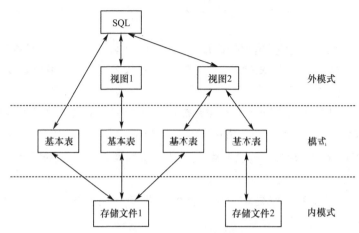

图 3-2　SQL 语言支持的关系数据库的三级模式结构

一个关系对应一个基本表,一个基本表可以跨一个或多个存储文件,一个存储文件也可以存放一个或多个基本表。每一个存储文件都与外部存储器上的一个物理文件相对应。

视图是一个虚表,是从一个或几个基本表导出的表。数据库中只存放视图的定义而不存放视图对应的数据,这些数据依然存放在导出视图的基本表中。基本表中的数据发生变化时,通过视图查询出来的数据也随之改变。

用户可以用 SQL 语句对基本表和视图进行查询等操作。在用户看来,两者是一样的,都是表。

SQL 用户可以是应用程序,也可以是终端用户。SQL 语句可嵌在宿主语言的程序中使用,也能作为独立的用户接口,供交互环境下的终端用户使用。

数据定义语言(DDL)定义数据的模式、外模式和内模式三级模式结构,定义模式/内模式和外模式/模式二级映像,定义有关的约束条件。数据定义语言主要提供了 Create、Drop、Alter 等语句实现数据定义功能。

下面将介绍各 SQL 语句的功能和格式。各个 DBMS 产品在实现标准 SQL 语言时也各有差别,一般都做了某种扩充。具体使用某个 DBMS 产品时,应参阅系统提供的有关手册。在此以 MySQL 为例。

3.3.1　创建及使用数据库

1.定义数据库

数据库从逻辑上看,数据是存储在数据库中并由 DBMS 统一管理;从物理上看,数据是以文件的方式存储在物理磁盘上,由操作系统统一管理。

在 MySQL 中,可以使用 CREATE DATABASE 或 CREATE SCHEMA 命令创建数据库。

创建数据库的语句语法如下:

```
CREATE { DATABASE | SCHEMA } [IF NOT EXISTS] database_name
[[DEFAULT] CHARACTER SET charset_name]
    [ [DEFAULT] COLLATE collation_name]
```

各主要参数的说明如下：

(1)database_name:新建数据库的名称,数据库名称在 MySQL 中必须唯一,而且必须符合标识符规则。

(2)IF NOT EXISTS:在创建数据库前,首先判断该名称的数据库是否存在,只有该名称的数据库不存在时,才执行 CREATE DATABASE 操作,用此选项可以避免出现数据库已经存在而新建产生的错误。

(3)CHARACTER SET charset_name:指定数据库字符采用的默认字符集。

(4)COLLATE collation_name:指定字符集的校对规则。

【例 3-1】 在 MySQL 中,使用命令创建一个购物系统的数据库 ordDB。

```
CREATE DATABASE IF NOT EXISTS ordDB;
```

注意:创建数据库时若未指定字符集及校对规则,则使用系统默认字符集及校对规则。

2.修改数据库

在 MySQL 中,可以使用 ALTER DATABASE 修改数据库参数,如修改数据库的字符集等。

修改数据库的语句语法如下:

```
ALTER { DATABASE | SCHEMA } database_name
[[DEFAULT] CHARACTER SET charset_name]
    [ [DEFAULT] COLLATE collation_name]
```

【例 3-2】 修改 ordDB 数据库的字符集为 gbk。

```
ALTER DATABASE ordDB CHARACTER SET gbk;
```

3.删除数据库

在 MySQL 中,可以使用 DROP DATABASE 命令删除数据库。

删除数据库的语句语法如下:

```
DROP DATABASE IF EXISTS database_name;
```

【例 3-3】 删除 ordDB 数据库。

```
DROP DATABASE IF EXISTS ordDB;
```

注意:删除数据库命令必须小心使用,因为它将删除指定的整个数据库,包括此数据库中的所有数据及对象都将永久删除。

3.3.2 创建及使用数据表

表是数据库中实际存储数据的对象。由于数据库中的其他所有对象都依赖于表,因此可以将表理解为数据库的基本对象。

如果在系统中创建了一个数据库,那么就可以在数据库中定义基本表。对基本表结构的操作有创建、修改和删除三种操作。

1.数据类型

表中的每个列都来自同一个域,属于同一种数据类型。定义数据表时,需要给表中的每个列设置一种数据类型。

MySQL 主要提供以下几种数据类型：

(1)字符串类型

字符串类型又可以分为普通的文本字符类型(char 和 varchar)、可变类型(TEXT 和 BLOB)和特殊类型(SET 和 ENUM)。这些数据类型用于存储字符数据,见表 3-1。

表 3-1　　　　　　　　　　　　　字符串类型

数据类型	取值范围	说明
char(M)	0～255 个字符	固定长度为 M 的字符串,其中 M 的取值范围为 0～255
varchar(M)	0～255 个字符	长度可变,其他和 char(M)类似
TINYBLOB	0～255 个字符	不超过 255 个字符的二进制字符串
BLOB	0～65 535 个字符	二进制形式的长文本数据
MEDIUMBLOB	0～16 777 215 个字符	二进制形式的中等长度文本数据
LONGBLOB	0～4 294 967 295 个字符	二进制形式的极大文本数据
TINYTEXT	0～255 个字符	短文本字符串
TEXT	0～65 535 个字符	长文本数据
MEDIUMTEXT	0～16 777 215 个字符	中等长度文本数据
LONGTEXT	0～4 294 967 295 个字符	极大文本数据
ENUM ("value1", "value2", …)	枚举值,理论上最多可以有 65 535 个不同的值	该类型的列只可以容纳所列值之一或为 NULL
SET ("value1", "value2", …)	集合,最大可以有 64 个不同的字符串对象	该类型的列可以容纳一组值或为 NULL

(2)数值类型

MySQL 支持所有的 ANSI/ISO SQL92 数字类型。数字包括整数和小数,其中,整数用整数类型(tinyint、smallint、mediumint、int 或 interger、bigint)表示,小数用浮点数类型(float、double)和定点数类型(decimal)表示。这些数据类型都用于存储不同类型的数字值,见表 3-2、表 3-3。

表 3-2　　　　　　　　　　　　　整数类型

数据类型	字节数	无符号的取值范围	有符号的取值范围
tinyint	1	0～255	−128～127
smallint	2	0～65 535	−32 768～32 767
mediumint	3	0～16 777 215	−8 388 608～8 388 607
int 或 integer	4	0～4 294 967 295	−2 147 683 648～2 147 683 647
bigint	8	0～18 446 744 073 709 551 615	− 9 223 372 036 854 775 808～9 223 372 036 854 775 807

浮点数类型包括单精度浮点数(float)和双精度浮点数(double),浮点数类型见表 3-3。

表 3-3 浮点数类型

数据类型	字节数	负数的取值范围	正数的取值范围
float	4	$-3.402823466E+38\sim$ $-1.175494351E-38$	0 和 $1.175494351E-38\sim$ $3.402823466E+38$
double	8	$1.7976931348623157E+308\sim$ $2.2250738585072014E-308$	0 和 $2.2250738585072014E-308\sim$ $1.7976931348623157E+308$

（3）日期和时间数据类型

MySQL 主要支持五种日期类型：date、time、datetime、year 和 TIMESTAMP，见表 3-4。

表 3-4 日期和时间数据类型

数据类型	字节数	范围	格式
date	4	1000-01-01～9999-12-31	日期，格式 YYYY-MM-DD
time	3	$-838:58:59$ 835:59:59	时间，格式 HH：MM：SS
datetime	8	1000-01-01 00：00：00 9999-12-31 23：59：59	日期和时间， 格式 YYYY-MM-DD HH：MM：SS
year	1	1901－2155	年份可指定两位数字和四位数字的格式
TIMESTAMP	4	1970-01-01 00：00：00 2038 年的某个时间	时间戳，在处理报告时使用 显示格式取决于 M 的值

2.基本表的创建

表是数据库存储数据的主要对象。MySQL 数据库的表由行和列组成，每行代表表中的记录，而每列代表表中的一个字段。列的定义决定了表的结构，行的内容则是表中的数据。创建表之前，通常会根据数据库设计的结果确定表名、字段名及数据类型、约束等信息。对于 MySQL 还需要为每张表选择一个合适的存储引擎。

创建基本表，可用"CREATE TABLE "语句实现，语法如下：

```
CREATE [TEMPORARY] TABLE [IF NOT EXISTS] table_name
(column_definition,…)|[index_definition]
[table_option][select_statement];
```

说明：

语法格式中[ ]代表可选。

（1）TEMPORARY：使用该关键字表示创建临时表。

（2）IF NOT EXISTS：在创建数据表前，首先判断该名称的数据表是否存在，只有该名称的数据表不存在时，才执行 CREATE TABLE 操作，用此选项可以避免出现数据表已经存在而新建产生的错误。

（3）table_name：要创建的表名。

（4）column_definition：字段的定义，包括指定字段名、数据类型、是否允许为空值、主键约束、外键约束、唯一性约束、默认值、注释字段名等。

（5）index_definition：为表的相关字段指定索引。

（6）table_option：为表设置存储引擎、字符集等。

(7)select_statement：在一个已有表的基础上创建表的情况使用。

定义表的过程中，还可以创建列的约束，用以实现数据的完整性。

数据的完整性是指保护数据库中的数据的正确性、有效性和相容性，防止错误的数据进入数据库造成无效操作。

MySQL 可以通过约束实现数据的完整性。MySQL 对于数据表的约束分为列级完整性约束和表级完整性约束。列级完整性约束是对某个特定列的约束，包含在列定义中，直接写在该列的定义之后，用空格分隔，不必指定列名；表级完整性约束与列定义独立，不包括在列定义中，在所有列定义之后。对多个列一起进行约束，通常使用表级完整性约束方式，定义表级完整性约束时必须指定约束的列名。

完整性约束的基本语法格式为：

```
[CONSTRAINT <约束名>] <约束类型>
```

其中，若不指定约束名，则系统会给定一个名称（通常不指定约束名）。具体操作见后续实验部分。

MySQL 中主要包括的约束类型见表 3-5。

表 3-5　　　　　　　　　　　　　　　　约束类型

约束类型	描述
PRIMARY KEY	主键，唯一标识每一行，不允许为空值和重复值
DEFAULT	默认约束指定列的默认值，插入数据时系统自动赋值
FOREIGN KEY	外键，指定必须存在值的列，可以为空值或者与主表中某个主键值一致
NOT NULL	指定是否允许为空值，NULL 允许，NOT NULL 不允许
UNIQUE	唯一约束，不允许为重复值，可以为空值
AUTO_INCREMENT	自增约束，向表中插入新记录时，设置自增约束的字段会自动生成唯一的 ID，该字段的数据类型必须是整型，且每张表只允许一个字段设置

每个基本表的创建定义中包含了若干列的定义和若干个完整性约束，下面举例说明。

【例 3-4】　购物系统数据库中有三个基本表：

客户关系（客户编号，姓名，性别，地址，邮编，电话，年龄）

Customer(cid,cname,csex,caddress,czip,ctel,cage)

商品关系（商品编号，商品名称，商品类型，型号，商品描述，库存量，单价）

Goods(gid,gname,gtype,gmodel,gdescribe,gstock,gprice)

客户订购商品关系（订单编号，客户编号，商品编号，订购金额，订购数量，订购日期）

Orders(oid,cid,gid,oamount,osum,orderdate)

基本表 Customer 可用下列语句创建：

```
Create table Customer (
cid int(4) primary key,                    # 主键
cname varchar(10) not null unique,         # 非空约束，唯一约束
csex char(2) DEFAULT '男',                 # 默认约束
caddress varchar(500),
czip char(6),
```

```
ctel varchar(11),
cage tinyint(4))ENGINE＝InnoDB default charset＝utf8;
```

基本表 Goods 可用下列语句创建：

```
create   table   Goods
(gid   int(4)   primary   key,                   # 主键
gname   varchar(100)   not null,
gtype   varchar(50),
gmodel   varchar(50),
gdescribe   varchar(500),
gstock   int(4),
gprice   float(5,2))ENGINE＝InnoDB default charset＝utf8;
```

基本表 Orders 可用下列语句创建：

```
Create   table   Orders
(oid   int(4)   primary   key,
cid   int(4),
gid   int(4),
oamount   float(5,2),
osum   int(4),
orderdate   datetime,
FOREIGN KEY(Cid)   REFERENCES   Customer(cid),      # 外键约束
FOREIGN KEY(Gid)   REFERENCES   Goods(gid))ENGINE＝InnoDB default charset＝utf8;
```

3.修改基本表

创建表之后可以对基本表的结构进行修改,即增加新的列、删除原有的列或修改数据类型、宽度等。但实际应用中,表一旦创建好后,应谨慎修改表结构。修改表结构基本语法如下：

```
ALTER TABLE table_name
ADD [COLUMN] column_definition [first | after clo_name]              # 添加字段
  | ADD INDEX [index_name] (index_col_name,...)                      # 添加索引
  | ADD PRIMARY KEY (index_col_name,...)                             # 添加主键
  | ADD UNIQUE [index_name] (index_col_name,...)                     # 添加唯一索引
  | ALTER [COLUMN] col_name {SET DEFAULT literal | DROP DEFAULT}     # 修改字段
  | CHANGE [COLUMN] old_col_name create_definition                   # 重命名字段
  | MODIFY [COLUMN] create_definition                                # 修改字段
  | DROP [COLUMN] col_name                                           # 删除字段
  | DROP PRIMARY KEY                                                 # 删除主键
  | DROP INDEX index_name                                            # 删除索引
  | RENAME [AS] new_tbl_name                                         # 更改表名
```

【例 3-5】 在 Customer 表中增加一个客户类型(ctype)列。

```
ALTER TABLE Customer ADD ctype varchar(20);
```

【例 3-6】 在 Goods 表中增加完整性约束定义,使 gname 具有唯一性。

```
ALTER TABLE Goods ADD UNIQUE(gname);
```

【例 3-7】 把 Customer 表中的 caddress 列列宽改为 800。

```
ALTER TABLE Customer MODIFY COLUMN caddress varchar(800);
```

4.删除基本表

当不需要某个基本表时,可以使用"DROP TABLE"语句删除。实际应用中需谨慎使用删除表语句。删除基本表语句语法如下:

```
DROP TABLE ＜表名＞
```

【例 3-8】 删除 Orders 表。

```
DROP TABLE Orders
```

只能删除自己建立的表,不能删除其他用户建立的表。基本表一旦删除,表中的数据都将自动被删除掉。

3.4　数据操作

3.4.1　数据查询

1.单表查询

数据查询是数据库中最常用的操作,SQL 使用 SELECT 语句进行数据查询操作。

SELECT 语句完整的语法如下:

```
SELECT [ALL|DISTINCT]
    〈列名〉[AS 别名 1][{,〈列名〉[ AS 别名 2]}]
    FROM〈表名 1 或视图名 1〉[[AS] 表 1 别名]
    [WHERE〈检索条件〉]
    [GROUP BY ＜列名 1＞[HAVING ＜条件表达式＞]]
    [ORDER BY ＜列名 2＞[ASC|DESC]]
    [LIMIT 子句]
```

语法中[ ]表示该项可选。

SELECT 子句:指定要查询的列名称,列与列之间用逗号分开,如需查询所有列可以用 ＊号表示,列名后面还可以加 AS 指定列的别名,显示在输出的结果中。ALL 关键字表示显示所有的行,包括重复行,是系统默认的,通常省略;DISTINCT 表示显示的结果会消除重复的行。

FROM 子句:指定要查询的表或视图,可以有多张表,表和表之间用逗号分隔,也可以为表指定别名。

WHERE 子句:指定要查询的条件。若存在 WHERE 子句,则须按照检索条件指定的条件进行查询,若没有 WHERE 子句,则查询所有记录。

GROUP BY 子句:用于对查询结果进行分组。按照 GROUP BY 子句中指定列的值进行分组,相同的值分为一组。若后面有 HAVING 子句,则须同时提取 HAVING 子句中满足分组条件表达式的那些组。

HAVING 子句:必须和 GROUP BY 子句配合,且放在 GROUP BY 子句的后面,表示分组后还需按照一定的条件进行筛选。

ORDER BY 子句:用于对查询结果进行排序,ASC 代表按升序,DESC 代表按降序,若省略默认为升序。

LIMIT 子句:限制查询的输出结果的行数。

下面以购物系统数据库为示例数据库中的客户表、商品表和客户订购商品表为例介绍查询语句,见表 3-6、表 3-7、表 3-8。

表 3-6　　　　　　　　　　　　　　　客户表 Customer

cid 客户编号	cname 姓名	csex 性别	caddress 地址	czip 邮编	ctel 电话	cage 年龄
44000001	李琦	女	广州市天河区中山大道中 89 号	510660	13802088889	20
43000002	陈冬	男	长沙市天心区 29 号	410002	13626780026	35
44000002	张岩	男	广州市越秀区八旗二马路 68 号	510115	13925056669	16
44000003	刘敏	女	广州市越秀区北京路 186 号	510030	13802222866	25

表 3-7　　　　　　　　　　　　　　　商品表 Goods

gid 商品编号	gname 商品名称	gtype 商品类型	gmodel 型号	gstock 库存量	gprice 单价	gdescribe 商品描述
15010001	创维电视机	电器	55 寸	60	5000	
15010002	格力空调	电器	大一匹	80	3600	
15020001	开心果	食品	200 克	100	35	
15030001	维达面巾纸	日用品	130 抽	300	6	

表 3-8　　　　　　　　　　　　　　　客户订购商品表 Orders

oid 订单编号	cid 客户编号	gid 商品编号	oamount 订购金额	osum 订购数量	orderdate 订购日期
1	44000001	15020001	280	8	2015-1-6
2	44000002	15010001	5000	1	2015-1-8
3	44000002	15020001	70	2	2015-1-8
4	44000003	15030001	218	36	2015-1-10

(1)使用 SELECT 子句进行简单查询

【例 3-8】　查询全体客户的客户编号、姓名、性别。

SELECT cid,cname,csex FROM Customer;

SELECT 子句的<目标列表达式>中指定用户需要的属性列。

【例 3-9】　查询客户的全部信息。

SELECT * FROM Customer;

用"*"表示 Customer 表中的全部属性列,而不需要逐一列出。

【例 3-10】　查询下了订单的客户编号。

SELECT DISTINCT cid FROM Orders;

用"DISTINCT"将查询结果中的重复行去掉。

【例 3-11】 查询全体客户的客户编号,姓名,性别。

SELECT cid AS 客户编号,cname AS 姓名,csex AS 性别 FROM Customer;

使用"AS"为原表中的属性列名别名,如表 Customer 中的属性列 cid,在查询结果中显示列名为客户编号。别名只改变显示结果并不会改变表结构中的列名。

【例 3-12】 查询 Goods 表中商品的价格,并计算商品打 8 折后的单价。

SELECT gprice,gprice * 0.8 AS 打折价 FROM Goods;

（2）WHERE 子句

【例 3-13】 查询库存量小于 100 的商品编号,商品名称及库存量。

SELECT gid,gname,gstock FROM Goods WHERE gstock <100;

需要在表中找出满足某些条件的行时,使用 WHERE 子句指定查询条件。WHERE 子句使用的常用运算符见表 3-9。

表 3-9　　　　　　　　　　　常用运算符

类别	运算符	说明
比较运算符	=、>、<、>=、<=、<>	比较两个表达式
逻辑运算符	AND、OR、NOT	组合两个表达式的运算结果或取反
范围运算符	BETWEEN...AND、NOT　BETWEEN...AND	搜索值是否在范围内
列表运算符	IN、NOT IN	查询值是否属于列表值之一
字符匹配符	LIKE、NOT LIKE	字符串是否匹配
未知值	IS NULL、IS NOT NULL	查询值是否为 NULL

【例 3-14】 查询商品库存在 500 至 1000 之间的商品信息。

SELECT * FROM Goods WHERE gstock >=500 AND gstock <=1000;

等价：

SELECT * FROM Goods WHERE gstock BETWEEN 500 AND 1000;

不等价：

SELECT * FROM Goods WHERE gstock IN(500,1000);

当查询条件列的数据类型为数字类型时,IN 表示取值,不能表示区间。

【例 3-15】 查询库存量小于 100 的电器类商品信息。

SELECT * FROM Goods WHERE gstock < 100 AND gtype='电器';

WHERE 需要两个或两个以上的查询条件时,需要使用逻辑运算符 AND、OR、NOT。其优先级由高到低为 NOT、AND、OR,可使用括号改变优先级别。

【例 3-16】 查询电话为空的客户信息。

SELECT * FROM Customer WHERE ctel IS NULL;

查询的空值条件为 ctel IS NULL,不能写成 ctel=NULL。使用 ctel IS NOT NULL 可以查询电话非空的数据行。

【例 3-17】 查询所有天河区的客户信息。

SELECT * FROM Customer WHERE caddress LIKE '%天河区%';

当不确定查询条件的精确值时,可以使用 LIKE 或 NOT LIKE 进行模糊查询,一般格式为<属性名>LIKE<字符串常量>,字符串中的通配符及其功能见表 3-10。带有通配符的字符串必须用单引号引起来。

表 3-10 通配符

通配符	说明	示例
%	任意多个字符	H% 表示查询以 H 开头的任意字符串,如 Hello %h 表示查询以 h 结尾的任意字符串,如 Growth %h% 表示查询在任何位置包含字母 h 的所有字符串,如 hui、zhi
_	单个字符	H_ 表示查询以 H 开头,后面跟任意一个字符的两位字符串,如 Hi、He

【例 3-18】 查询客户电话以 138 开头,以 9 结尾的客户信息。

SELECT * FROM Customer WHERE ctel LIKE '138%9';

(3)GROUP BY 子句

GROUP BY 子句可以将查询结果按属性列或属性列组合在行的方向上进行分组,每组在属性列或属性列组上具有相同的值。

【例 3-19】 查询所有订单数量。

SELECT COUNT(*) FROM Orders;

【例 3-20】 分别统计各类商品的总库存量。

SELECT gtype, SUM(gstock) AS '分类库存量' FROM Goods GROUP BY gtype;

GROUP BY 子句按 gtype 的值分组,所有具有相同的 gtype 的元组为一组,对每一组使用函数 SUM 进行求和计算,统计出各类商品的总库存量。

聚合函数对一组值执行计算,并返回单个值。除了 COUNT 以外,聚合函数都会忽略空值。聚合函数经常与 SELECT 语句的 GROUP BY 子句一起使用。聚合函数名及其功能见表 3-11。

表 3-11 聚合函数名及其功能

聚合函数名	功能
COUNT	求组中项数,返回整数,返回指定表达式的所有非空值的计数
SUM	求和,返回表达式中所有值的和
AVG	求均值,返回表达式中所有值的平均值
MAX	求最大值,返回表达式中所有值的最大值
MIN	求最小值,返回表达式中所有值的最小值

使用聚合函数时,SELECT 子句的后面不能跟列名,如果需要显示列名,须与 GROUP BY 一起使用。

【例 3-21】 查询订购金额总数大于 50000 元的客户编号。

SELECT cid, SUM(oamount) AS '订购总额' FROM Orders
GROUP BY cid HAVING SUM(oamount) >50000;

HAVING 子句必须和 GROUP BY 子句配合,且放在 GROUP BY 子句的后面,表示分组后还需按照一定的条件进行筛选。

(4)ORDER BY 子句

当需要对查询后的结果进行排序时,可以使用 ORDER BY 子句,排序方式 ASC 代表升序,DESC 代表降序,缺省时为升序。ORDER BY 子句必须放在所有子句之后。

【例 3-22】 查询订单信息,并按订购数量降序排列,只显示前三行。

```
SELECT * FROM Orders ORDER BY osum DESC LIMIT 3;
```

ORDER BY 进行排序时,ASC 表示升序,为默认值;DESC 表示降序,排序时空值(NULL)被认为是最小值。

【例 3-23】 查询订购金额总数大于 50000 元的客户编号,并按总额降序排列。

```
SELECT cid,SUM(oamount) as '订购总额' FROM orders GROUP BY cid
HAVING SUM(oamount) >50000 ORDER BY SUM(oamount) DESC;
```

2.多表查询

若一个查询需要涉及多张表,则称为多表查询。多表查询包括连接查询和子查询等。

(1)连接查询

多表连接查询实际上是通过各个表之间共同列的关联性来查询数据,数据之间的联系通过表的字段值来体现,该字段称为连接字段,连接查询的结果集或结果表,称为表之间的连接。

当进行表的连接操作时,MySQL 将逐行比较所指定的列的值,然后根据比较后的结果将满足条件的数据组合成新的行。

表的连接方式有以下两种:

①表之间满足一定条件的行进行连接时,FROM 子句指明进行连接的表名,WHERE 子句指明连接的列名及其连接条件。

②利用关键字 JOIN 进行连接。关键字 JOIN 指定要连接的表以及这些表的连接方式,关键字 ON 指定这些表共同拥有的列。MySQL 中经常使用这种方式。

其语法格式如下:

```
SELECT [ALL|DISTINCT]
    〈列名〉[AS 别名 1][{,〈列名〉[ AS 别名 2]}]
    [INTO 新表名]
    FROM〈表名 1 或视图名 1〉[[AS]表 1 别名][{,〈表名 2 或视图名 2〉[[AS]表 2 别名]}]
    [WHERE〈检索条件〉]
    [GROUP BY <列名 1>[HAVING <条件表达式>]]
    [ORDER BY <列名 2>[ASC|DESC]]
```

或

```
SELECT column_name [,column_name...]
    FROM {<table_source>} [,...,n]
    <joim_type> : :=
    [INNER |{ { LEFT | RIGHT |FULL } [OUTER]}]
    [<join_hint>]
    JOIN
```

```
<joined_table> : :=
<table_source> <join_type> <table_source> ON <search_condition>
| <table_source>   CROSS JOIN <table_source>
|<joined_table>
[WHERE〈检索条件〉]
[GROUP BY <列名1>[HAVING <条件表达式>]]
[ORDER BY <列名2>[ASC|DESC]]
```

连接包括三种类型：内连接、外连接和交叉连接。

①内连接

内连接是比较常用的一种数据连接查询方式。它使用比较运算符进行多个基础表间数据的比较操作，并列出这些基础表中与连接条件相匹配的所有的数据行。一般用 INNER JOIN 或 JOIN 关键字来指定内连接，它是连接查询默认的连接方式。

常用的内连接方式有等值连接、非等值连接和自连接。

a.等值连接

等值连接就是在连接条件中使用比较运算符（＝）来比较连接列的列值，其他情况为非等值连接。

【例 3-24】 查询每个客户的订单信息。

SELECT orders.cid，Orders.gid，Orders.oamount FROM Orders INNER JOIN Customer ON Customer.cid＝Orders.cid；

【例 3-25】 查询年龄在 20 以下的客户订单信息。

SELECT Orders.cid，Orders.gid，Orders.oamount FROM Orders INNER JOIN Customer ON Customer.cid＝Orders.cid WHERE Customer.cage<20；

如果查询的结果涉及多张表，需要给这些表加上连接条件。用 INNER JOIN 或 JOIN 关键字来指定内连接，这里的"Customer. cage<20"是筛选条件，不是连接条件。

【例 3-26】 查询有购买记录的客户姓名及其购买的商品名称和购买日期。

SELECT c.cname, g.gname, o.orderdate FROM Customer c JOIN Orders o ON o.cid＝ c.cid JOIN Goods g ON g.gid＝o.gid；

若连接查询中涉及的表太多，也可以给表使用别名。在此，c、o、g 分别为表 Customer、Orders、Goods 的别名。

b.自连接

对同一个表也可以进行连接查询，这种连接查询方式就称为自连接。对一个表使用自连接方式时，需要为该表定义一个别名，其他内容与两个表的连接操作完全相似，只是在每次列出这个表时便为它命名一个别名。

【例 3-27】 查询价格相同的各类商品信息。

SELECT a.gid,a.gname,b.gtype,b.gprice FROM Goods AS a JOIN Goods AS b ON a.gprice=b.gprice AND a.gtype<>b.gtype；

②外连接

外连接在查询时所用的基础表有主、从表之分。使用外连接时，以主表中每行数据去匹配从表中的数据行，如果符合连接条件则返回到结果集中；如果没有找到匹配行，则主表的行仍然保留,并且返回到结果集中,相应的从表中的数据行被填上 NULL 值后,也返回到结果集中。

根据返回行的主、从表形式不同,外连接可以分为三种类型:左外连接、右外连接和完全外连接。分别通过语句 LEFT/RIGHT/FULL OUTER JOIN 实现,OUTER 可以省略。

a.左外连接

左外连接是指返回所有的匹配行并从关键字 JOIN 左边的表中返回所有不匹配行。一般语法结构为:

SELECT select_list FROM table LEFT OUTER JOIN table2 ON join_conditions

【例 3-28】查询所有客户的订单情况。

```
SELECT * FROM Customer LEFT OUTER JOIN Orders ON Orders.cid= Customer.cid;
```

查询结果中,没有购买过商品的客户的订单信息将以 NULL 值填充。

b.右外连接

右外连接中 JOIN 关键字右边的表为主表,而关键字左边的表为从表。

【例 3-29】查询所有商品的被购买情况。

```
SELECT * FROM Customer RIGHT OUTER JOIN Orders ON Orders.cid= Customer.cid;
```

没有被购买过的商品的客户信息行将以 NULL 值填充。

c.完全外连接

完全外连接,该连接查询方式返回连接表中所有行的数据。如果不满足匹配条件时,同样返回数据只不过在相应列中填入 NULL 值。在整个完全外连接返回结果中,包含了两个完全连接表的所有数据。MySQL 不支持完全外连接。

③交叉连接

交叉连接将从被连接的表中返回所有可能的行的组合。使用交叉连接时不要求连接的表一定拥有相同的列。尽管在一个规范化的数据库中很少使用交叉连接,但可以利用它为数据库生成测试数据,或为核心业务模板生成所有可能组合的清单。在使用交叉连接时,MySQL 将生成一个笛卡尔积,其结果集的行数等于两个表的行数的乘积。如果交叉连接带有 WHERE 子句时,则返回结果为连接两个表的笛卡尔积减去 WHERE 子句所限定而省略的行数。现实意义不大。

(2)子查询

当查询条件比较复杂或者一个查询结果依赖另一个查询结果时,可以使用子查询。在MySQL 中,一个 SELECT...FROM...WHERE...语句称为一个查询块,将一个查询块嵌套在另一个查询块的 WHERE 子句中或 HAVING 短语的条件中的查询称为嵌套查询,也称为子查询。在子查询中可以使用 IN 关键字、比较运算符和 EXISTS 关键字来连接表。

①使用 IN 关键字

【例 3-29】查询"食品"类商品中有购买记录的商品名称。

```
SELECT Goods.gname FROM Goods WHERE gtype='食品'AND gid IN(SELECT gid FROM Orders);
```

WHERE 后面的条件列名与子查询中的结果集需要匹配。也就是说,包含 IN 或 NOTIN 的子查询只能返回一列数据。

②使用比较运算符

当内层子查询返回结果为单值时,可以使用＝、＞、＜、＞＝、＜＝、！＝或＜＞等运算符,当内层子查询返回的结果为多值时,可以使用带 ANY 或 ALL 的比较运算符。Transact-SQL 比较运算符见表 3-12。

表 3-12 Transact-SQL 比较运算符

运算符	功能
＞ANY	大于子查询结果中的某个值
＞ALL	大于子查询结果中的所有值
＜ANY	小于子查询结果中的某个值
＜ALL	小于子查询结果中的所有值
＞＝ANY	大于或等于子查询结果中的某个值
＞＝ALL	大于或等于子查询结果中的所有值
＜＝ANY	小于或等于子查询结果中的某个值
＜＝ALL	小于或等于子查询结果中的所有值
＝ANY IN 等效	等于子查询结果中的某个值
＝ALL	等于子查询结果中的所有值
！＝(或＜＞)ANY	不等于子查询结果中的某个值
！＝(或＜＞) 与 NOT IN 相同	不等于子查询结果中的任何一个值

【例 3-30】 查询比格力空调价格更贵的空调名称和型号。

SELECT gid,gname,gtype FROM Goods WHERE gname LIKE '% 空调%' AND gprice ＞(SELECT MAX (gprice) FROM Goods WHERE gname ＝'格力');

③使用 EXISTS 关键字

EXISTS 谓词的查询不返回任何数据,只产生逻辑值"true"或"false"。若内层子查询的结果非空,则外层的 WHERE 子句返回真值;否则,返回假值。引入 EXISTS 运算符时,MySQL 将检查是否存在子查询相匹配的数据。SELECT 一定要检索所有的行,当检索到至少一行满足子查询的 WHERE 条件时,就终止对行的检索。

语法格式如下:

WHERE [NOT] EXISTS(subquery)

【例 3-31】 查询所有购买过商品编号为 15010002 的客户姓名。

SELECT cname FROM Customer WHERE
EXISTS(SELECT * FROM Orders WHERE Orders.cid= Customer.cid AND gid=15010002);

【例 3-32】 查询没有购买过商品编号为 15010002 的客户姓名。

SELECT cname FROM Customer WHERE
NOT EXISTS(SELECT * FROM Orders WHERE Orders.cid= Customer.cid AND gid=15010002);

3.4.2　数据更新

SQL 的数据更新功能,主要包括数据插入(INSERT)、数据修改(UPDATE)、数据删除(DELETE)语句。

1.数据插入

INSERT 操作用于向表中插入新的数据元组。INSERT 操作既可以单条插入,也可以与子查询结合使用,实现批量插入。

(1)单条数据插入

语法形式如下所示:

```
INSERT INTO <表名>[(<字段名 1>[,<字段名 2>,…])]
VALUES(<表达式 1>[,<表达式 2>,…])
```

说明:<表名>是指要插入新记录的表;<字段名>是可选项,指定待添加数据的列;VALUES 子句指定待添加数据的具体值。VALUES 子句表达式的排列顺序必须和字段名的排列顺序一致,个数相等,数据类型一一对应。INTO 语句中没有出现的列名,新记录在这些列上将取空值(如果在表定义时说明了 NOT NULL 的属性列不能取空值)。如果 INTO 子句没有带任何列名,则插入的新记录必须在每个属性列上均有值。

【例 3-33】 在 Customer 中添加一行客户数据(客户编号:44000004,姓名:张飞龙,性别:男,地址:广州从化区广从大道 10 号,邮编:510990,电话:02087819000,年龄:18)。

```
INSERT INTO Customer (cid,cname,csex,caddress,czip,ctel,cage)
VALUES( 44000004,'张飞龙','男','广州从化区广从大道 10 号','510990','02087819000',18);
```

插入的数据值用逗号隔开,字符型数据用单引号括起来。

(2)多行数据插入

其语法形式如下所示:

```
①INSERT INTO <表名>[(<字段名 1>[,<字段名 2>,…])]
VALUES(<表达式 1>[,<表达式 2>,…]),
(<表达式 1>[,<表达式 2>,…])
……
②INSERT INTO <表名> [(<字段名 1>[,<字段名 2>,…])]  子查询
```

第②种方式即把子查询的查询结果插入<表名>指定的表中。子查询中的字段和插入表中的字段一定要一一对应。若多行插入中的子查询带有"SELECT *",则子查询中的表与目标表的表结构需一致,且字段顺序都应该一样。若两表结构不一致,子查询中可分别选出与目标表一致的列进行插入。

【例 3-34】 求出每天的订单总金额,把结果存入新表 sumorders 中。

首先建立新表 sumorders,用来存放结果(每天的订单总金额)。

```
CREATE table sumorders
(orderdate datetime,
soamount float(5,2))ENGINE = InnoDB default charset=utf8;
```

然后利用子查询求出每天的销售总金额,把结果存放在表 sumorders 中。

```
INSERT INTO sumorders (orderdate,soamount)
SELECT orderdate,sum(oamount) FROM Orders GROUP BY orderdate;
```

2.数据修改

使用 UPDATE 语句对表中的一行或多行记录的某些已有数据值进行修改。其语法形式如下所示：

```
UPDATE <表名>
SET <字段名>=<表达式> [,<字段名>=<表达式>],…[WHERE <条件>]
```

其中，<表名>是指要修改的表；SET 子句给出要修改的列及其修改后的值；WHERE 子句指定待修改的记录应当满足的条件，WHERE 子句省略时，则修改表中的所有记录。

【例 3-35】 将所有商品价格上涨 1%。

```
UPDATE Goods SET gprice=gprice*(1+0.01);
```

使用 UPDATE 语句，同样可以更新多列，在 SET 命令之后，可以为多列同时赋值，而这些列之间使用逗号进行分隔。

【例 3-36】 将客户表中姓名为"张飞龙"的地址更新为"广州市越秀区中山八路 2 号"。

```
UPDATE Customer SET caddress='广州市越秀区中山八路2号' WHERE cname='张飞';
```

对于 UPDATE 操作，最容易被用户忽视的就是添加 WHERE 条件。没有添加任何限制条件时，将更新表中所有数据。而实际应用中，往往只需更新部分数据。因此，对于重要数据的 UPDATE 操作，首先添加 WHERE 关键字是一个好的习惯，尽管有时候并不需要过滤条件。

3.数据删除

DELETE 操作用于删除表中数据。使用 DELETE 语句可以删除表中的一行或多行记录。其语法如下所示：

```
DELETE  FROM<表名> [WHERE <条件>]
```

<表名>是指要删除数据的表。WHERE 子句指定待删除的记录应当满足的条件，WHERE 子句省略时，则删除表中的所有记录。

MySQL 中还可以通过 TRUNCATE 命令清空表中所有数据，其语法如下所示：

```
TRUNCATE table table_name;
```

TRUNCATE 命令是一次性删除表中的所有数据，后面不加 WHERE 条件。

【例 3-37】 删除所有订单记录。

```
DELETE FROM Orders;
```

此操作执行后，表 Orders 中的所有数据清空，表 Orders 结构仍然存在。删除整张表的操作需谨慎。

【例 3-38】 删除客户编号为 44000001 的订单信息。

```
DELETE FROM Orders WHERE cid =44000001;
```

3.5　视图

视图是由基于一个或多个表或其他视图上的一个查询所定义的虚拟表，视图仅仅保存该查询的具体定义，而不存储任何数据。视图就像一个窗口，通过这个窗口，视图提供了一种访问基本表数据的方法,可以按照不同的要求从数据表中提取数据。

视图是一种虚拟的表。视图中的数据是依赖于原来的表中的数据。一旦表中的数据发生改变,显示在视图中的数据也会发生改变。

3.5.1　创建视图

创建视图是指在已存在的数据库表上建立视图。视图可以建立在一张表上,也可以建立在多张表上。

创建视图是通过 SQL 语句的 CREATE VIEW 实现的。其语法形式如下:

```
CREATE  VIEW  视图名  [(列名1,列名2,…)]
AS  <SELECT 子查询>
```

指定在视图中包含的列名,可以省略。如果省略,则视图的列名与 SELECT 子句中的列名相同。若视图由多个表连接得到,在不同的表中存在同名列,则需指定视图列名;当视图的列名为表达式或库函数的计算结果,而不是单纯的列名时,也需指明视图列名。

【例 3-39】 创建一视图名为 g_view1 的视图,包含商品类型为"日用品"的所有商品信息。

```
CREATE VIEW g_view1
AS SELECT * FROM Goods WHERE gtype='日用品';
```

视图 g_view1 的列名由子查询中的列组成。视图创建后,只在数据字典中存放视图的定义,而其中的子查询 SELECT 语句并不执行。只有当用户对视图进行操作时,才按照视图的定义执行相应的 SELECT 语句。

【例 3-40】 创建视图 c_view2,包含订购金额总数大于 50000 元的客户编号及订购总金额。

```
CREATE VIEW c_view2(cid,samount)
AS
SELECT Customer.cid,SUM(oamount) FROM Customer,Orders WHERE
Customer.cid = Orders .cid GROUP BY Customer.cid HAVING SUM(oamount) >50000;
```

【例 3-41】 创建一个客户购买情况视图 c_view3,包括客户编号、姓名、性别、订单编号,订单金额等信息。

```
CREATE VIEW c_view3 (cid,cname,csex,oid,oamount)
AS
SELECT Customer.cid, Customer.cname,csex,oid,oamount FROM Orders,Customer
WHERE Customer.cid = Orders.cid;
```

此视图由两张表连接得到,在两张表里都存在列 cid,则需要指定为 Customer.cid。

3.5.2　修改视图

修改视图是指修改数据库中已存在的视图的定义。当基本表的某些字段发生改变时,可以通过修改视图来保持视图和基本表之间的一致。可以通过 ALTER 语句来修改视图,其语法格式如下:

```
ALTER VIEW <视图名>[(<视图列表>)]
AS <子查询>
```

【例 3-42】 修改视图 c_view2,包含订购金额总数大于 20000 元的客户信息。

```
ALTER VIEW c_view2(cid, samount)
AS
SELECT Customer.cid,sum(oamount) FROM Customer, Orders
WHERE Customer.cid=orders. cid GROUP BY Customer.cid HAVING sum(oamount) >20000;
```

3.5.3 删除视图

如果视图不再需要使用,可以将其删除。删除视图的操作对创建该视图的基本表和其他视图没有任何影响。如果被删除的视图是其他视图或 SELECT 语句的数据源,则其他视图或 SELECT 语句将一律失效。

删除视图的 SQL 语句的语法格式如下:

```
DROP VIEW <视图名>
```

【例 3-43】 删除视图 c_view2。

```
DROP VIEW c_view2;
```

3.5.4 查询视图

视图创建后,可以像基本表一样对视图进行查询。在查询时,需要检查视图定义中涉及的表和视图在数据库中是否存在。查询视图是视图最常用的方式。

【例 3-44】 使用视图 g_view1 查询商品的名称、类型和库存量。

```
SELECT gname,gtype,gstock FROM g_view1;
```

3.5.5 更新视图数据

在数据库中创建了一个视图后,可以通过视图查询数据,在满足某些条件下,可以对视图进行插入、修改和更新数据等操作。通过视图更新数据时,改变的是基本表中的数据。

【例 3-45】 向视图 g_view1 中添加一行元组(商品编号:15030101,商品名称:花生油,商品类型:日用品,型号:5L,商品描述:NULL,库存量:500,单价:142)

```
INSERT INTO g_view1(gid,gname,gtype,gmodel,gstock,gprice) VALUES(15030101,'花生油','日用品','5L',NULL,500,142);
```

【例 3-46】 将视图 g_view1 商品编号为 15030101 的价格改为 105 。

```
UPDATE g_view1 SET gprice=105 WHERE gid=15030101;
```

【例 3-47】 删除视图 g_view1 中商品为纸巾的所有记录。

```
DELETE FROM g_view1 WHERE gname LIKE '%纸巾%';
```

由于视图中的数据不是存放在视图中,即视图没有相应的存储空间,对视图的一切操作最终都转化为对基本表的操作。

以下几类视图不可以更新:由两个以上基本表创建的视图;在定义视图的 SELECT 子句中是用表达式、统计函数和 DISTINCT 关键字的视图;在视图创建中使用 GROUP BY 子句和 HAVING 子句的视图;在创建视图的语句中使用子查询的视图。

视图的列中没有包括源表中列值定义为 NOT NULL 的所有列,这样的视图不可以进行插入操作,一般可以进行删除和修改操作。

使用视图有以下优点:

（1）简化用户操作。将多张表连接查询定义为视图后，多张表中的数据放在一起，可以像一张表一样操作。用户可以通过视图操作这些数据，不需要重复写复杂的查询语句，简化了用户的操作。

（2）数据的安全性。在数据库系统中，不同类型的用户在数据库中的访问权限不同。根据用户的权限，对不同的用户定义不同的视图，用户只能操作自己权限范围内的视图。通过这种方式限制用户对数据库内容的访问范围，从而保证了数据库中数据的安全。

（3）数据完整性。用户通过视图访问或更新数据时，数据库管理系统会自动对数据进行检查，确保数据的完整性。

3.6 索引

3.6.1 索引的概念及作用

在 MySQL 中，索引就像是书的目录，是根据表中一列或若干列按照一定顺序建立的列值与记录行之间的对应关系表。在列上创建了索引之后，查找数据时可以直接根据该列上的索引找到对应行的位置，从而快速地找到数据。索引是从数据库中获取数据的最高效方式之一。通过索引可大大提高查询速度。在基本表上可以建立一个或多个索引。

MySQL 中索引有两种存储类型：B 型树（B TREE）索引和哈希（HASH）索引。其中，B 型树为系统默认索引存储类型。InnoDB 和 MyISAM 存储引擎支持 B 型树索引，MEMORY 存储引擎支持哈希索引。

通过使用索引，可以大大提高数据的检索速度，加速表与表之间的连接，能较好地改善数据库性能。但索引也不是越多越好，因为索引需要占据额外的存储空间，当向有索引的表中插入、修改和删除数据时，索引也需要动态地维护。

3.6.2 索引的分类

MySQL 的索引主要包括以下几类：

（1）普通索引（INDEX）

这是最基本的索引类型，它没有唯一性之类的限制。创建普通索引的关键字是 INDEX。

（2）唯一性索引（UNIQUE）

这种索引和前面的普通索引基本相同，但有一个区别：索引列的所有值都只能出现一次，即必须是唯一的。

（3）主键（PRIMARY KEY）

主键是一种唯一性索引。主键一般在创建表的时候指定，也可以通过修改表的方式加入主键。但是每个表只能有一个主键。

（4）全文索引（FULLTEXT）

MySQL 支持全文检索和全文索引。全文索引只能在 VARCHAR 或 TEXT 类型的列上创建。

（5）复合索引

复合索引是一个索引创建在两个或多个列上，查询数据时，若两个或多个列同时作为查询条件，可以在这些列上创建复合索引（最多 16 个列）。复合索引中，列的排列顺序也很重要,常用的列应该放在最前面。

(6)空间索引

MySQL 在 5.7 之后的版本支持空间索引,使用参数 SPATIAL 可以设置索引为空间索引。

空间索引只能建立在空间数据类型上,可提高系统获取空间数据的效率。目前只有 MyISAM 存储引擎支持空间索引,且索引字段不能为空值。

3.6.3　创建索引

创建索引其语法格式如下:

```
CREATE [UNIQUE | FULLTEXT | SPATIAL]
INDEX 索引名 [索引类型] ON 表名 ( 列名 [(长度)][ASC | DESC])
```

UNIQUE 表示唯一索引,可选;FULLTEXT 表示全文索引,可选;SPATIAL 表示空间索引,可选;以上三种都不写,代表创建普通索引。

【例 3-48】 在 Orders 表的 cid 和 gid 字段上建立唯一索引。

```
CREATE UNIQUE INDEX o_index1 ON Orders(cid,gid);
```

【例 3-49】 为客户表在 cname 上建立聚集索引。

```
CREATE INDEX c_index2 ON Customer(cname);
```

当查询语句中 WHERE 子句后面使用到创建索引的字段时,MySQL 将会根据已经创建的索引自动优化查询。但若 WHERE 子句后的索引列使用了 IN、LIKE、函数或者存在数据类型的转换,则系统不会用到其索引。

索引可以优化查询速度,但也不是索引越多越好。带索引的表在数据库中需要更多的存储空间;操纵数据的命令需要更长的处理时间,因为它们需要对索引进行更新。

创建索引的指导原则为:

(1)索引主要是用来提高查询效率,若查询操作较少,而数据更新操作较多,则应该较少创建索引,当然具体情况具体分析。

(2)对数据量少的表,无须创建索引。

(3)对数据量很大的表,且经常使用某个字段作为查询条件,或经常用该字段进行排序,或经常用在多表连接的字段则可以通过创建索引提高查询速度。

(4)若字段中仅包含几个不同的值,大部分为重复值,则不需要创建以上索引。

3.6.4　删除索引

索引的增多,会增加系统在数据更新时花费在维护索引的时间。这时,应该删除一些不必要的索引。删除索引的语法格式如下:

```
DROP INDEX < 索引名 > ON 数据表名
```

【例 3-50】 删除 Customer 表上的索引 c_index2。

```
DROP INDEX c_index2 ON Customer;
```

3.7　数据控制

数据控制语言(DCL)是用来设置或者更改数据库用户或角色权限的语句,这些语句包括 GRANT、REVOKE 等语句,只有拥有该权限的用户才有权利执行数据控制语言。

DBMS 提供以下安全控制功能:把授权的决定通知系统;这是由 SQL 的 GRANT 和 REVOKE 语句完成;把授权的结果存入数据字典;在用户提出操作请求时,按照授权情况进行检查,从而决定是否执行操作请求。

1.授予权限

SQL 语言用 GRANT 语句向用户授予权限,GRANT 语句的一般格式为:

```
GRANT<权限>[,<权限>][ON<对象类型><对象名>]
TO<用户>[,<用户>]
[WITH GRANT OPTION]
```

语句的语义为:将指定操作对象的指定操作权限授予指定用户。对于不同的操作对象有不同的操作权限。

【例 3-51】 为用户 abc 授予 Customer 的查询和修改权限,并具备授予其他用户的权限。

```
GRANT SELECT, UPDATE ON Customer TO 'abc'@'localhost' IDENTIFIED BY 'abc'
WITH GRANT OPTION;
```

对属性列的操作权限有:查询(SELECT)、插入(INSERT)、修改(UPDATE)。

对基本表的操作权限有:查询(SELECT)、插入(INSERT)、修改(UPDATE)、删除(DELETE)、修改列(ALTER)、创建索引(CREATE INDEX)等权限。

对数据库的操作权限有创建表等权限。表的属主拥有对该表的一切操作权限。如果指定了 WITH GRANT OPTION 子句,则获得某种权限的用户可以把这种权限再授予其他用户。否则该用户只能使用所获得的权限,而不能将该权限传播给其他用户。

2.收回权限

向用户授予的权限可以由管理员或者授权者用 REVOKE 语句收回。REVOKE 的一般语句格式为:

```
REVOKE <权限>[,<权限>][ON<对象类型><对象名>]
FROM<用户>[,<用户>]
```

【例 3-52】 把用户 abc 查询 Customer 表的权限收回。

```
REVOKE SELECT ON Customer FROM 'abc'@'localhost';
```

【例 3-53】 收回用户 abc 对表 Customer 的所有权限。

```
REVOKE ALL ON Customer FROM 'abc'@'localhost';
```

SQL 提供了非常灵活的授权机制。DBA 拥有对数据库中所有对象的所有权限,可以根据应用的需要将不同的权限授予不同的用户。

习　题

一、选择题

1.关系数据库中的码是指(　　)。

A.能唯一决定关系的字段　　　　　　B.不可改动的专用保留字

C.关键的很重要的字段　　　　　　　D.能唯一标识元组的属性或属性集合

2.SQL语言具有两种使用方式,分别为交互式SQL和(　　)。

A.提示式SQL　　　　B.多用户SQL　　　　C.嵌入式SQL　　　　D.解释式SQL

3.SQL语言是(　　)语言。

A.层次数据库　　　　B.网络数据库　　　　C.关系数据库　　　　D.非数据库

4.候选码中的属性称为(　　)。

A.非主属性　　　　B.主属性　　　　C.复合属性　　　　D.关键属性

5.数据库的(　　)是指数据的正确性和相容性。

A.安全性　　　　B.完整性　　　　C.并发控制　　　　D.恢复

6.不允许在关系中出现重复记录的约束是通过(　　)实现的。

A.CHECK　　　　　　　　　　　　B.DEFAULT

C.FOREIGN KEY　　　　　　　　　D.PRIMARY KEY 或 UNIQUE

二、填空题

1.在SQL语言中,为了数据库的安全性,设置了对数据的存取进行控制的语句,对用户授权使用_____语句,收回所授的权限使用_____语句。

2.SQL中的安全性机制,主要有两个:_____和_____。

3.不允许在关系中出现重复记录的约束是通过_____实现的。

4.参照完整性规则,表的_____必须是另一个表主键的有效值,或者是空。

三、简答题

1.什么是基本表?什么是视图?两者的区别和联系是什么?

2.设数据库中有3个关系:

职工表EMP(E♯,ENAME,AGE,SEX,ECITY),其属性分别表示职工工号、姓名、年龄、性别和籍贯。

工作表WORKS(E♯,C♯,SALARY),其属性分别表示职工工号、工作的公司编号和工资。

公司表COMP(C♯,CNAME,CITY),其属性分别表示公司编号、公司名称和公司所在城市。

试用SQL语言写出下列操作:

(1)检索超过50岁的男性职工工号和姓名。

(2)假设每个职工只能在一个公司工作,检索工资超过1 000元的男性职工工号和姓名。

(3)假设每个职工可在多个公司工作,检索在编号为C4和C8公司兼职的职工工号和姓名。

(4)检索在"联华公司"工作、工资超过1 000元的男性职工工号和姓名。

(5)假设每个职工可在多个公司工作,检索每个职工的兼职公司数目和工资总数,显示(E♯,NUM,SUM_SALARY),分别表示工号、公司数目和工资总数。

(6)工号为E6的职工在多个公司工作,试检索至少在E6职工兼职的所以公司工作的职工工号。

(7)检索联华公司中低于本公司平均工资的职工工号和姓名。

(8)在每个公司中为50岁以上职工加薪100元(若职工为多个公司工作,可重复加)。

(9)在 EMP 表和 WORKS 表中删除年龄大于 60 岁的职工有关元组。

3.对于教学数据库的 3 个基本表:

S(S♯,SNAME,AGE,SEX)

SC(S♯,C♯,CNAME)

C(C♯,CNAME,TEACHER)试用 SQL 查询语句表示下列查询语句:

(1)统计有学生选修的课程门数。

(2)求选修 C4 课程的女学生的平均年龄。

(3)求 LIU 老师所授课程的每门课程的平均成绩。

(4)统计每门课程的学生选修人数(超过 10 人的课程才统计)。要求显示课程号和人数,查询结果按人数降序排列,若人数相同,按课程号升序排列。

(5)检索学号比 WANG 同学大,而年龄比他小的学生姓名。

(6)在表 SC 中检索成绩为空值的学生学号和课程号。

(7)检索姓名以 L 打头的所有学生的姓名和年龄。

(8)求年龄大于女同学平均年龄的男学生姓名和年龄。

(9)求年龄大于所有女同学年龄的男学生姓名和年龄。

(10)往关系 C 中插一个课程元组。

(11)SC 中删除尚无成绩的选课元组。

(12)把选修 LIU 老师课程的女同学选课元组全部删去。

(13)把 MATHS 课不及格的成绩全改为 60 分。

(14)把低于所有课程总平均成绩的女同学成绩提高 5%。

(15)在表 SC 中修改 C4 课程的成绩,若成绩小于等于 70 分提高 5%,若成绩大于 70 分时提高 4%(用两种方法实现,一种方法是用两个 UPDATE 语句实现,另一种方法是用带 CASE 操作的一个 UPDATE 语句实现)。

(16)在表 SC 中,当某个成绩低于全部课程的平均成绩时,提高 5%。

第4章 关系规范化理论

◉ 本章重点

- 掌握函数依赖及其相关概念；
- 掌握范式的概念及判定；
- 熟悉模式分解、无损连接分解及保持函数依赖分解的判定。

第 3 章重点介绍了使用关系数据库标准语言 SQL 进行数据库的相关操作，而关系数据库的另一重要内容，就是如何设计出规范化的关系模式。第 5 章将详细介绍如何设计关系模式，而本章主要介绍在设计关系模式的同时，所需要遵循的关系规范化设计理论。规范化设计理论主要包括三方面内容：函数依赖、范式和模式设计方法。其中，函数依赖起着重要的作用，为模式分解和模式设计提供了基础；范式提供了关系模式分解的标准；模式设计方法是自动化设计的基础。关系规范化设计理论对关系数据库结构的设计起着重要的作用。

本章主要介绍函数依赖、关系模式的范式、关系模式的分解（包括无损连接分解和保持函数依赖的分解）。

4.1 规范化问题的提出

设计关系数据库系统的关键是如何设计一个合适的数据模式，即包括几个关系模式，这几个关系模式之间的相互联系，每个关系模式包括哪些属性。这些设计的好坏都是系统成败的关键所在，也决定了数据库系统的运行效率。而在关系模式的设计过程中，可能会出现数据冗余、插入异常、更新异常和删除异常等问题，所以在设计过程中，必须要遵循关系规范化理论，尽可能地杜绝数据冗余等异常问题的出现。

在数据管理中，数据冗余一直是影响系统性能的大问题。数据冗余是指同一个数据在系统中重复出现，同样的数据重复存储多次，严重浪费了存储空间。在文件系统中，由于文件之间没有联系，使得一个数据在多个文件中重复出现，而数据库系统克服了文件系统的这种缺陷，但对于数据冗余问题仍然需要关注。如果一个关系模式设计得不好，仍然会出现像文件系统一样的数据冗余、异常、不一致等问题。所以关系模式设计必须要遵循关系规范化理论。下面通过例子进行分析。

【例 4-1】 设商品订购系统的关系模式 CGO（cid，cname，ctel，gid，gname，oid，oamount，osum，orderdate）。属性 cid，cname，ctel，gid，gname，oid，oamount，osum，orderdate 分别表示客户编号、姓名、电话、商品编号、商品名称、订单编号、订购金额、订购数量、订购日期。关系 CGO 见表 4-1。

表 4-1 关系 CGO

cid 客户编号	cname 姓名	ctel 电话	gid 商品编号	gname 商品名称	oid 订单编号	oamount 订购金额	osum 订购数量	orderdate 订购日期
44000001	李琦	13802088889	15020001	开心果	1	280	8	2015-1-6
44000002	张岩	13925056669	15010001	创维电视机	2	5000	1	2015-1-8
44000002	张岩	13925056669	15020001	开心果	3	70	2	2015-1-8
44000003	刘敏	13802222866	15030001	维达面巾纸	4	218	36	2015-1-10

根据实际情况,此商品订购系统有如下语义:

(1)每个客户都有一个唯一的客户编号,都可以同时买很多商品。

(2)每种商品都有一个唯一的商品编号,每种商品可以卖给很多客户。

(3)每个客户订购每种商品都有一个唯一的订单编号。

根据以上关系可以看出,三个属性(cid,gid,oid)的组合能唯一标识一个元组,所以这三个属性是该关系模式的主关系码。但在使用过程中会出现以下几个问题:

(1)数据冗余。如果一个客户购买很多商品,那么这个客户的姓名和电话就要重复存储很多次。如此多的冗余数据,严重地浪费了存储空间。

(2)操作异常。由于数据的冗余,在对数据操作时会引起各种异常:

①插入异常。如果新注册一个客户,但还没购买任何商品,即没有商品编号和订购编号,但(cid,gid,oid)是该关系模式的主关系码,根据实体完整性规则,这三个属性都不能为空值,所以如果只是新注册客户,不能进行插入操作。

②修改异常。如果客户的电话修改了,则需要将该客户的所有订购记录的电话逐一修改,稍微不注意,就会造成数据不一致,破坏数据完整性。

③删除异常。如果某个客户进行注销,就需要删除该客户信息,但为保持完整性,需要将整个元组删除,即包括删除商品信息和订购信息。

因此,关系模式 CGO 不是一个合适的关系模式。而造成以上问题的原因,就是属性间存在着数据依赖关系,该关系模式太单一,包含内容太多。

将上面那个单一的关系模式进行分解,分成关系模式 C(cid,cname,ctel),G(gid,gname),O(oid,oamount,osum,orderdate),C,G,O 三个关系,如图 4-1 所示。

关系 C

cid 客户编号	cname 姓名	ctel 电话
44000001	李琦	13802088889
44000002	张岩	13925056669
44000002	张岩	13925056669
44000003	刘敏	13802222866

关系 G

gid 商品编号	gname 商品名称
15020001	开心果
15010001	创维电视机
15020001	开心果
15030001	维达面巾纸

关系 O

oid 订单编号	oamount 订购金额	osum 订购数量	orderdate 订购日期
1	280	8	2015-1-6
2	5000	1	2015-1-8
3	70	2	2015-1-8
4	218	36	2015-1-10

图 4-1 分解后的三个关系

分解后,关系 C 主要用来保存客户信息,关系 G 主要用来保存商品信息,关系 O 主要用来保存订购信息,大大地降低了数据冗余。新注册一个客户,只需插入一条数据到客户信息即可;修改某个客户的电话号码只需将该客户的电话修改即可,不存在数据不一致的情况;

某个客户注销只需删除该客户的数据,对商品信息和订购信息没有任何影响。

因此,分解后的关系模式降低了数据冗余,也不会引起插入异常、修改异常和删除异常,可以说是好的关系模式。但好的关系模式也不是任何时候都是最优的,如查询某个客户所购买的商品信息,则需要通过连接操作,而连接操作需要的系统开销较大。所以关系模式的设计一定要根据需求规范化去设计。而分解是解决冗余的主要方法,也是规范化的一条原则。

4.2 规范化

按照关系规范化理论设计关系模式,将不合适的关系数据库模式转变为合适的关系数据库模式,这就是关系的规范化。可到底什么样的关系模式是最优的?标准是什么?如何实现?都是本章要讨论的问题。而数据库模式的好坏和关系中各个属性之间的依赖关系有关。接下来先讨论属性间的依赖关系。

4.2.1 函数依赖

1.函数依赖的定义

数据依赖是现实世界属性间相互联系的抽象,通过一个关系中属性间值的相等与否来体现数据间的相互关系,在数据依赖中,函数依赖是最基本、最重要的一种依赖。实际上,它是关键码概念的推广。

函数依赖(Functional Dependency,FD)是关系模式中属性之间的一种逻辑依赖关系,普遍存在于现实生活中。如第 2 章介绍的描述客户的关系模式 Customer,包含客户编号(cid)、姓名(cname)、性别(csex)等多个属性。而每个客户编号只对应一个客户姓名、一个性别。所以当 cid 的值确定后,cname 和 csex 的值也被唯一确定,cid 和 cname、csex 之间存在一种依赖关系。就像自变量 x 确定后,相应的 $f(x)$ 也被唯一确定。在这里,称 cid 决定函数(cname,csex)或者(cname,csex)函数依赖于 cid。

定义 4.1 设 $R(U)$ 是一个属性集 U 上的关系模式,X 和 Y 是 U 的子集。若对于 $R(U)$ 的任意一个可能的关系 r,r 中不可能存在两个元组在 X 上的属性值相等,而在 Y 上的属性值不等,则称 X 确定函数 Y 或 Y 函数依赖于 X,记作:$X \rightarrow Y$。X 称为决定因素,Y 称为依赖因素。若 Y 函数不依赖于 X,则记作:$X \nrightarrow Y$。若 $X \rightarrow Y, Y \rightarrow X$,则记作:$X \leftrightarrow Y$。若 $X \rightarrow Y$,但 $Y \nsubseteq X$,则称 $X \rightarrow Y$ 是非平凡的函数依赖;若 $X \rightarrow Y$,但 $Y \subseteq X$,则称 $X \rightarrow Y$ 是平凡的函数依赖。若不特别申明,在此讨论的都是非平凡的函数依赖。

对于关系模式 Customer,每个客户编号(cid)只对应一个客户姓名(cname)、一个性别(csex)。通过函数依赖的方式可以记作:cid→cname,cid→csex。

注意:函数依赖不是指关系模式 R 的某个或者某些关系所满足的约束条件,而是指 R 的一切关系均要满足的约束条件。函数依赖是语义范畴的概念,即只能根据语义来确定一个函数依赖。例如,对于关系模式 Customer,当客户姓名不重复的情况下,存在:cname→csex。此函数依赖关系,必须在客户没有重名的条件下才存在,否则不存在。

定义 4.2 设有关系模式 $R(U)$,U 是属性全集,X 和 Y 是 U 的子集。如果 $X \rightarrow Y$,并且对于 X 的任何一个真子集 X',都有 $X' \nrightarrow Y$,则称 Y 对 X 完全函数依赖(Full Functional

Dependency),记作:$X \xrightarrow{\text{f}} Y$。如果 $X \rightarrow Y$,并且对于 X 的某个真子集 X',有 $X' \rightarrow Y$,则称 Y 对 X 部分函数依赖(Partial Functional Dependency),记作:$X \xrightarrow{\text{p}} Y$。

例如,关系模式 SC(学号 SNo,姓名 SN,课程号 CNo,成绩 Score),存在 SNo ↛ Score,且 CNo ↛ Score,只有 SNo 和 CNo 组合才能决定 Score,所以 (SNo,CNo) $\xrightarrow{\text{f}}$ Score。而 SNo→SN,所以 (SNo,CNo) $\xrightarrow{\text{p}}$ SN。

注意: 只有当决定因素为组合属性时,讨论部分函数依赖才有意义。当决定因素是单属性时,只能是完全函数依赖。如在关系模式 Customer(cid,cname,csex,caddress,czip,ctel,cage) 中,所有属性都由 cid 决定,即不存在部分函数依赖。

定义 4.3　设有关系模式 $R(U)$,U 是属性全集,X、Y、Z 是 U 的子集。若 $X \rightarrow Y$,但 $Y \nrightarrow X$,而 $Y \rightarrow Z$($Y \not\subseteq X, Z \not\subseteq Y$),则称 Z 对 X 传递函数依赖,记作:$X \xrightarrow{\text{t}} Z$。如果 $Y \rightarrow X$,则 $X \leftrightarrow Y$,这时称 Z 对 X 直接函数依赖,而不是传递函数依赖。

例如,关系模式 CGO(cid,cname,ctel,gid,gname,oid,oamount,osum,orderdate) 中,oid→cid,但 cid ↛ oid,而 cid→cname,则有 oid $\xrightarrow{\text{t}}$ cname。

综上所述,函数依赖分为完全函数依赖、部分函数依赖和传递函数依赖,都是关系规范化设计的理论依据。

2. 函数依赖涉及的公理系统

从已知的一些函数依赖,可以推导出另外一些新的函数依赖,这就需要一系列推理规则。函数依赖的推理规则最早出现在 1974 年 W.W.Armstrong 的论文里,这些规则常被称作 Armstrong 公理(阿氏公理)。Armstrong 公理是函数依赖的一个有效而完备的公理系统。此公理系统是模式分解算法的理论基础,可以从一组函数依赖中求得蕴含的函数依赖,可以用来求给定关系模式的码。在此,先给出逻辑蕴含的概念。

定义 4.4　设 F 是在关系模式 $R(U)$ 上成立的函数依赖集合,X、Y 是属性集 U 的子集,$X \rightarrow Y$ 是一个函数依赖。如果从 F 中能够推导出 $X \rightarrow Y$,即如果对于 R 的每个满足 F 的关系 r 也满足 $X \rightarrow Y$,则称 $X \rightarrow Y$ 为 F 的逻辑蕴含(或 F 逻辑蕴含 $X \rightarrow Y$),记作:$F \models X \rightarrow Y$。

Armstrong 公理: 设有关系模式 $R(U,F)$,U 是关系模式 R 的属性集,F 是 R 上成立的只涉及 U 中属性的函数依赖集。X、Y、Z、W 均是 U 的子集,r 是 R 的一个实例。函数依赖的推理规则如下:

(1)自反律。如果 $Y \subseteq X \subseteq U$,则 $X \rightarrow Y$ 在 R 上成立。

证明:设 $Y \subseteq X \subseteq U$,对 $R<U,F>$ 的任一关系 r 中的任意两个元组 t、s,若 $t[X]=s[X]$,由于 $Y \subseteq X$,则有 $t[Y]=s[Y]$,所以 $X \rightarrow Y$ 成立,平凡函数依赖即可根据自反律推出。

例如,在关系 SC 中,(SNo,CNo)→SNo,(SNo,CNo)→CNo。

(2)增广律。若 $X \rightarrow Y$ 在 R 上成立,且 $Z \subseteq U$,则 $XZ \rightarrow YZ$ 在 R 上也成立。

证明:设 $X \rightarrow Y$ 为 F 所蕴含,且 $Z \subseteq U$,对 $R<U,F>$ 的任一关系 r 中的任意两个元组 t、s。若 $t[XZ]=s[XZ]$,由于 $X \subseteq XZ, Z \subseteq XZ$,根据自反律,则有 $t[X]=s[X]$ 和 $t[Z]=s[Z]$。由于 $X \rightarrow Y$,于是 $t[Y]=s[Y]$,$t[YZ]=s[YZ]$,所以 $XZ \rightarrow YZ$ 成立。

(3)传递律。若 $X \rightarrow Y$ 和 $Y \rightarrow Z$ 在 R 上成立,则 $X \rightarrow Z$ 在 R 上也成立。

证明:设 $X \rightarrow Y$ 及 $Y \rightarrow Z$ 为 F 所蕴含,对 $R<U,F>$ 的任一关系 r 中的任意两个元组

t,s。若 $t[X]=s[X]$，由于 $X \to Y$，有 $t[Y]=s[Y]$；再由于 $Y \to Z$，有 $t[Z]=s[Z]$，所以 $X \to Z$ 成立。

根据以上三条推理规则，可以得到以下四条有用的推理规则：

(1)合并规则。若 $X \to Y$ 和 $X \to Z$ 在 R 上成立，则 $X \to YZ$ 在 R 上也成立。

证明：若 $X \to Y$，根据增广律，两边同时扩充 X，得到 $X \to XY$。若 $X \to Z$，根据增广律，两边同时扩充 Y，得到 $XY \to YZ$。对 $X \to XY$ 和 $XY \to YZ$，根据传递律，得到 $X \to YZ$。

(2)伪传递规则。若 $X \to Y$ 和 $YW \to Z$ 在 R 上成立，则 $XW \to Z$ 在 R 上也成立。

证明：若 $X \to Y$，根据增广律，两边同时扩充 W，得到 $XW \to YW$。若 $YW \to Z$，根据传递律，得到 $XW \to Z$。

(3)分解规则。若 $X \to Y$ 和 $Z \subseteq Y$ 在 R 上成立，则 $X \to Z$ 在 R 上也成立。

证明：因为 $Z \subseteq Y$，根据自反律，得到 $Y \to Z$。已知 $X \to Y$，根据传递律，得到 $X \to Z$。

根据合并规则和分解规则，可以得到以下定理：

定理 4.1 如果 $A_1A_2\cdots A_n$ 是关系模式 R 的属性集，那么 $X \to A_1A_2\cdots A_n$ 成立的充分必要条件是 $X \to A_i(i=1,2,\cdots,n)$ 成立。

(4)复合规则。若 $X \to Y$ 和 $W \to Z$ 在 R 上成立，则 $XW \to YZ$ 在 R 上也成立。

证明：若 $X \to Y$，根据增广律，两边同时扩充 W，得到 $XW \to YW$。若 $W \to Z$，根据增广律，两边同时扩充 Y，得到 $WY \to ZY$。再根据传递律，得到 $XW \to YZ$。

3.闭包及最小函数依赖集

定义 4.5 设 F 是函数依赖集，被 F 逻辑蕴含的函数依赖的全体构成的集合，称为函数依赖集 F 的闭包(Closure)，记作：F^+。即 $F^+=\{X \to Y | F \models X \to Y\}$。

【例 4-2】 设有关系模式 $R(X,Y,Z)$ 与它的函数依赖集 $F=\{X \to Y, Y \to Z\}$，求函数依赖集 F 的闭包 F^+。

根据函数依赖的推理规则，可推出 F 的闭包 F^+ 有 43 个函数依赖，它们是：

$$F^+=\begin{cases} X \to \phi, XY \to \phi, XZ \to \phi, XYZ \to \phi, Y \to \phi, YZ \to \phi, Z \to \phi, \phi \to \phi \\ X \to X, XY \to X, XZ \to X, XYZ \to X \\ X \to Y, XY \to Y, XZ \to Y, XYZ \to Y, Y \to Y, YZ \to Y \\ X \to Z, XY \to Z, XZ \to Z, XYZ \to Z, Y \to Z, YZ \to Z, Z \to Z \\ X \to XY, XY \to XY, XZ \to XY, XYZ \to XY \\ X \to XZ, XY \to XZ, XZ \to XZ, XYZ \to XZ \\ X \to YZ, XY \to YZ, XZ \to YZ, XYZ \to YZ, Y \to YZ, YZ \to YZ \\ X \to XYZ, XY \to XYZ, XZ \to XYZ, XYZ \to XYZ \end{cases}$$

以上各个函数依赖的正确性可以通过前面所学过的函数依赖的推理规则进行证明。

定义 4.6 设有关系模式 $R(U)$，属性集为 U，F 是 R 上的函数依赖集，X 是 U 的子集 $(X \subseteq U)$。用函数依赖推理规则，可从 F 的函数依赖 $X \to A$ 中推出所有 A 的集合，称为属性集 X 关于 F 的闭包，记作：X^+(或 X_F^+)。即 $X^+=\{$属性 $A | X \to A$ 在 F^+ 中$\}$。

通过 Armstrong 公理的证明，可以得到以下定理：

定理 4.2 Armstrong 公理的推理规则是正确的。如果 $X \to Y$ 是从 F 用推理规则导出，那么 $X \to Y$ 在 F^+ 中。

通过属性集闭包的定义，可以得到下面的定理：

定理 4.3 关系模式 $R(U)$，属性集为 U，F 是 R 上 X 的函数依赖集，X、Y 是 U 的子集。$X \rightarrow Y$ 能用函数依赖推理规则推出的充分必要条件是 $Y \subseteq X^+$ 中。

证明：设 $Y = Y_1, Y_2, \cdots, Y_k$ 且 $Y \subseteq X^+$，由 X^+ 的定义可知，用函数依赖推理规则可从 F 导出 $X \rightarrow Y_i (i=1, 2, \cdots, k)$，根据合并规则，得到 $X \rightarrow Y_1, Y_2, \cdots, Y_k$，即 $X \rightarrow Y$ 成立，充分性证明成立。

必要性证明，$X \rightarrow Y$ 能用函数依赖推理规则推出。根据分解规则，可得到 $X \rightarrow Y_i (i=1, 2, \cdots, k)$。根据 X^+ 的定义有 $Y_i \subseteq X^+$，所以 $Y_1 Y_2 \cdots Y_k \subseteq X^+$，即 $Y \subseteq X^+$。

函数依赖推理规则的正确性是指从函数依赖集 F 使用推理规则推出的函数依赖必定在 F^+ 中，完备性是指 F^+ 中的函数依赖都能从 F 集使用推理规则集推出。即正确性保证了推出的所有函数依赖是正确的，完备性保证了可以推出所有蕴含的函数依赖，保证了推导的有效性和可靠性。

从形式上，一个函数依赖集 F 所包含的函数依赖条数与相应的 F^+ 所包含的函数依赖条数是不一致的，但实际上 F 蕴含的信息量却可能与 F^+ 所表达的信息一样多。那还有其他函数依赖集与 F 等价吗？如果有，能否从中找出一个形式最简单的函数依赖集。接下来，讨论这些问题。

定义 4.7 关系模式 $R(U)$ 的两个函数依赖集 F 和 G，如果满足 $F^+ = G^+$，则称 F 和 G 是等价的函数依赖集，记作：$F \equiv G$。如果 F 和 G 等价，就说 F 覆盖 G 或 G 覆盖 F。

验证 F 和 G 是否等价，只需验证 F 中的每个函数依赖 $X \rightarrow Y$ 都在 G^+ 中，且 G 中的每个函数依赖 $V \rightarrow W$ 也都在 F^+ 中。

两个等价的函数依赖集在表示能力上是完全相同的。

函数依赖集 F 中包含的函数依赖太多，应该去掉 F 中无关的函数依赖、无关的属性等，以求得 F 的最小函数依赖集 $F_{\min}$，其定义如下：

定义 4.8 设 F 是属性集 U 上的函数依赖集，$X \rightarrow Y$ 是 F 中的函数依赖。函数依赖中无关属性、无关函数依赖的定义如下：

(1) 如果 $A \in X$，且 F 逻辑蕴含 $(F - \{X \rightarrow Y\}) \bigcup \{(X - A) \rightarrow Y\}$，则称属性 A 是 $X \rightarrow Y$ 左部的无关属性。

(2) 如果 $A \in Y$，且 $(F - \{X \rightarrow Y\}) \bigcup \{X \rightarrow (Y - A)\}$ 逻辑蕴含 F，则称属性 A 是 $X \rightarrow Y$ 右部的无关属性。

(3) 如果 $X \rightarrow Y$ 左、右两边的属性都是无关属性，则函数依赖 $X \rightarrow Y$ 称为无关函数依赖。

定义 4.9 设 F 是属性集 U 上的函数依赖集。如果 $F_{\min}$ 是 F 的一个最小函数依赖集，那么 $F_{\min}$ 应满足下列四个条件：

(1) $F_{\min}{}^+ = F^+$。

(2) F 中任一函数依赖的右边仅含有一个属性。

(3) $F_{\min}$ 中没有冗余的函数依赖（在 $F_{\min}$ 中不存在这样的函数依赖 $X \rightarrow Y$，使得 $F_{\min}$ 与 $F_{\min} - \{X \rightarrow Y\}$ 等价），即减少任何一个函数依赖都与原来的 F 不等价。

(4) 每个函数依赖的左边没有冗余的属性（$F_{\min}$ 中不存在这样的函数依赖 $X \rightarrow Y$，X 有真子集 Z 使得 $F_{\min} - \{X \rightarrow Y\} \bigcup \{Z \rightarrow Y\}$ 与 $F_{\min}$ 等价），即减少任何一个函数依赖左部的属性后，都与原来的 F 不等价。

计算函数依赖集 F 的最小函数依赖集 W 的过程大致分为以下三个步骤：

（1）对 F 中的任一函数依赖 $X{\rightarrow}Y$，如果 $Y{=}Y_1,Y_2,{\cdots},Y_k(k{\geqslant}2)$ 多于一个属性，就用之前介绍的分解规则，分解为 $X{\rightarrow}Y_1,X{\rightarrow}Y_2,{\cdots},X{\rightarrow}Y_k$，替换 $X{\rightarrow}Y$，得到一个与 F 等价的函数依赖集 W，且 W 中每个函数依赖的右边均为单属性。

（2）去掉 W 中各函数依赖左边多余的属性。依次查看 W 中左边是否为非单属性，消除各函数依赖左边的多余属性。

（3）在 W 中消除冗余的函数依赖。即逐一检查每个函数依赖（假设为 $X{\rightarrow}Y$），若 W 去掉此函数依赖，则在剩下的函数依赖中求 X^+：若包含 Y，则去掉 $X{\rightarrow}Y$；若不包含，则不能去掉 $X{\rightarrow}Y$。

【例 4-3】 设有如下的函数依赖集 F_1、F_2、F_3，判断它们是否为最小函数依赖集。

$F_1{=}\{AC{\rightarrow}BD,AF{\rightarrow}C,D{\rightarrow}F\}$

$F_2{=}\{A{\rightarrow}B,C{\rightarrow}E,A{\rightarrow}D,B{\rightarrow}D,B{\rightarrow}C\}$

$F_3{=}\{A{\rightarrow}D,AC{\rightarrow}B,D{\rightarrow}C,C{\rightarrow}A\}$

解：（1）函数依赖集 F_1 中，函数依赖 $AC{\rightarrow}BD$，其右边属性不是单属性，所以 F_1 不是最小函数依赖集。

（2）函数依赖集 F_2 中，函数依赖 $A{\rightarrow}D$ 可以从已有的函数依赖 $A{\rightarrow}B$ 和 $B{\rightarrow}D$ 推导出，即 $F_2{-}\{A{\rightarrow}D\}$ 与 F_2 等价。因此函数依赖 $A{\rightarrow}D$ 是冗余的，所以函数依赖集 F_2 不是最小函数依赖集。

（3）函数依赖集 F_3 中，函数依赖 $AC{\rightarrow}B$ 左边的属性 A 是冗余的，因为 $F_3{-}\{AC{\rightarrow}B\}\bigcup\{C{\rightarrow}B\}$ 与 F_3 等价，所以函数依赖集 F_3 不是最小函数依赖集。

【例 4-4】 设 F 是关系模式 $R(X,Y,Z)$ 的函数依赖集，$F{=}\{X{\rightarrow}YZ,Y{\rightarrow}Z,X{\rightarrow}Y,XY{\rightarrow}Z\}$，求最小函数依赖集 $F_{\min}$。

解：（1）将 F 中所有函数依赖的右边转换成单属性，再去掉一个重复的函数依赖 $X{\rightarrow}Y$，得到 $F{=}\{X{\rightarrow}Y,X{\rightarrow}Z,Y{\rightarrow}Z,XY{\rightarrow}Z\}$。

（2）去掉 F 中各个函数依赖左边多余的属性，在函数依赖 $XY{\rightarrow}Z$ 中，因为 $X^+{=}(XYZ)$，所以 X^+ 包含属性 Z。因此 Y 是左边多余的属性，可以去掉，即 $XY{\rightarrow}Z$ 可以简化为 $X{\rightarrow}Z$，接着再去掉一个重复的函数依赖 $X{\rightarrow}Z$，得到 $F{=}\{X{\rightarrow}Y,X{\rightarrow}Z,Y{\rightarrow}Z\}$。

（3）去掉 F 中冗余的函数依赖。因为 $X{\rightarrow}Z$ 可以从已有的函数依赖 $X{\rightarrow}Y$ 和 $Y{\rightarrow}Z$ 推导出，所以可以去掉冗余函数依赖 $X{\rightarrow}Z$。因此 F 的最小函数依赖集 $F_{\min}{=}\{X{\rightarrow}Y,Y{\rightarrow}Z\}$。

4. 候选键的定义及求解

候选码能唯一标识关系中元组的一个属性或属性集，也称为候选键。学习函数依赖后，可以将候选键和函数依赖联系起来，并且可以使用函数依赖推导求解候选键。

定义 4.10 设关系模式 $R(U,F)$，U 是 R 的属性集，F 是 R 的函数依赖集，X 是 U 的子集，若 $X{\rightarrow}U$ 在 R 上成立（$X{\rightarrow}U$ 在 F^+ 中），那么称 X 是 R 的一个超键。若 $X{\rightarrow}U$ 在 R 上成立，但对 X 的任一真子集 X' 都有 $X'{\rightarrow}U$ 不成立（$X'{\rightarrow}U$ 不在 F^+ 中，或者 $X'\xrightarrow{\ f\ }U$），那么称 X 是 R 上的一个候选键。

接下来讨论如何使用函数依赖求解候选键，介绍求解候选键步骤之前，先来看看以下内容：

对于给定的关系模式 $R(A_1,A_2,{\cdots},A_n)$ 和函数依赖集 F，可以将其属性分为以下四类：

(1)L 类属性:只出现在函数依赖集 F 中的左边的属性。

(2)R 类属性:只出现在函数依赖集 F 中的右边的属性。

(3)LR 类属性:在函数依赖集 F 中的左、右两边均出现的属性。

(4)N 类属性:在函数依赖集 F 中的左、右两边均未出现的属性。

例如,F 是关系模式 $R(X,Y,Z,U)$ 的函数依赖集,$F=\{Y{\to}Z,X{\to}Y,XY{\to}Z\}$,则 X 是 L 类属性,Y 是 LR 类属性,Z 是 R 类属性,U 是 N 类属性。

定理 4.4　对于给定的关系模式 R 及其函数依赖集 F,有如下结论:

(1)如果 $X(X{\in}R)$ 是 L 类属性,则 X 必为 R 的任一候选键中的成员。

(2)如果 $X(X{\in}R)$ 是 L 类属性,且 X^+ 包含 R 的全部属性,则 X 必为 R 的唯一候选键。

(3)如果 $X(X{\in}R)$ 是 R 类属性,则 X 不在任何候选键中。

(4)如果 $X(X{\in}R)$ 是 N 类属性,则 X 必包含在 R 的任一候选键中。

(5)如果 $X(X{\in}R)$ 是 R 的 N 类和 L 类属性组成的属性集,且 X^+ 包含 R 的全部属性,则 X 是 R 的唯一候选键。

简单的可以直接通过以上定理进行快速求解。

【例 4-5】　设有关系模式 $R(A,B,C,D,E)$ 与它的函数依赖集 $F=\{C{\to}B,A{\to}D,AD{\to}B,AC{\to}D\}$,求 R 的所有候选键。

解:通过观察 F 发现,A、C 两个属性为 L 类属性,故 A、C 两个属性必在 R 的任何候选键中。E 为 N 类属性,故 E 属性也必在 R 的任何候选键中。又由于 $(ACE)^+=ABCDE$,即包含 R 的全部属性,因此,ACE 是 R 的唯一候选键。

复杂的可以通过以下步骤求解候选键:

设关系模式 R,F 是 R 的函数依赖集,求解 R 的所有候选键。

(1)根据函数依赖集 F,将 R 的所有属性全部分类,分为 L 类、R 类、LR 类和 N 类四类属性,并且令 X 代表 L 类和 N 类属性,Y 代表 LR 类属性。

(2)求 X^+,如果 X^+ 包含 R 的全部属性,则 X 为 R 的唯一候选键,转(5);否则,转(3)。

(3)从 Y 中取一个属性 A,求 $(XA)^+$,如果包含 R 的全部属性,则转(4);否则,调换属性反复进行这一过程,直到试完所有 Y 中的属性。

(4)如果已找到所有候选键,则转(5);否则在 Y 中依次取两个、三个…,求它们的属性集的闭包,直到其闭包包含 R 的全部属性。

(5)停止,输出结果。

【例 4-6】　设有关系模式 $R(A,B,C,D,E)$ 与它的函数依赖集 $F=\{B{\to}CD,DE{\to}A,C{\to}E,A{\to}B\}$,求 R 的所有候选键。

解:通过观察 F 发现 A,B,C,D,E 所有属性都是 LR 类属性。

根据步骤,从这些属性中一次选出一个属性,分别求其闭包:

$A^+=ABCDE,B^+=ABCDE,C^+=CE,D^+=D,E^+=E$

因为 A^+ 和 B^+ 都包含 R 的全部属性,所以属性 A、B 都是 R 的候选键。

接下来,再从关系模式 R 中选出两个属性,分别求其闭包。但是这两个属性只能从 C、D、E 三个属性中取出两个属性,因为属性 A、B 已经是 R 的候选键了。

$(CD)^+=ABCDE$，$(DE)^+=ABCDE$，$(CE)^+=CE$

$(CD)^+$ 和 $(DE)^+$ 包含 R 的全部属性，因此，属性集 CD 和 DE 也是 R 的候选键。

因此，关系模式 R 的所有候选键分别为 A、B、CD 和 DE。

4.2.2 关系模式的范式

关系数据库中，构造设计关系模式时，必须要遵守一定的理论规则，而这种理论规则就是范式。

关系模式规范化的基本思想就是消除关系模式中的冗余，去掉函数依赖不合适部分，解决数据新增、修改和删除等操作时的异常，这就需要关系模式必须满足一定的要求。在规范化过程中为不同程度的规范化要求设立的不同标准称为范式，满足不同程度要求的为不同范式。

最早是由 E.F.Codd 提出范式的概念，目前关系数据库主要有六种范式：第一范式（1NF）、第二范式（2NF）、第三范式（3NF）、BC 范式（BCNF）、第四范式（4NF）和第五范式（5NF）。各种范式之间的关系可以表示为：1NF⊃2NF⊃3NF⊃BCNF⊃4NF⊃5NF，如图 4-2 所示。

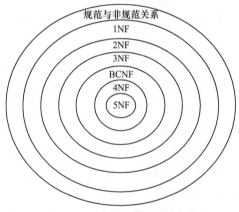

图 4-2　各种范式之间的关系

满足最低要求的范式是第一范式（1NF）。在第一范式的基础上进一步满足更多要求的称为第二范式（2NF），其余范式以此类推。一般情况下，关系数据库设计只需满足到第三范式（3NF）即可，特殊情况须特殊分析。

1.第一范式（1NF）

第一范式是最基本的规范形式，不满足第一范式的数据库模式不能称为关系数据库。

定义 4.11　如果关系模式 R 中所有的属性都具有原子性，均是不可再分的，则称 R 属于第一范式，简称 1NF，记作：$R \in 1NF$。

只要是关系模式就必须满足第一范式，但是关系模式如果只属于第一范式并不一定是好的关系模式。如 4.1 节中给出的关系模式 CGO 属于第一范式，但其存在大量的弊端，包括插入异常、更新异常和删除异常等。究其原因，就是因为关系模式 CGO 中存在完全函数依赖、部分函数依赖和传递函数依赖等各种复杂函数依赖。因此，分解关系模式，去掉复杂的函数依赖，向更高级的范式进行转换，才能解决其弊端。在关系模式分解过程中，如何衡量其分解是否可取，则在后续第 4.3 节关系模式的分解小节中再讨论。

2.第二范式(2NF)

定义 4.12　如果关系模式 $R \in 1NF$,且每个非主属性都完全函数依赖于 R 的主关系键,则称 R 属于第二范式,简称 2NF,记作:$R \in 2NF$。

下面看一个不属于第二范式的例子:

【例 4-7】　设关系模式 SDC(学号 SNo,姓名 SN,电话 TEL,系别 DEPT,系主任 DM,课程号 CNo,成绩 Score),分析 SDC 是否满足第二范式。

经分析,SNo 和 CNo 为主属性,SN、TEL、DEPT、DM 和 Score 为非主属性。上述关系模式存在的函数依赖有:$(SNo, CNo) \xrightarrow{f} Score$,$(SNo, CNo) \xrightarrow{p} SN$,$(SNo, CNo) \xrightarrow{p} TEL$,$(SNo, CNo) \xrightarrow{p} DEPT$ 等。因为存在非主属性对主关系键的部分函数依赖,所以关系模式 SDC 不属于第二范式。

对关系模式 SDC 进行分解,分解为 SD(SNo,SN,TEL,DEPT,DM)和 SC(SNo,CNo,Score)。关系模式 SD 中,存在函数依赖 $SNo \rightarrow SN$,$SNo \rightarrow TEL$,$SNo \rightarrow DEPT$,$DEPT \rightarrow DM$。关系模式 SC 中,存在函数依赖 $(SNo, CNo) \xrightarrow{f} Score$。所以关系模式 SDC 分解后,消除了非主属性对主关系键的部分函数依赖,即关系模式 SD 和 SC 都属于第二范式。

2NF 规范化是指将 1NF 关系模式通过投影分解,转换成 2NF 关系模式的集合。而分解所遵循的基本原则,就是一个关系只描述一个实体或者一个实体之间的联系,如果多于一个实体或联系,则进行投影分解。

经过以上分析,可以得到以下结论:

(1)从 1NF 关系模式中消除非主属性对主关系键的部分函数依赖,即可得到 2NF。

(2)如果 R 的关系键为单属性,或 R 的全体属性均为主属性,则 $R \in 2NF$。

虽然关系模式 SD 和 SC 都属于第二范式,2NF 关系模式解决了 1NF 关系模式中存在的一些问题,也更加规范化,但 2NF 关系模式在进行各种数据操作时,仍然存在以下的一些问题:

(1)数据冗余。如关系模式 SD 中,每个系别和系主任姓名存储的次数等于该系所有的学生人数。

(2)插入异常。如关系模式 SD 中,当一个新系别没有招生时,有关该系的信息则无法插入。

(3)删除异常。如关系模式 SD 中,当某系学生全部毕业而没有招生时,删除全部学生记录的同时也删除了该系的有相关信息。

(4)更新异常。如关系模式 SD 中,更换系主任时,需修改该系所有的学生记录。

分析以上问题,产生原因是因为关系模式 SD 中存在着非主属性对主关系键的传递函数依赖。因为 $SNo \rightarrow DEPT$,$DEPT \rightarrow DM$,所以 $SNo \xrightarrow{t} DM$,即存在非主属性 DM 对主关系键 SNo 传递函数依赖。因此 2NF 关系模式还可以继续进行分解,消除非主属性对主关系键的传递函数依赖,即可得到第三范式。

3.第三范式(3NF)

定义 4.13　如果关系模式 $R \in 2NF$,且每个非主属性都不传递函数依赖于 R 的主关系键,则称 R 属于第三范式,简称 3NF,记作:$R \in 3NF$。

【例 4-8】 前面提到的 1NF 关系模式 SDC(学号 SNo,姓名 SN,电话 TEL,系列 DEPT,系主任 DM,课程号 CNo,成绩 Score),分解成 2NF 关系模式 SD(SNo,SN,TEL,DEPT,DM)和 SC(SNo,CNo,Score)。分析关系模式 SD 和 SC 是否满足第三范式。

在关系模式 SC 中,SNo 和 CNo 为主属性,Score 为非主属性,存在的函数依赖有: $(SNo,CNo) \xrightarrow{f} Score$,不存在非主属性 Score 传递函数依赖于主关系键(SNo,CNo),所以 SC∈3NF。

在关系模式 SD 中,存在函数依赖 SNo→ SN,SNo →TEL,SNo → DEPT,DEPT→ DM,所以 $SNo \xrightarrow{t} DM$,即存在非主属性 DM 对主关系键 SNo 传递函数依赖,所以 SD∉ 3NF。关系模式 SD 还需进一步分解,使其满足 3NF。

分解所遵循的基本原则,和 2NF 相同,就是一个关系只描述一个实体或者一个实体之间的联系。3NF 规范化是指把 2NF 关系模式通过投影分解,转换成 3NF 关系模式的集合。

在此,对关系模式 SD(SNo,SN,TEL,DEPT,DM)进行分解,根据其存在的函数依赖,分解为 S(SNo,SN,TEL,DEPT)和 D(DEPT,DM)。在关系模式 S 中存在函数依赖 SNo→ SN,SNo →TEL,SNo → DEPT,不存在非主属性 SN,TEL,DEPT 传递函数依赖于主关系键 SNo,所以 S∈3NF。在关系模式 D 中存在函数依赖 DEPT→ DM,不存在非主属性 DM 传递函数依赖于主关系键 DEPT,所以 D∈3NF。

由此可见,关系模式 SD 由 2NF 分解到 3NF 之后,消除了传递函数依赖,函数依赖关系更加简单明了,之前 2NF 存在的问题也得到了解决。

(1)数据冗余降低。如系主任的姓名存储的次数已与该系的学生人数无关,只在关系模式 D 中存储一次。

(2)不存在插入异常。如即使一个新系别没有招收学生时,该系的信息依旧可以插入。

(3)不存在删除异常。如学生毕业,只需删除相关的学生记录,不会影响该系的相关数据。

(4)不存在更新异常。如更换系主任时,只需修改该系关系中一个相应元组系主任的属性值,而无须修改学生记录,不会出现数据不一致现象。

综上所述,关系模式规范到 3NF,所有的异常现象都已经消失。不过 3NF 只是限制了非主属性对主关系键的依赖关系,并没有限制主属性对主关系键的依赖关系。一般情况下,仍有可能会存在数据冗余、插入异常等现象。此时,需对 3NF 继续规范化,来消除主属性对主关系键的依赖关系。即提出了 Boyce-Codd 范式,简称 BC 范式或 BCNF。BC 范式弥补了 3NF 的不足。

4.BC 范式(BCNF)

定义 4.14 如果关系模式 $R \in$ 1NF,且所有的函数依赖 $X \to Y$,决定因素 X 包含 R 的一个候选键,则称 R 属于 BC 范式,记作: $R \in$ BCNF。

BC 范式具有以下性质:

(1)满足 BC 范式的关系将消除任何属性(主属性或者非主属性)对关系键的部分函数依赖和传递函数依赖。即若 $R \in$ BCNF,则 $R \in$ 3NF。

(2)若 $R \in$ 3NF,则 R 不一定是 BCNF。

【例 4-9】　设关系模式 $STJ(S,T,J)$ 中，S 表示学生，T 表示教师，J 表示课程。每个教师只教一门课，每门课由一名教师负责，某个学生选定某门课，就确定了一个固定的教师，某个学生选修某个教师的课就确定了所选课的名称。

根据语义分析，可以得到以下函数依赖：$(S,J) \rightarrow T,(S,T) \rightarrow J,T \rightarrow J$。

在此，(S,J) 和 (S,T) 都是候选码，所以 S,T,J 都为主属性，也不存在非主属性对关系键的部分函数依赖或传递函数依赖，所以 $STJ \in 3NF$。

但根据 STJ 的一个关系示例(图 4-3)，该关系模式仍然存在一些问题：

S	T	J
S1	T1	J1
S2	T1	J1
S3	T2	J1
S4	T2	J1
S2	T3	J2
S2	T3	J2
S2	T4	J3

图 4-3　关系 STJ

(1)数据冗余。虽然每个教师只上一门课程，但每个选修该教师这门课程的学生元组都要记录该教师信息。

(2)插入异常。新生刚入校，还未选课，因主属性不能为空，所以不能记录有关信息。

(3)更新异常。若修改教师开设的课程名称，则所有选修该教师这课程的学生元组都需要进行修改。修改数据太多，容易遗漏数据，破坏数据完整性。

(4)删除异常。若选修某课程的学生全部毕业，删除学生的同时也删除了该教师开设该课程的信息。

引起以上问题的原因，主要是因为主属性部分函数依赖于候选键，$(S,T) \xrightarrow{P} J$，因此 $STJ \notin BCNF$。

所以，要解决以上的问题，该关系模式还需继续分解。

关系模式 STJ 包含数据依赖 $(S,J) \rightarrow T,(S,T) \rightarrow J,T \rightarrow J$。函数依赖 $(S,J) \rightarrow T$，$(S,T) \rightarrow J$ 中，决定因素均包含关系模式 STJ 的候选键，所以无须再考虑。

函数依赖 $T \rightarrow J$，决定因素 T 不是关系模式 STJ 的候选键，且 J 不属于 T，因此 STJ 可以分解为 $TJ(T,J)$ 和 $ST(S,T)$。关系模式 TJ 的候选键为 T，函数依赖 $T \rightarrow J$，决定因素包含候选键，所以 $TJ \in BCNF$。关系模式 ST 的候选键为 (S,T)，全码，不存在函数依赖，所以 $ST \in BCNF$。

关系模式 STJ 规范到 BC 范式后，之前存在的四个异常问题也得到了解决：

(1)数据冗余降低。如每个教师上课的信息只在 TJ 中存储一次。

(2)不存在插入异常。如新生刚入校，还未选课，教师及开设课程信息依旧可以插入。

(3)不存在更新异常。如修改教师开设的课程名称，也只需修改关系 TJ 中对应的一个元组的课程信息，不影响关系 ST 中的学生信息，不会破坏数据完整性。

(4)不存在删除异常。如选修某课程的学生全部毕业,只需删除关系 ST 的相关学生信息,而不影响关系 TJ 中教师开设该门课程的信息。

若一个关系数据库中的所有关系模式都属于 BC 范式,那么在函数依赖的范畴里,已经完成了模式的彻底分解,消除了产生插入更新及删除异常的根源,也将数据冗余降到了极小程度。但在实际应用当中,关系模式设计须规范到哪个层次,还需具体情况具体分析。

5.多值依赖

前面介绍的范式规范化都是在函数依赖的范畴内讨论问题。函数依赖表示的是关系模式中属性间的一对一或一对多的联系,但并不能表示属性间多对多的联系。所以关系模式虽然已经规范到 BCNF,但仍然会存在一些问题,接下来讨论多值依赖。

定义 4.15 设有关系模式 $R(U)$,U 是属性全集,X、Y、Z 是属性集 U 的子集,且 $Z=U-X-Y$。如果对于 R 的任一关系,对于 X 的一个确定值,存在 Y 的一组值与其对应,且 Y 的这组值仅决定于 X 的值,而与 Z 值无关,则称 Y 多值依赖于 X 或 X 多值决定 Y,记作:$X\rightarrow\rightarrow Y$。若 $X\rightarrow\rightarrow Y$ 且 $Z=U-X-Y\neq\varphi$,则称 $X\rightarrow\rightarrow Y$ 是非平凡的多值依赖,否则称为平凡的多值依赖 。

【例 4-10】 某学校中某一门课程由多个教师讲授,但它们使用相同的一套参考书。每个教师可以讲授多门课程,每种参考书可以供多门课程使用。可以用一个非规范化的关系来表示课程 C,教师 T,参考书 B 之间的关系,如图 4-4 所示。

课程 C	教师 T	参考书 B
操作系统	刘铭	计算机操作系统
	李方	操作系统
		操作系统教程
编译原理	章闻	编译原理
	陈静	编译原理与实践

图 4-4 非规范关系 CTB

将非规范关系 CTB 转换成规范化的二维关系表格,如图 4-5 所示。

课程 C	教师 T	参考书 B
操作系统	刘铭	计算机操作系统
操作系统	刘铭	操作系统
操作系统	刘铭	操作系统教程
操作系统	李方	计算机操作系统
操作系统	李方	操作系统
操作系统	李方	操作系统教程
编译原理	章闻	编译原理
编译原理	章闻	编译原理与实践
编译原理	陈静	编译原理
编译原理	陈静	编译原理与实践

图 4-5 规范后的关系 CTB

经分析,关系模式 CTB 的码是 (C,T,B),即全码,因此 $CTB \in \mathrm{BCNF}$,但不难看出,关系模式 CTB 依然存在以下问题:

(1)数据冗余。课程、教师和参考书信息均被多次存储。

(2)插入异常。若编译原理课程增加一名教师"陈浩",则需要插入两个元组(编译原理,陈浩,编译原理)和(编译原理,陈浩,编译原理与实践)。若操作系统课程增加一名教师,则需要插入三个元组。

(3)删除异常。若编译原理课程删除一本参考书《编译原理与实践》,则需要删除两个元组(编译原理,章阔,编译原理与实践)和(编译原理,陈静,编译原理与实践)。

分析其原因,主要包括以下两个方面:

(1)关系模式 CTB 中,C 的一个具体值有多个 T 与其对应,也有多个 B 与其对应。

(2)关系模式 CTB 中,一个确定的 C 值,与其所对应的一组 T 值与 B 值无关。例如,与"操作系统"课程对应的一组教师和该课程的参考书没有任何关系。

关系模式 CTB 中,对于某一 C、B 属性值组合(操作系统,计算机操作系统),有一组 T 值(刘铭,李方),对于另一 C、B 属性值组合(操作系统,操作系统教程),仍然有一组 T 值(刘铭,李方),这组 T 值仅仅决定于课程 C 上的值,而与参考书 B 的值无关。因此 T 多值依赖于 C,即 $C \rightarrow\rightarrow T$。

接下来给出多值依赖的形式化定义。

定义 4.16 设有关系模式 $R(U)$,U 是属性全集,X、Y 和 Z 是 U 的子集,且 $Z = U - X - Y$。r 是关系模式 $R(U)$ 的任一关系,若存在元组 t、s,使 $t[X] = s[X]$,那么就必然存在 r 的元组 w、v。使得:①$w[X] = v[X] = t[X] = s[X]$;②$w[Y] = t[Y]$ 且 $w[Z] = s[Z]$;③$v[Y] = s[Y]$ 且 $v[Z] = t[Z]$,则称 Y 多值依赖于 X,记作:$X \rightarrow\rightarrow Y$。

多值函数依赖具有以下性质:

(1)多值依赖具有对称性。若 $X \rightarrow\rightarrow Y$,则 $X \rightarrow\rightarrow Z$,其中 $Z = U - X - Y$。

(2)多值依赖具有传递性。若 $X \rightarrow\rightarrow Y$,$Y \rightarrow\rightarrow Z$,则 $X \rightarrow\rightarrow Z - Y$。

(3)函数依赖可以看作是多值依赖的特殊情况。若 $X \rightarrow Y$,则 $X \rightarrow\rightarrow Y$。

(4)若 $X \rightarrow\rightarrow Y$,$X \rightarrow\rightarrow Z$,则 $X \rightarrow\rightarrow YZ$。

(5)若 $X \rightarrow\rightarrow Y$,$X \rightarrow\rightarrow Z$,则 $X \rightarrow\rightarrow Y \bigcap Z$。

(6)若 $X \rightarrow\rightarrow Y$,$X \rightarrow\rightarrow Z$,则 $X \rightarrow\rightarrow Y - Z$,$X \rightarrow\rightarrow Z - Y$。

多值依赖与函数依赖进行比较,有以下两种基本的区别:

(1)多值依赖的有效性与属性集的范围有关。在关系模式 R 中,函数依赖 $X \rightarrow Y$ 的有效性只取决于 X 和 Y 两个属性集,不涉及第三个属性集。在多值函数依赖中,$X \rightarrow\rightarrow Y$ 在属性集 $U(U = X + Y + Z)$ 上是否成立,不仅要检查属性集 X、Y 上的值,还要检查属性集 U 的其余属性 Z 上的值。因此,可能会有 $X \rightarrow\rightarrow Y$ 在属性集 $W(W \subset U)$ 上成立,在属性集 U 上并不一定成立的情况。

一般情况下,在 $R(U)$ 上若有 $X \rightarrow\rightarrow Y$ 在 $W(W \subset U)$ 上成立,则称 $X \rightarrow\rightarrow Y$ 为 $R(U)$ 的嵌入型多值依赖。

(2)若函数依赖 $X \rightarrow Y$ 在 $R(U)$ 上成立,则对于任何 $Y' \subset Y$ 均有 $X \rightarrow Y'$ 成立。而多值依赖 $X \rightarrow\rightarrow Y$ 若在 $R(U)$ 上成立,不能断言对于任何 $Y' \subset Y$ 有 $X \rightarrow\rightarrow Y'$ 成立。

6.第四范式(4NF)

虽然关系模式 CTB 属于 BCNF,但还是存在数据冗余、插入异常和删除异常等问题,其原因是关系模式 CTB 中存在非平凡的多值依赖,决定因素不是关键字。因此需要将关系模式 CTB 继续分解。若分解成关系模式 $CT(C,T)$ 和 $CB(C,B)$,则冗余度明显降低,且各属性间存在多值依赖 $C{\rightarrow}{\rightarrow}T,C{\rightarrow}{\rightarrow}B$,都为平凡的多值依赖。因此,在含有多值依赖的关系模式中,降低数据冗余和操作异常的常用方法是将关系模式分解为只有平凡多值依赖的关系模式,即满足第四范式,简称 4NF。

定义 4.17 设有一关系模式 $R(U)$,U 是其属性全集,X、Y 是 U 的子集,D 是 R 上的数据依赖集。如果对于任一多值依赖 $X{\rightarrow}{\rightarrow}Y$,此多值依赖是平凡的,或者 X 包含 R 的一个候选关键字,则称 R 是第四范式的关系模式,记作:$R\in 4NF$。

关系模式 CTB 分解成关系模式 $CT(C,T)$ 和 $CB(C,B)$,在关系模式 CT 和 CB 中,分别存在多值依赖 $C{\rightarrow}{\rightarrow}T,C{\rightarrow}{\rightarrow}B$,都为平凡的多值依赖,所以 CT 和 CB 都属于 4NF。

经以上分析,一个 BCNF 的关系模式不一定是 4NF,但 4NF 的关系模式必定是 BCNF 的关系模式。

把一个关系模式分解为 4NF 的方法,就是把一个关系模式利用投影的方法消去非平凡且非函数依赖的多值依赖。

函数依赖和多值依赖是两种最重要的数据依赖。若只考虑函数依赖,则属于 BCNF 的关系模式规范化程度已经达到最高;若考虑多值依赖,则属于 4NF 的关系模式规范化程度最高。但事实上,数据依赖中除了函数依赖和多值依赖之外,还包括其他数据依赖,例如,连接依赖。函数依赖是多值依赖的一种特殊情况,而多值依赖又是连接依赖的一种特殊情况。但连接依赖不是由语义直接导出,而是在关系的连接运算时才反映出来。存在连接依赖的关系模式可能会存在数据冗余及操作异常等问题。若消除属于 4NF 的关系模式中存在的连接依赖,则可以达到 5NF 的关系模式,在此不讨论连接依赖和 5NF,读者如有兴趣可参阅其他有关书籍。

关系模式的规范化实际就是对原有关系进行投影,消除决定属性不是候选键的任何函数依赖。可以分为以下步骤:

(1)对 1NF 关系进行投影,消除原有关系中非主属性对主关系键的部分函数依赖,将 1NF 关系转换成若干个 2NF 关系。

(2)对 2NF 关系进行投影,消除原有关系中非主属性对主关系键的传递函数依赖,将 2NF 关系转换成若干个 3NF 关系。

(3)对 3NF 关系进行投影,消除原有关系中主属性对主关系键的部分函数依赖和传递函数依赖,使得决定因素都包含一个候选键,得到一组 BCNF 关系。

(4)对 BCNF 关系进行投影,消除原有关系中非平凡且非函数依赖的多值依赖,得到一组 4NF 关系。

由此可见,一个不好的关系模式可以通过分解转换成好的关系模式。关系数据库设计通常满足到第三范式就足够。但在实际应当中,需要具体问题具体分析,重点还是要满足需求要求。

4.3 关系模式的分解*

前面学习了范式的知识,属于低级范式的关系模式通常存在一些数据冗余及操作异常,因此低级范式的关系模式需要向高级范式的关系模式进行转换时,则需要通过关系模式的分解来实现,而关系模式分解过程中如何来保证关系模式分解的质量,如何来保证分解后的关系模式和原来的关系模式等价,都是在此需要讨论的问题。

定义 4.18 设有关系模式 $R(U)$,R_1,R_2,$\cdots$,R_k 都是 R 的子集(此处关系模式看成是属性的集合),$R = R_1 \cup R_2 \cup \cdots \cup R_k$,关系模式的集合用 ρ 表示,$\rho - \{R_1, R_2, \cdots, R_k\}$。用 ρ 代替 R 的过程称为关系模式的分解,这里 ρ 称为 R 的一个分解,也称为数据库模式。

对于一个关系模式的分解可以是多种多样的,但分解后产生的模式应该和原有的模式等价。模式分解等价的概念形成了三种不同的定义:

(1)分解具有无损连接性。

(2)分解保持函数依赖。

(3)分解既保持函数依赖,又具有无损连接性。

此三个定义是实行分解的三种不同准则。根据不同分解准则,模式所达到的分离程度亦不相同。

在此主要讨论以下问题:

(1)无损连接性和保持函数依赖的含义是什么?如何进行判断?

(2)模式分解算法的实现。

4.3.1 无损连接分解

定义 4.19 设有关系模式 $R(U,F)$,U 是 R 上的属性集,F 是 R 上的函数依赖集,R 分解为数据库模式 $\rho = \{R_1, R_2, \cdots, R_k\}$。如果对 R 中满足 F 的每一个关系 r,有 $r = \Pi_{R_1}(r) \infty \Pi_{R_2}(r) \infty \cdots \infty \Pi_{R_k}(r)$,那么就称分解 ρ 相对于 F 是无损连接分解(Lossless Join Decomposition),简称无损分解;否则称为损失分解(Loss Decomposition)。

其中,符号 $\Pi_{R_i}(r)$ 表示 r 在模式 R_i 属性上的投影。r 的投影连接表达式 $\Pi_{R_1}(r) \infty \Pi_{R_2}(r) \infty \cdots \infty \Pi_{R_k}(r)$ 用符号 $m_\rho(r)$ 表示,称为关系 r 的投影连接变换。

【例 4-11】 设有关系模式 $R(X,Y,Z)$,分解成 $\rho = \{XY, XZ\}$。

(1)设 $F = \{X \rightarrow Y\}$ 是 R 上的函数依赖集。如图 4-6(a)所示为 R 上的一个关系 s,图 4-6(b)和图 4-6(c)为 s 在 XY 和 XZ 上的投影 s_1 和 s_2。显然,满足 $s_1 \infty s_2 = s$,即投影、连接后并未丢失信息,这种分解就是无损分解,是所期望的。

s	X	Y	Z
	2	2	2
	2	4	2

s_1	X	Y
	2	2
	2	4

s_2	X	Z
	2	2

| (a) | (b) | (c) |

图 4-6 未丢失信息的分解

(2)设 $F = \{Y \rightarrow Z\}$ 是 R 上的函数依赖集。如图 4-7(a)所示为 R 上的一个关系 s,图 4-7(b)和图 4-7(c)为 s 在 XY 和 XZ 上的投影 s_1 和 s_2。图 4-7(d)所示为 $s_1 \infty s_2$。显然,$s_1 \infty s_2 \neq s$,s 在投影、连接后比原来的元组还要多,把原来的信息丢失了,这种分解称为

损失连接分解,不是所期望的。

s	X	Y	Z
	2	2	3
	2	3	4

(a)

s_1	X	Y
	2	2
	2	3

(b)

s_2	X	Z
	2	3
	2	4

(c)

$s_1 \infty s_2$	X	Y	Z
	2	2	3
	2	2	4
	2	3	3
	2	3	4

(d)

图 4-7　丢失信息的分解

由此可以看出,分解是否具有无损性直接和函数依赖有关。

定理 4.5 设 $\rho=\{R_1,R_2,\cdots,R_k\}$ 是关系模式 R 的一个分解, r 是 R 的任一关系, $r_i=\Pi_{R_i}(r)(1\leqslant i\leqslant k)$,那么有下列性质:

(1) $r\subseteq m_\rho(r)$。

(2) 若 $s=m_\rho(r)$,则 $\Pi_{R_i}(s)=r_i$。

(3) $m_\rho(m_\rho(r))=m_\rho(r)$,这个性质称为幂等性(Idempotent)。

将关系模式 R 分解成 ρ 之后,如何判断分解 ρ 是否为无损分解,接下来讨论。

设关系模式 $R(A_1,A_2,\cdots,A_n)$, F 是 R 上的函数依赖集, R 的一个分解 $\rho=\{R_1,R_2,\cdots,R_k\}$,判断分解 ρ 是否为无损分解,步骤如下:

(1)构造一个 k 行 n 列的表格 R_ρ,表中每一列对应一个属性 $A_j(1\leqslant j\leqslant n)$,每一行对应一个模式 $R_i(1\leqslant i\leqslant k)$。如果 A_j 在 R_i 中,则在表中的第 i 行第 j 列处填上符号 a_j,否则填上 b_{ij}。

(2)把表格看成模式 R 的一个关系,根据 F 中的每个函数依赖,修改表中元素的符号,方法如下:

①对 F 中的某个函数依赖 $X\rightarrow Y$,在表中寻找 X 分量上相等的行,把这些行对应的 Y 分量也修改成一致。

②如果列中有一个是 a_j,那么这一列上(X 相同的行)的元素都改成 a_j。

③如果列中没有 a_j,那么这一列上(X 相同的行)的元素都改成 b_{ij}(下标 ij 取 i 最小的那个)。

④对 F 中所有的函数依赖,反复执行上述的修改操作,一直到表格不能再修改为止。

(3)若修改到最后,表中有一行全为 a,即 $a_1a_2\cdots a_n$,那么称 ρ 相对于 F 是无损连接分解。

【例 4-12】 设有关系模式 $R(A,B,C,D,E)$, R 分解成 $\rho=\{AB,BC,AD\}$,若在 R 上成立的函数依赖集 $F=\{A\rightarrow B,C\rightarrow D\}$,判断 ρ 相对于 F 是否为无损连接分解。

解:(1)由于关系模式 R 具有 5 个属性, ρ 中分解的模式共有 3 个,所以要构造一个 3 行 5 列的表格,并根据步骤填入相应的符号,如图 4-8 所示。

(2)根据 F 中的第 1 个函数依赖 $A\rightarrow B$,属性 A 列的第 1 行和第 3 行的元素相同即都为 a_1。所以,这两行对应的属性 B 列上的元素改为一致。因为属性 B 列第一行元素为 a_2,所以属性 B 列第三行也改为 a_2;根据 F 中的第 2 个函数依赖 $C\rightarrow D$,属性 C 列没有元素相同的行,所以无须修改,则修改后的表格如图 4-9 所示。

	A	B	C	D	E
AB	a_1	a_2	b_{13}	b_{14}	b_{15}
BC	b_{21}	a_2	a_3	b_{24}	b_{25}
AD	a_1	b_{32}	b_{33}	a_4	b_{35}

图 4-8　初始表格

	A	B	C	D	E
AB	a_1	a_2	b_{13}	b_{14}	b_{15}
BC	b_{21}	a_2	a_3	b_{24}	b_{25}
AD	a_1	a_2	b_{33}	a_4	b_{35}

图 4-9　修改后的表格

（3）由于修改后的表格中没有一行都为 a，即无 $a_1a_2a_3a_4a_5$，所以 ρ 相对于 F 不是无损连接分解。

【例 4-13】 设有客户订购系统的关系模式 R（cid，cname，oid，oamount，osum），属性 cid，cname，oid，oamount，osum 分别表示客户编号，姓名，订单编号，订购金额，订购数量。基于 R 上的函数依赖集为 $F=\{$oid→oamount，oid→osum，oid→cid，cid→cname$\}$，判断 $\rho=\{C($cid，cname$)，O($oid，oamount，osum，cid$)\}$ 相对于 F 是否为无损连接分解。

解：（1）由于关系模式 R 具有 5 个属性，ρ 中分解的模式共有 2 个，所以要构造一个 2 行 5 列的表格，并根据步骤填入相应的符号，如图 4-10 所示。

（2）根据 F 中的第 1 个函数依赖 oid→oamount，因为属性 oid 的两行元素（分别是 b_{13} 和 a_3）不相同，所以不用修改。第 2 个函数依赖 oid→osum，第 3 个函数依赖 oid→cid。同理，不用修改。第 4 个函数依赖 cid→cname，属性 cid 的两行元素相同（均为 a_1），所以这两行对应的属性 cname 列上的元素应改为一致，因为属性 cname 第一行元素为 a_2，所以属性 cname 第二行也改为 a_2。

修改后的表格如图 4-11 所示。

	cid	cname	oid	oamount	osum
C	a_1	a_2	b_{13}	b_{14}	b_{15}
O	a_1	b_{22}	a_3	a_4	a_5

图 4-10　初始表格

	cid	cname	oid	oamount	osum
C	a_1	a_2	b_{13}	b_{14}	b_{15}
O	a_1	a_2	a_3	a_4	a_5

图 4-11　修改后的表格

（3）由于修改后的表格中第 2 行全部为 a，即 $a_1a_2a_3a_4a_5$，所以 ρ 相对于 F 是无损连接分解。

若只分解为两个关系模式时，即 ρ 只包含两个关系模式，则可以使用以下定理简单判断。

定理 4.6 设 $\rho=\{R_1,R_2\}$ 是关系模式 R 的一个分解，F 是 R 上成立的函数依赖集，那么分解 ρ 相对于 F 是无损分解的充分必要条件是：

$$(R_1\cap R_2)\rightarrow(R_1-R_2)或(R_1\cap R_2)\rightarrow(R_2-R_1)$$

其中，$(R_1\cap R_2)$ 表示两个模式的交集，即 R_1 和 R_2 的公共属性，(R_1-R_2) 或 (R_2-R_1) 表示两个模式的差集。差集就是从 R_1（或 R_2）中去掉 R_1 和 R_2 的公共属性后剩下的其他属性。

【例 4-14】 设有关系模式 $R(A,B,C)$，若在 R 上成立的函数依赖集 $F=\{A\rightarrow B\}$，R 分解成 $\rho_1=\{R_1(A,B),R_2(B,C)\}$，$\rho_2=\{R_3(A,B),R_4(A,C)\}$，判断 ρ_1 和 ρ_2 的分解是否为无损连接分解。

解：（1）ρ_1 分解中 $R_1\cap R_2$ 为 $AB\cap BC=B$，$R_1-R_2=A$，$R_2-R_1=C$，已知 $A\rightarrow B$，所以 $(R_1\cap R_2)\nrightarrow(R_1-R_2)$ 且 $(R_1\cap R_2)\nrightarrow(R_2-R_1)$。因此，$\rho_1=\{R_1(A,B),R_2(B,C)\}$ 不是无损连接分解。

(2)ρ_2 分解中 $R_1 \cap R_2$ 为 $AB \cap AC = A$，$R_1 - R_2 = B$，已知 $A \to B$，所以 $(R_1 \cap R_2) \to (R_1 - R_2)$。因此，$\rho_2 = \{R_3(A, B), R_4(A, C)\}$ 是无损连接分解。

4.3.2 保持函数依赖的分解

若一个分解具有无损连接性，则能够保证不丢失信息；若一个分解保持了函数依赖，则可以减轻或解决各种异常情况。

定义 4.20 设有关系模式 $R(U, F)$，F 是 $R(U)$ 上的函数依赖集，Z 是属性集 U 上的一个子集，$\rho = \{R_1, R_2, \cdots, R_k\}$ 是 R 的一个分解。

F 在 Z 上的一个投影用 $\Pi_Z(F)$ 表示：$\Pi_Z(F) = \{X \to Y \mid X \to Y \in F^+ \wedge XY \subseteq Z\}$；

F 在 R_i 上的一个投影用 $\Pi_{R_i}(F)$ 表示：$\bigcup_{i=1}^{k} \Pi_{R_i}(F) = \Pi_{R_1}(r) \bigcup \Pi_{R_2}(r) \bigcup \cdots \bigcup \Pi_{R_k}(r)$；

如果有 $F^+ = \{\bigcup_{i=1}^{k} \Pi_{R_i}(F)\}^+$，则称 ρ 是保持函数依赖集 F 的分解。

【例 4-14】 设有关系模式 $R(cid, cname, oid)$，属性 $cid, cname, oid$ 分别表示客户编号，客户姓名，订单编号。函数依赖集有 $F = \{cid \to cname, oid \to cid\}$，$R$ 分解成 $\rho = \{R_1(oid, cname), R_2(oid, cid)\}$。

(1)判断分解 ρ 是否具有无损连接性。

(2)判断分解 ρ 是否保持函数依赖性。

解：(1)ρ 分解中因为 $R_1 \cap R_2$ 为 $(oid, cname) \cap (oid, cid) = oid$，$R_2 - R_1 = (oid, cid) - (oid, cname) = cid$，又已知 $oid \to cid$，所以 $(R_1 \cap R_2) \to (R_2 - R_1)$。因此 $\rho = \{R_1(oid, cname), R_2(oid, cid)\}$ 是无损分解。

(2)ρ 分解中 R_1 上的函数依赖是 $oid \to cname$，R_2 上的函数依赖是 $oid \to cid$，但从这两个函数依赖推导不出函数依赖 $cid \to cname$，即分解后的函数依赖不能完全包含原有函数依赖集 $F = \{cid \to cname, oid \to cid\}$ 的所有函数依赖，丢失了函数依赖 $cid \to cname$。因此，分解 ρ 没有保持函数依赖。

综上所述，分解具有无损连接性和分解保持函数依赖是两个互相独立的标准。具有无损连接性的分解不一定能够保持函数依赖；同样，保持函数依赖的分解也不一定具有无损连接性。衡量关系模式的分解是否可取，主要包括两个标准：分解是否具有无损连接性；分解是否保持了函数依赖。

////////// 习 题 //////////

一、选择题

1.为了设计出性能较优的关系模式，必须进行规范化，规范化主要的理论依据是（   ）。

 A.关系规范化理论   B.关系代数理论

 C.数理逻辑   D.关系运算理论

2.下列关于函数依赖的叙述中，不正确的是（   ）。

 A.由 $X \to Y, WY \to Z$，则 $XW \to Z$ B.由 $X \to YZ$，则 $X \to Y, Y \to Z$

 C.由 $X \to Y, Y \to Z$，则 $X \to YZ$ D.由 $X \to Y, Z \in Y$，则 $X \to Z$

3.任何一个满足 2NF 但不满足 3NF 的关系模式都不存在（   ）。

A.主属性对键的部分依赖　　　　　　　B.非主属性对键的部分依赖

C.主属性对键的传递依赖　　　　　　　D.非主属性对键的传递依赖

4.设有关系模式 $R(A,B,C)$，其函数依赖集：$F=\{A{\rightarrow}B,B{\rightarrow}C\}$，则关系模式 R 的规范化程度最高达到(　　　)。

A.1NF　　　　　　　　　　　　　　　B.2NF

C.3NF　　　　　　　　　　　　　　　D.BCNF

5.已知关系模式 $R(A,B,C,D)$ 及其函数相关性集合 $F=\{A{\rightarrow}D,B{\rightarrow}C\}$，该关系模式的候选关键字是(　　　)。

A.AC　　　　　B.BC　　　　　C.CD　　　　　D.AB

6.两个函数依赖集 F 和 G 等价的充分必要条件是(　　　)。

A.$F{\equiv}G$　　　　B.$F^{+}{\equiv}G$　　　　C.$F^{+}{\equiv}G^{+}$　　　　D.$F{\equiv}G^{+}$

7.设关系模式 $R(A,B,C,D)$，函数依赖集 $F=\{B{\rightarrow}A,C{\rightarrow}D\}$，$\rho=\{AB,BC,AD\}$ 是 R 上的一个分解，那么分解 ρ 相对于 F(　　　)。

A.既是无损连接分解，又保持函数依赖的分解

B.是无损连接分解，但不是保持函数依赖的分解

C.不是无损连接分解，但是保持函数依赖的分解

D.既不是无损连接分解，也不是保持函数依赖的分解

8.关系数据库的规范化理论指出，关系数据库中的关系应该满足一定的要求，最起码的要求是达到1NF，即满足(　　　)。

A.关系中的元组不可重复

B.主键属性唯一标识关系中的元组

C.每个属性都是不可分解的

D.每个非主键属性都完全依赖于主键属性

二、填空题

1.对于非规范化的关系模式，将 1NF 消除_____，转换为若干个 2NF 关系，将 2NF 消除_____转换为若干个 3NF 关系。

2.在关系数据库的规范化理论中，对关系模式进行分解，衡量关系模式的分解是否可取的标准包括_____和_____。

3.设关系模式 $R(A,B,C,D)$，函数依赖集 $F=\{CD{\rightarrow}A,A{\rightarrow}B,B{\rightarrow}C\}$，则 R 的三个可能的候选键分别是_____、_____和_____。

4.设关系模式 $R(A,B,C,D)$，函数依赖集 $F=\{CD{\rightarrow}AB,C{\rightarrow}B\}$，则 R 的候选键是_____，它是属于_____范式的关系模式。

5.设 F 是函数依赖集，被 F 逻辑蕴含的函数依赖的全体构成的集合，称为函数依赖集 F 的，记作：_____。

三、简答题

1.理解并给出下列术语的定义：函数依赖、函数依赖集的等价、部分函数依赖、完全函数依赖、传递函数依赖、范式。

2.给出 2NF、3NF、BCNF 的定义，并能判断区分。

3.关系模式分解需要遵循什么准则？

4.设关系模式 $R(A,B,C,D)$，函数依赖集 $F = \{ D \to B, B \to D, A \to BD, C \to BD, AC \to D \}$

(1)求出 R 的所有候选键。

(2)求出 F 的最小函数依赖集 $F_{\min}$。

(3)根据函数依赖关系，关系模式 R 属于第几范式。

(4)将 R 分解为 3NF，并保持无损连接性和函数依赖性。

5.设关系模式 $R(A,B,C,D,E)$，函数依赖集 $F = \{ A \to D, D \to B, A \to C \}$，$\rho = \{AD, BD, CD\}$ 是 R 上的一个分解。

(1)判断分解 ρ 是否为无损连接分解。

(2)判断分解 ρ 是否保持函数依赖，如果不是，丢失了哪个函数依赖？

第5章　数据库设计

📍 **本章重点**

- 理解数据库设计的任务、内容；
- 了解数据库设计的方法；
- 掌握数据库设计六个阶段的任务，特别是概念结构设计和逻辑结构设计的方法和步骤。

第 4 章主要介绍了设计关系模式时所需要遵循的关系规范化设计理论，根据关系规范化理论设计关系模式只是数据库逻辑设计阶段的一个重要内容，但并不是数据库设计内容的全部。本章将重点且系统化地介绍数据库设计的各个阶段的任务及相关设计步骤。通过本章的学习，读者需了解数据库设计的六个阶段及各个阶段所需完成的任务、产出物；特别是概念结构设计的原则、方法及 E-R 模型设计；E-R 模型转换为关系模型等逻辑结构设计的方法和步骤；读者还需能灵活地将理论知识运用到实际工作中，根据具体需求设计出合适的数据库应用系统。

5.1　数据库设计概述

数据库设计（Database Design）是指根据用户的需求，在某一具体的数据库管理系统上，构造最优的数据库模式和建立数据库的过程，使其能够有效地存储数据，满足各种用户的应用需求（信息要求和处理要求）。

数据库设计是用来建立数据库及其应用系统的，是信息系统开发和建设中的核心技术。由于数据库应用系统的复杂性，且为了支持相关程序运行，数据库设计变得异常复杂。而数据库设计所涉及的内容也非常广泛，设计一个性能良好的数据库并不容易，也不可能一蹴而就，而只能是一种"反复探寻，逐步求精"的过程。数据库设计的质量与设计者的知识、经验和水平密切相关，而数据库设计的成败也将直接关系到整个应用系统的成败。

数据库设计过程中主要面临的问题有：

(1)同时具备数据库知识和系统业务知识的人较少。

(2)项目初始阶段不能明确数据库系统应用业务的目标。

(3)缺乏完善的设计工具和方法。

(4)应用业务系统千差万别，很难找到一种适合所有业务的工具和方法，必须人为设计，且具体问题具体分析。

(5)需求的不确定性，导致数据库设计过程仍需不断修改。

所以,数据库设计时,必须先确定系统的目标,才能确保后续工作进展顺利,提高工作效率,保证数据模型的准确性及完整性。数据库设计的最终目标是数据库必须满足客户对数据的存储和处理需求,同时定义系统的长期和短期目标,提高系统的服务性和数据库的性能期望值。

成功的数据库系统应该具备以下特点:

- 功能强大,完全满足客户的需求。
- 能够准确地表示业务数据。
- 使用方便,易于维护,可扩展性强。
- 在合理的时间内响应最终用户的操作。
- 便于数据的修改和查询。
- 冗余少。
- 有效的安全机制确保数据的安全。
- 便于数据的备份和恢复。
- 数据库结构对最终用户透明。

5.1.1 数据库设计的特点

数据库设计是一项复杂且工作量大的工程,其很多阶段都可以和软件工程的各个阶段对应。软件工程的一些方法和工具同样适用于数据库工程,但数据库设计结合用户的业务需求,还具有自身的一些特点。

(1)综合性。数据库设计所涉及的范围相当广泛,包含了计算机专业知识和业务系统的专业知识,还需要解决技术及非技术问题。非技术问题包括组织机构调整、经营方针、管理体制的变更等。数据库建设是硬件、软件和干件(技术和管理的界面)的结合。

(2)现代数据库的设计特点是静态结构设计与动态行为设计的结合。静态结构设计是指数据库的模式结构设计,包括概念结构、逻辑结构和物理结构的设计;动态行为设计是指应用程序设计,包括功能组织、流程控制等方面的设计。早期的数据库设计着重静态结构设计,使得结构设计与行为设计相分离。

5.1.2 数据库设计方法概述

为了使数据库设计得更合理、更有效,因此需要有效的指导原则,这种原则被称为数据库设计方法。目前已有的数据库设计方法可以分成四类:直观设计法、规范设计法、计算机辅助设计法和自动设计法。直观设计法也称为手工试凑法,是最早的数据库设计方法,依赖于设计者的知识、经验和技巧,缺乏工程规范的支持和科学根据,设计质量也不稳定,因此越来越不适应信息管理系统发展的需要。

为改变这种状况,1978年10月,来自30多个欧美国家和地区的主要数据库专家在美国新奥尔良市专门讨论了数据库设计的问题,运用软件工程的思想和方法,提出了数据库设计规范,即著名的新奥尔良法。它将数据库设计分为需求分析、概念结构设计、逻辑结构设计和物理结构设计四个阶段。其后,S.B.Yao等人又将数据库设计分为五个步骤,主张数据库设计包括设计系统开发的全过程,并在每一个阶段结束时进行评审,以便及早发现设计错误。

规范化数据库设计从本质来说依然是手工设计方法,其基本思想是过程迭代和逐步求精。目前,常用的规范设计方法大多起源于新奥尔良法,下面对几种设计方法进行简单介绍。

1.基于 E-R 模型的数据库设计方法

1976 年,由 P.P.S.Chen 提出的 E-R 模型方法,其基本思想是在需求分析的基础上,用 E-R 图构造一个反映现实世界实体之间内在联系的企业模式,然后再将此企业模式转换成选定的 DBMS 上的概念模式。E-R 方法简单易用,因此成为比较流行的方法之一。

2.基于 3NF 的数据库设计方法

这是由 S.Atre 提出的数据库设计的结构化设计方法,其基本思想是在需求分析的基础上,识别并确认数据库模式中的全部属性和属性间的依赖,将它们组织成一个单一的关系模式,然后再分析模式中不符合 3NF 的约束条件,用投影和连接的办法将其分解,使其达到 3NF 条件。其设计步骤分为以下几个阶段:

(1)设计企业模式,利用规范化得到的 3NF 关系模式画出企业模式。

(2)设计数据库逻辑模式。

(3)设计数据库物理模式(存储模式)。

(4)评价物理模式。

(5)数据库实现。

3.基于视图的数据库设计方法

此方法先从分析各个应用的数据着手,为每个应用建立各自的视图,然后再将这些视图汇总起来合并成整个数据库的概念模式。合并时需注意以下问题:

(1)消除命名冲突。

(2)消除冗余的实体和联系。

(3)进行模式重构。消除命名冲突和冗余后,需要对整个汇总模式进行调整使其满足全部完整性约束条件。

4.面向对象的关系数据库设计方法

应用系统对象模式向数据库模式的映射是面向对象数据库设计的核心和关键,其实质就是向数据库表的变换过程。相关的变换规则简单归纳如下:

(1)一个对象类可以映射为一个以上的库表,当类间有一对多的关系时,一个表也可以对应多个类。

(2)关系(一对一、一对多、多对多等)的映射可能有多种情况,但一般映射为一个表,也可以在对象类表间定义相应的外键。对于条件关系的映射,至少应有三个属性。

(3)单一继承的泛化关系可以对超类、子类分别映射表,也可以不定义父类表,而让子类表拥有父类属性;反之,也可以不定义了类表而让父类表拥有全部子类属性。

(4)对多重继承的超类和子类分别映射,对多次多重继承的泛化关系也映射一个表。

(5)对映射后的库表进行冗余控制调整,使其达到合理的关系范式。

5.计算机辅助数据库设计方法

计算机辅助数据库设计是数据库设计趋向自动化的一个重要步骤,其基本思想并不是完全由机器代替人,而是提供一个交互式过程,人机结合,互相渗透,帮助设计者更好、更快地进行设计工作。如 PowerDesigner 则是常用的数据库设计工具。

6.敏捷数据库设计方法

近年来,出现了一种新的软件开发方法学——敏捷方法学,被逐步应用于数据库设计,提出在可控制方式下的进化设计。迭代式开发是其重点,即整个项目生命周期中运行多个完整的软件生命周期循环。敏捷过程在每次迭代中都会度过一个完整的生命周期且迭代时间较短。

此外,其他的设计方法还有属性分析法、实体分析法以及基于抽象语义规范的设计法等,这里不再详细描述。实际设计过程中,各种方法可以结合起来使用。

5.1.3 数据库设计的基本步骤

数据库设计的过程也可以使用软件工程中的生存周期概念来说明,称为数据库设计的生存期,是指数据库研制到不再使用它的整个时期。按照规范化设计方法,将数据库设计分为以下几个阶段:

1.需求分析阶段

需求分析是指收集和分析用户对系统的信息需求和处理需求,得到设计系统所必需的需求信息,是整个数据库设计过程的基础。其目标是通过调查研究,了解用户的数据要求和处理要求,并按照一定格式整理成需求说明书。需求说明书是需求分析阶段的成果。需求分析阶段是最费时、最复杂的一个阶段,但也是最重要的一个阶段,它的效果直接影响后续设计阶段的速度和质量。

2.概念结构设计阶段

概念结构设计阶段是根据需求提供的所有数据和处理要求进行抽象和综合处理,按一定的方法构造出反映用户环境的数据及其相互联系的概念模型。这种概念模型与DBMS无关,是面向现实世界的、极易为用户理解的概念模型。

3.逻辑结构设计阶段

逻辑结构设计阶段是将上一阶段得到的概念模型转换成等价的,并为某个特定的DBMS所支持的逻辑数据模型,并进行优化。

4.物理结构设计阶段

物理结构设计阶段是把逻辑结构设计阶段得到的逻辑数据模型在物理上加以实现,设计数据的存储形式和存取路径,即设计数据库的内模式或存储模式。

5.数据库实施阶段

数据库实施阶段是运用DBMS提供的数据语言及数据库开发工具,根据物理结构设计的结果建立一个具体的数据库,调试相应的应用程序,组织数据入库并进行试运行。

6.数据库运行和维护阶段

数据库运行和维护阶段是指将已经试运行的数据库应用系统投入正式使用,在其使用过程中,不断进行调整、修改和完善。

此六个阶段,每完成一个阶段都需要组织进行评审,评价一些重要的设计指标,评审文档产出物和用户交流,如不符合要求,则不断修改,以求最后实现的数据库能够比较合适地表现现实世界,准确反映用户的需求。这六个阶段的前四个阶段统称为"分析和设计阶段",后两个阶段统称为"实现和运行阶段"。数据库设计的步骤如图5-1所示。

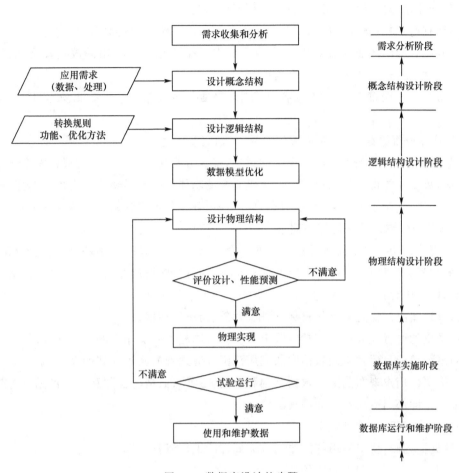

图 5-1　数据库设计的步骤

5.2　需求分析

需求分析由计算机人员(系统分析员)和用户双方共同收集数据库所需要的信息内容和用户对处理的需求,并以需求说明书的形式确定下来,作为以后系统开发的指南和系统验证的依据。需求分析是数据库设计的起点,其结果将直接影响后续阶段的设计,并影响最终的数据库系统能否被合理使用。

5.2.1　需求分析的任务

需求分析的主要任务是对现实世界要处理的对象(组织、部门、企业)等进行详细的调查,通过对原系统的了解,收集支持新系统的基础数据并对其进行处理,在此基础上确定新系统的功能。需求分析是在用户调查的基础上,通过分析,逐步明确用户对系统的需求,包括数据需求和围绕这些数据的业务处理需求。

需求分析的任务主要包括以下几项:

1.调查分析用户活动,明确用户需求

此过程对现行系统所存在的主要问题及制约因素进行分析,明确用户的需求目标,确定此目标的功能域和数据域。可以通过以下步骤实现：

(1)调查组织机构情况,包括了解该组织的部门组成情况,各部门的职能等。

(2)调查各部门的业务活动情况,包括了解各个部门输入和输出的数据及格式,如何加工处理这些数据,输入和输出的各个部门等。

(3)协助用户明确对新系统的各种要求,包括信息要求、处理要求、安全性与完整性要求。

2.收集和分析数据,确定新系统的边界,考虑可扩展性

收集各种数据后,和用户进行充分的讨论,确定哪些功能由计算机完成或将来准备让计算机完成,哪些功能由人工完成。由计算机完成的功能就是新系统应该实现的功能,即确定好新系统的边界,对系统功能、系统数据进行分析,并充分考虑新系统对后续的可扩展性。

3.整理文档,编写需求规格说明书

需求规格说明书是对需求分析阶段的一个总结,其编写是一个不断反复、逐步深入和逐步完善的过程。由用户、领导和专家共同评审,作为各个阶段的主要依据。需求规格说明书主要包括以下内容：

(1)系统概况。描述系统的目标、范围、背景、历史和现状。

(2)系统的可行性分析。包括经济上、技术上、功能上和操作上的可行性分析。

(3)系统功能目标。明确数据库的应用范围及应达到的应用处理能力。

(4)标明各用户视图范围。根据结构和职能关系图、数据流程图和管理目标与功能相关表等,确定不同部门或功能的局部视图范围。

(5)应用处理过程需求说明。

①数据流程图,反映应用部门原始业务处理的工作流程。

②任务分类表,标明不同任务的功能及使用情况。

③数据操作特征表,标明任务与数据间联系及不同数据的不同操作特征与执行频率。

④操作过程说明书,标明各任务的主要逻辑执行步骤及程序编制的有关说明。

(6)数据字典。包括数据分类表、数据元素表、各类原始资料,即收集所有单据、报表、文件及设计所需的原始资料,并根据数据分类表的数据标识统一分类编号。

(7)数据量。

(8)数据约束。指对数据的特殊要求：

①数据的安全保密性。

②数据的完整性,指数据正确性的约束范围、验证准则和一致性保护的要求。

③数据的响应时间,指某些特定应用要求的数据存取时间限制。

④数据恢复,指转储及恢复的时间与范围等要求。

5.2.2 需求分析的方法

在收集用户需求时,常用的调查方式可以采用跟班作业、开调查会、专人介绍、询问、设计调查表和查阅记录等方式。

了解用户的需求后,还需要进一步分析和抽象用户的需求,使其转换为后续各设计阶段可用的形式。在众多分析和表达用户需求的方法中,结构化分析方法(Structured Analysis,

SA)是一个简单实用的方法。SA方法从最上层的系统组织机构入手,采用自顶向下、逐层分解的方式分析系统,用数据流图(Data Flow Diagram,DFD)、数据字典(Data Dictionary,DD)描述系统。

1.使用数据流图分析信息处理过程

数据流图是软件工程中专门描绘信息在系统中流动和处理过程的图形化工具。因为数据流图是逻辑系统的图形表示,即使不是专业的计算机技术人员也容易理解,所以是极好的交流工具。

数据流图中主要元素有以下几种:

→:数据流。数据在系统内传播的路径,因此由一组成分固定的数据项组成。如订票单由旅客姓名、年龄、单位、身份证号、日期、目的地等数据项组成。由于数据流是流动中的数据,所以必须有流向,除了与数据存储之间的数据流不用命名外,数据流应该用名词或名词短语命名。

□:数据源(终点)。代表系统之外的实体,可以是人、物或其他软件系统。

○:对数据的加工(处理)。对数据进行处理的单元,它接收一定的数据输入,对其进行处理,并产生输出。

═:数据存储。表示信息的静态存储,可以代表文件、文件的一部分、数据库的元素等。

具体数据流图元素如图5-2所示。

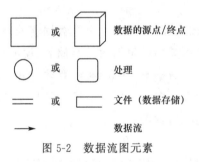

图5-2 数据流图元素

数据流图是有层次之分的,层次越高的数据流图表现的业务逻辑越抽象,层次越低的数据流图表现的业务逻辑则越具体。在SA方法中,可以把任何一个系统都抽象为如图5-3所示的形式。它是最高层次抽象的系统概貌,要反映更详细的内容,可将处理功能分解为若干子功能,每个子功能还可继续分解,直到把系统工作过程表示清楚为止。在处理功能逐步分解的同时,它们所用的数据也逐级分解,形成若干层次的数据流图。数据流图表达了数据和处理过程的关系。

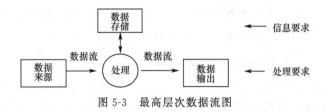

图5-3 最高层次数据流图

在SA方法中,处理过程的处理逻辑常常借助判定表或判定树来描述,而系统中的数据则是借助数据字典来描述。

2.使用数据字典记录系统中各类数据描述

对数据库设计来说,数据字典是进行数据收集和数据分析所获的主要成果,是对系统中数据的详细描述,是各类数据结构和属性的清单。

数据字典通常包括数据项、数据结构、数据流、数据存储和处理过程五个部分。

(1)数据项

数据项是不可再分的数据最小单位,其描述通常包括数据项名、含义说明、别名、类型、长度、取值范围、与其他数据项的关系等。其中,取值范围、与其他数据项的关系定义了数据的完整性约束条件,是设计数据检验功能的依据。

(2)数据结构

数据结构是有意义的数据项集合,反映了数据之间的组合关系。一个数据结构可以由若干个数据项组成,也可以由若干个数据结构组成,或由若干个数据项和数据结构混合组成。其描述包括数据结构名、含义说明,这些内容组成数据项名或数据结构。

(3)数据流

数据流可以是数据项,也可以是数据结构,它表示某一处理过程中数据在系统内传输的路径。其描述包括数据流名、说明、数据流来源、数据流去向,这些内容组成数据项或数据结构、平均流量、高峰期流量。

(4)数据存储

数据存储是数据结构停留或保存的地方,也是数据流的来源和去向之一。可以是手工凭证、手工文档或计算机文件。其描述包括数据存储名、说明、输入数据流、输出数据流,这些内容组成数据项或数据结构、数据量、存取频度、存取方式。其中,存取频度是指每天(或每小时、每周)存取几次、每次存取多少数据等信息。存取方式是指批处理或者联机处理;检索还是更新;顺序检索还是随机检索等。

(5)处理过程

处理过程的具体处理逻辑通常用判定表或判定树来描述,数据字典只用来描述处理过程的说明性信息。处理过程包括处理过程名、说明、输入数据流、输出数据流和处理(简要说明)。

最终形成的数据流图和数据字典,是进行下一步概念结构设计的基础。

5.3 概念结构设计

概念结构设计的目标是产生反映企业组织信息需求的数据库概念结构,即概念模式。概念模式独立于计算机硬件结构,独立于支持数据库的DBMS。

5.3.1 概念结构设计的重要性及特点

在早期的数据库设计中,概念结构设计并不是一个独立的设计阶段,当时的设计方式是在需求分析之后,直接把用户需求信息中的数据存储格式转换成DBMS能处理的数据库模式。这样,注意力往往被牵扯到更多的细节限制方面,而不能集中在最重要的信息组织结构和处理模式上。因此在设计依赖于具体 DBMS 的模式后,当外界环境发生变化时,设计结果就难以适应这个变化。为了改善这种状况,在需求分析和逻辑设计之间增加了概念结构设计阶段。

此时,设计人员仅从用户角度看待数据及处理需求和约束,而后产生一个反映用户观点的概念模型。概念模型不含具体的 DBMS 所附加的技术细节,更容易为用户所理解,更准确反映用户的信息需求;概念模型将概念设计从设计过程中独立开来,可以使数据库设计各阶段的任务相对单一化,得以有效控制设计的复杂程序,便于组织管理;概念模型能充分反映现实世界中实体间的联系,又是各种基本数据模型的共同基础,同时也容易向现在普遍使用的关系模型转换;概念模型不受特定的 DBMS 的限制,也独立于存储安排和效率方面的考虑,因而比逻辑模型更为稳定。

概念模型是设计数据库逻辑结构的基础,因此概念模型必须具有以下特点:

(1)语义表达能力丰富。可以真实、充分地反映现实世界;能表达用户的各种需求,是现实世界的真实模型。

(2)易于交流和理解。概念模型的表达更自然、直观易懂,是 DBA、设计人员和用户之间交流的主要界面。

(3)易于修改和扩充。随着用户需求和现实世界的变化,概念模型要能灵活地进行修改适应。

(4)易于向关系、网状、层次等各种数据模型转换。

人们提出了很多概念模型,其中 E-R 模型是最著名、最实用的一种概念模型。它将现实世界的信息结构统一用属性、实体及它们之间的联系来进行描述。

5.3.2 概念结构设计的方法和步骤

1.概念结构设计的方法

设计概念结构通常有以下几种方式:

(1)自顶向下。首先定义全局概念结构的框架,然后逐步细化,如图 5-4(a)所示。

(2)自底向上。首先定义各局部应用的概念结构,然后将它们集成起来,得到全局概念结构,如图 5-4(b)所示。

(3)逐步扩张。首先定义最重要的核心概念结构,然后向外扩充,以滚雪球的方式逐步生成其他概念结构,直至全局概念结构,如图 5-4(c)所示。

(4)混合策略。将自顶向下和自底向上相结合,用自顶向下策略设计一个全局概念结构的框架,以它为骨架集成由自底向上策略中设计的各局部概念结构。

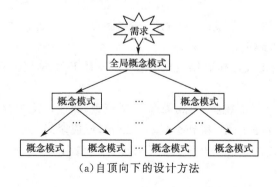

(a)自顶向下的设计方法

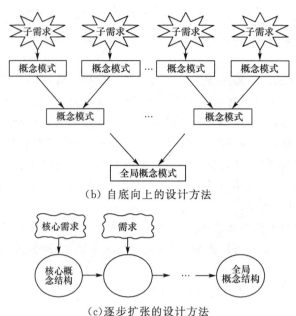

（b）自底向上的设计方法

（c）逐步扩张的设计方法

图 5-4　概念结构设计方法

目前概念结构设计最常用的策略是自底向上的方法。即自顶向下分析需求,然后再自底向上地设计概念结构,如图 5-5 所示。

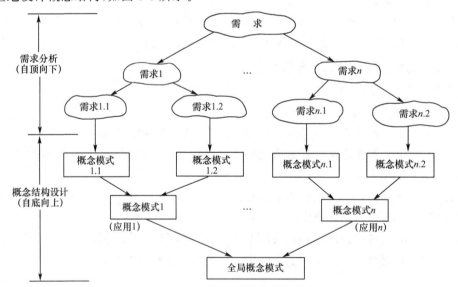

图 5-5　自顶向下分析需求和自底向上设计概念结构

2.概念结构设计的步骤

在此只介绍自底向上设计概念结构的方法,以设计 E-R 模型为例,其步骤通常包括以下几步,如图 5-6 所示。

(1)抽象数据并设计局部视图,得到局部 E-R 模型,即设计用户视图。

(2)集成各个局部 E-R 模型,得到全局概念结构,形成全局 E-R 模型,即视图集成。

(3)评审。用户、DBA 及应用开发人员需要对全局概念结构(全局 E-R 模型)进行评审。

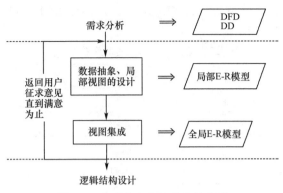

图 5-6　自底向上方法的设计步骤

5.3.3　使用 E-R 模型进行概念结构设计

介绍 E-R 模型之前,先了解下三个世界及其相关概念。

(1)现实世界。即客观存在的世界。现实世界中存在着各种事物及事物之间的联系,每个事物都有它自身的特征或性质,人们总是选择感兴趣的、最能表示一个事物的若干特征来描述该事物。例如,要描述一种商品,常选用商品编号、商品名称、商品类型、型号、库存量、单价等来描述,通过这些特征,就能区分不同的商品。现实世界中,事物之间也是相互联系的,而人们也只会选择感兴趣的联系。例如,购物系统中,客户购买商品这个联系表示的是客户和商品之间的联系。

(2)信息世界。信息世界是将现实世界的事物及事物间的联系经过分析、归纳和抽象,形成信息。人们再将这些信息进行记录、整理、归类和格式化后,就构成了信息世界。实体、属性、实体型、码、域、联系均属于信息世界的概念,后续介绍 E-R 模型时将详细介绍其相关概念。

(3)计算机世界。计算机世界是信息世界中信息的数据化,就是将信息用字符和数值等数据表示,便于存储在计算机中并由计算机进行识别和处理。计算机世界中,常涉及的概念有以下几个:

①字段(Field)。标记实体属性的命名单位称为字段。字段和信息世界的属性相对应,字段的命名也经常和属性名相同。例如,客户有客户编号、姓名、性别、地址、邮编和电话等字段。

②记录(Record)。字段的有序集合称为记录。通常用一个记录描述一个实体。因此,记录也可以定义为能完整地描述一个实体的字段集。例如,一个客户(44000001,李琦,女,广州市天河区中山大道中 89 号,510660,13802088889,20)为一个记录。

③文件(File)。同一类记录的集合称为文件。文件是用来描述实体集的。例如,所有客户的记录组成了一个客户文件。

④关键字(Key)。能唯一标识文件中每个记录的字段或字段集,称为记录的关键字,或简称主键。例如,客户文件中,客户编号可以唯一标识每一个客户记录,因此,客户编号可以作为客户记录的关键字。

在计算机世界中,信息模型被抽象为数据模型,实体型内部的联系抽象为同一记录内部各字段间的联系,实体型之间的联系抽象为记录与记录之间的联系。

现实世界是信息之源,是设计数据库的出发点,实体模型和数据模型是现实世界事物及其联系的两级抽象,而数据模型是实现数据库系统的根据。综上所述,可总结出三个世界中各术语的对应关系,见表5-1。

表 5-1　　　　　　　　三个世界中各术语的对应关系

现实世界	信息世界	计算机世界
事物总体	实体集	文件
事物个体	实体	记录
特征	属性	字段
事物之间的联系	实体模型	数据模型

1.E-R 模型

E-R 模型是实体联系模型,也称 E-R 图,是被广泛采用的概念模型设计方法。

E-R 模型的基本元素包括实体、联系和属性,接下来分别介绍。

(1)实体

实体(Entity)是一个数据对象,是指应用中客观存在并可相互区别的事物。实体可以为具体的人、事、物,如一个客户、一种商品、一本书等;也可以是抽象的事件,如一场比赛、一次订购商品等。

同一类实体构成实体集(Entity Set),如所有客户、所有商品等。实体的特征用实体型(Entity Type)来表示。实体型是对实体集中实体的定义,是用实体名及其属性名集合来抽象和刻画同类的实体。实体值是集合中个体的属性内容,即在结构约束下的取值,是型的一个具体赋值。

由于实体、实体类型等概念的区分在转换成数据库的逻辑设计时才要考虑,因此在不引起混淆的情况下,一般将实体、实体型等概念统称为实体。E-R 模型中提到的实体往往是指实体型。

在 E-R 模型中,实体用矩形框表示,矩形框内注明实体的命名,如图5-7所示。

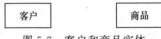

图 5-7　客户和商品实体

(2)属性

实体所具有的某一特性称为属性(Attribute)。一个实体可以由若干个属性共同来刻画。例如:客户有编号、姓名、性别、地址、邮编、电话等属性。在一个实体中,唯一标识实体的属性集称为码。例如,客户的编号就是客户实体的码,而客户实体的姓名属性有可能重名,则不能作为客户实体的码。属性的取值范围称为该属性的域。

在 E-R 模型中,属性用椭圆形框表示,框内注明属性名称,并用无向边将其与相应的实体相连,如图5-8所示。

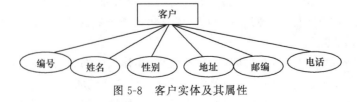

图 5-8　客户实体及其属性

（3）联系

现实世界中,事物内部以及事物之间的联系在信息世界中反映为实体内部的联系和实体型之间的联系。单个实体型内部的联系通常是指组成实体的各属性之间的联系,实体型之间的联系通常是指不同实体集之间的联系。可分为两个实体型之间的联系以及两个以上实体型之间的联系。

两个实体型之间的联系可以分为以下几种类型:

①一对一联系(1:1)

对于实体集 A 中的每一个实体,实体集 B 中至多有一个实体与之对应,反之,实体集 B 中的每一个实体,实体集 A 中也至多有一个实体与其对应,则称实体集 A 和实体集 B 具有一对一的联系,记为 1:1。

例如,班级和班长的联系。每个班级都只有一个班长,而这个班长也只能在这一个班级中任职,所以班级与班长之间具有一对一的联系,

②一对多联系(1:n)

对于实体集 A 中的每一个实体,实体集 B 中有 n 个实体($n \geqslant 0$)与之相对应,反之,实体集 B 中的每一个实体,实体集 A 中至多只有一个实体与其对应,则称实体集 A 和实体集 B 具有一对多的联系,记为 1:n。

例如,班级和学生的联系。每个班级包含若干个学生,但每个学生只能属于一个行政班级,所以班级和学生之间具有一对多的联系。

③多对多联系($m:n$)

对于实体集 A 中的每一个实体,实体集 B 中有 n 个实体($n \geqslant 0$)与之相对应,反之,对于实体集 B 中的每一个实体,实体集 A 中也有 n 个实体($n \geqslant 0$)与其对应,则称实体集 A 和实体集 B 具有多对多的联系,记为 $m:n$。

例如,学生和课程的联系。每个学生可以同时选修多门课程,而每门课程同时也可以被多个学生选修,所以学生和课程具有多对多的联系。

在 E-R 模型中,联系用菱形框表示,框内注明联系名称,并用无向边与有关实体相连,同时在无向边的一侧标上联系的类型,即 1:1、1:n 或 $m:n$,如图 5-9 所示。

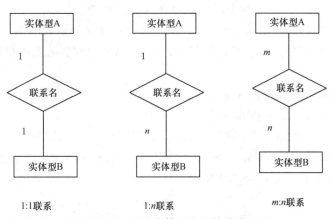

图 5-9　两个实体型之间的联系

班级与班长的联系,班级和学生的联系,学生和课程的联系可以表示为如图 5-10 所示。

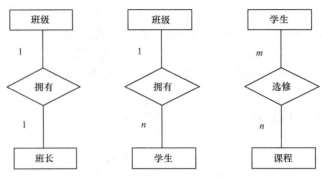

图 5-10 示例联系表示

以上介绍的是两个实体型之间的联系,但在实际应用中,两个以上实体型之间也会存在一对一、一对多和多对多的联系。

例如,课程、教师与参考书三个实体型之间的联系,若一门课程可以有若干个教师讲授,使用若干本参考书,而每一个教师只讲授一门课程,每一本参考书只供一门课程使用,则课程、教师与参考书三个实体型之间的联系是一对多的联系,如图 5-11(a)所示。

供应商、项目与零件三个实体型之间的联系,若一个供应商可以供给多个项目多种零件,而每个项目可以使用多个供应商供应的零件,每种零件可由不同供应商供给,则供应商、项目与零件三个实体型之间的联系是多对多的联系,如图 5-11(b)所示。

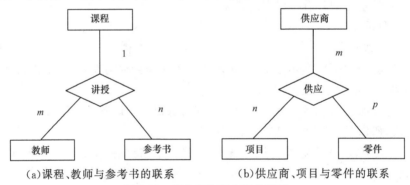

(a)课程、教师与参考书的联系　　　　(b)供应商、项目与零件的联系

图 5-11 多个实体型之间的联系

E-R 模型的基本思想就是用矩形框、椭圆形框和菱形框分别表示实体型、属性和联系,使用无向边将属性与其相应的实体连接起来,并将联系分别和有关实体相连接,标明联系的类型。

2.E-R 模型设计概念结构的步骤

(1)数据抽象与局部 E-R 模型设计

概念结构实际上是对现实世界的一种抽象。抽象是对实际的人、物、事和概念中抽取所关心的共同特性,忽略非本质的细节,并把这些特性用各种概念精确地加以描述,构成概念模型。

常用的数据抽象有分类和聚集两种。

①分类

分类(Classification)定义某一类概念作为现实世界中一组对象的类型,将一组具有某些共同的特性和行为的对象抽象为一个实体。对象和实体之间是“is member of”的关系。在 E-R 模型中,实体型就是这种抽象。例如,客户订购系统中,“陈冬”是一名客户,表示“陈冬"是客户中的一员,他具有客户共同的特性和行为。

②聚集

聚集(Aggregation)定义某一类型的组成成分,将对象类型的组成成分抽象为实体的属性。组成成分和对象类型之间是"is part of"的关系。在 E-R 模型中若干属性的聚集组成了实体型,就是这种抽象。例如,客户编号、姓名、性别、地址、邮编和电话等可以抽象成客户实体的属性,其中客户编号是标识客户实体的主键。

E-R 模型设计概念结构首先需要根据需求阶段得到的多层数据流图、数据字典和需求说明书,根据现实世界进行抽象,设计出局部 E-R 模型。设计局部 E-R 模型的关键就是正确划分实体和属性。实体和属性之间在形式上并无可以明显区分的界限,通常是按照现实世界中事物的自然划分来定义实体和属性,将现实世界中的事物进行数据抽象,得到实体和属性,并分析出实体与实体之间的联系。

数据抽象后得到了实体和属性,但实际应用中,往往还要根据实际情况进行必要的调整。在调整中需要遵循以下原则:

①实体具有描述信息,而属性没有。属性必须是不可分的数据项。

②属性不能与其他实体具有联系,联系只能发生在实体之间。

下面举例说明局部 E-R 模型的设计。

在简单的商品订购系统中,有如下语义约定:

①每个客户可以订购多种商品,每种商品也可以同时被多个客户订购。因此,客户和商品之间是多对多的联系。

②每种商品可以被多个供应商提供,每个供应商也可以提供多种商品。因此,供应商和商品之间是多对多的联系。

③每种商品只能属于一种商品类型,但一种商品类型包括很多商品。因此,商品类型和商品之间是一对多的联系。

根据以上描述,可以得到如图 5-12 所示的客户订购商品局部 E-R 模型和如图 5-13 所示的供应商供应商品局部 E-R 模型。

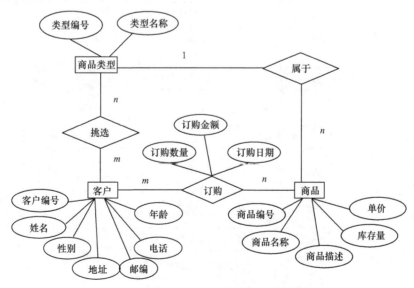

图 5-12　客户订购商品局部 E-R 模型

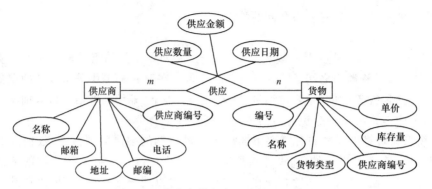

图 5-13　供应商供应商品局部 E-R 模型

得到局部 E-R 模型后,还需要和用户进行反复沟通确认。

(2)全局 E-R 模型设计

各个局部 E-R 模型即局部视图设计好后,还需要对它们进行合并,集成为一个整体的数据概念结构即全局 E-R 模型,即视图集成。

视图集成的方法主要有两种:

①多元集成法。一次性将多个局部 E-R 模型合并为一个全局 E-R 模型,如图 5-14(a)所示。

②二元集成法。首先集成两个重要的局部 E-R 模型,之后用累加的方法逐步将一个新的 E-R 模型集成进来,如图 5-14(b)所示。

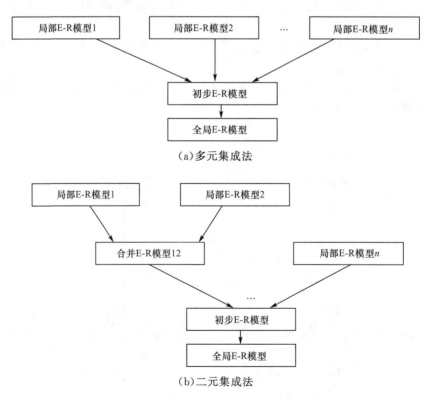

图 5-14　局部 E-R 模型合并成全局 E-R 模型图

在实际应用当中,可根据系统的复杂程度来选择这两种方法。若局部 E-R 模型较简单,则可以使用多元集成法。一般情况下都采用二元集成法,每次只综合两个 E-R 模型,可降低难度。不管采用哪种方法,视图集成均分为两个步骤,如图 5-15 所示。

①合并。合并局部 E-R 模型,解决各个局部 E-R 模型之间的冲突,生成初步 E-R 模型。

②优化。消除不必要的冗余,修改和重构,生成基本 E-R 模型。

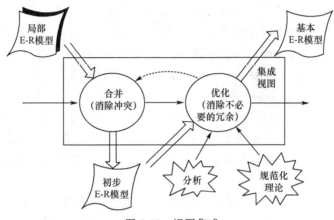

图 5-15　视图集成

首先,合并局部 E-R 模型,生成初步 E-R 模型。

各个局部 E-R 模型设计时所面向的客户不同、着重点不同,且通常也是由不同的设计人员进行局部 E-R 模型设计,这也导致了各个局部 E-R 模型设计之间存在很多不一致的地方,称为冲突。因此合并局部 E-R 模型设计时并不能简单地将各个局部 E-R 模型凑到一起,而是必须合并后且消除各个局部 E-R 模型中不一致性,以形成一个能为全系统中所有用户共同理解和接受的完整、一致且统一的概念模型,支持所有的局部 E-R 模型。

E-R 模型的冲突主要包含三种:属性冲突、命名冲突和结构冲突。

①属性冲突。属性冲突又包括属性域冲突和属性取值单位冲突。属性域冲突主要指属性值的类型、取值范围或取值集合不同。例如,商品编号有的定义为字符型,有的定义为整型。属性取值单位冲突主要指相同属性的度量单位不一致。例如,重量有的用公斤为单位,有的用克为单位。

②命名冲突。主要指属性名,实体名,联系名之间的冲突。主要有两类:同名异义,即不同意义的对象具有相同的名字,例如,"单位"在某些部门表示人员所在的部门,而在某些部门却可能表示物品的重量或长度单位;异名同义,即同一意义的对象具有不同的名字,例如,客户订购商品信息中称为"商品",在供应商供应商品信息中可能被称为"货物"。

解决属性冲突和命名冲突比较容易,只需通过讨论,协商一致即可。

③结构冲突。结构冲突又包括以下几种情况:

● 同一对象在不同应用中具有不同的抽象,即不同的概念表示结构。如在一个概念模式中被表示为实体,而在另一个模式中被表示为属性。例如,"商品类型"在某局部应用中被当作属性,在另一局部应用中被当作实体。解决这种冲突的方法通常是把属性变换为实体,或把实体转换为属性,如何转换要具体问题具体分析。

● 同一实体在不同的局部 E-R 模型中所包含的属性个数和属性的排列次序不完全相同。解决这种冲突的方法是让该实体的属性为各局部 E-R 模型中的属性的并集,并调整好属性的次序。

● 实体之间的联系在不同局部视图中呈现不同的类型。例如,实体 E1 和 E2 在某一局部应用中为一对一的联系,而在另一局部应用中可能是一对多或者多对多的联系。解决这种冲突的方法是根据应用的语义对实体联系的类型进行综合或者调整。

下面以商品订购系统为例,将客户订购商品局部 E-R 模型和供应商供应商品局部 E-R 模型进行合并,来说明如何消除各个局部 E-R 模型之间的冲突。

①这两个局部 E-R 模型存在命名冲突。客户订购商品局部 E-R 模型中的实体"商品",和供应商供应商品局部 E-R 模型中的实体"货物",所指的都是一个意思,即异名同义,合并后统一修改为"商品",其"商品编号""商品名称"等属性也进行统一。

②这两个局部 E-R 模型还存在结构冲突。"商品类型"在客户订购商品局部 E-R 模型中为实体,而在供应商供应商品局部 E-R 模型中为属性,合并后被设计为实体;客户订购商品局部 E-R 模型中的实体"商品"的属性,和供应商供应商品局部 E-R 模型中实体"货物"的属性组成不同,合并后统一修改为实体"商品",其属性为两个局部 E-R 模型实体属性的并集。

解决以上冲突后,将两个局部 E-R 模型进行合并,生成初步全局 E-R 模型,如图 5-16 所示。

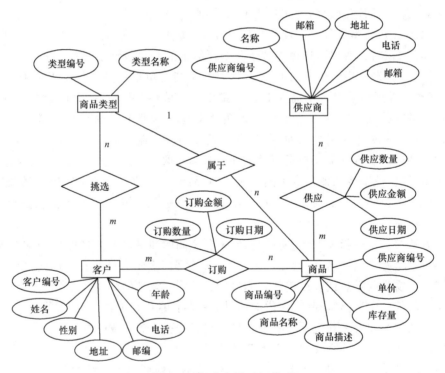

图 5-16　初步全局 E-R 模型

其次,对初步 E-R 模型进行优化,消除不必要的冗余,设计基本 E-R 模型。

优化全局 E-R 模型有助于提高数据库系统的效率,可从以下几个方面考虑进行优化:

①合并相关实体,尽可能减少实体个数。

②消除冗余。在合并后的 E-R 模型中,可能存在冗余属性与冗余联系。这些冗余属性

与冗余联系容易破坏数据库的完整性,增加存储空间,增加数据库的维护代价,除非因为特殊需要,一般要尽量消除。消除冗余主要采用分析方法,以数据字典和数据流图为依据,根据数据字典中关于数据项之间逻辑关系的说明来消除冗余。此外,还可利用规范化理论中函数依赖的概念(详见第 4 章)来消除冗余。

需要说明的是,并不是所有的冗余属性与冗余联系都必须消除,有时为了提高效率,就要以冗余信息作为代价。因此,在设计数据库概念结构时,哪些冗余信息必须消除,哪些冗余信息允许存在,需要根据用户的整体需求来确定。

如图 5-16 所示的初步全局 E-R 模型中,"商品"实体中的属性"供应商编号"可以通过"供应商"和"商品"之间的联系"供应"推导出,所以"商品"实体中的属性"供应商编号"属于冗余数据,可以删除。另外,"客户"与"商品类型"之间的联系"挑选"可以通过"客户"和"商品"之间的联系"订购","商品"和"商品类型"之间的联系"属于"推导出来,所以"挑选"属于冗余联系。

因此,将图 5-16 的初步全局 E-R 模型中去掉冗余属性和冗余联系,可以得到基本全局 E-R 模型,如图 5-17 所示。

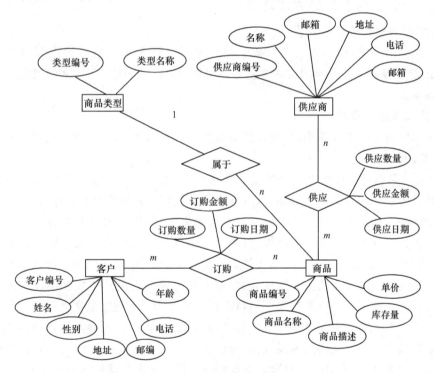

图 5-17 基本全局 E-R 模型

(3)评审全局 E-R 模型设计

设计好基本的 E-R 模型后,概念结构设计的最后一步就是把全局结构提交评审。评审分为用户评审、DBA 及应用开发人员评审两部分。用户评审的重点是确认全局概念模式是否准确完整地反映了用户的信息需求,是否符合现实世界事物属性间的固有联系;DBA 及应用开发人员评审则侧重于确认全局结构是否完整,各种成分划分是否合理,是否存在不一致性以及各种文档是否齐全等。

评审通过之后，才能进入下一个阶段的设计工作。

5.4 逻辑结构设计

5.4.1 逻辑结构设计的任务

概念结构设计阶段的概念模型是独立于任何一种数据模型的信息结构，且独立于任何的 DBMS。而数据库的逻辑结构设计的主要任务是将在概念结构设计阶段设计好的概念模型转换为具体的 DBMS 支持的数据模型。由于目前使用的数据库大部分都是关系数据库，因此逻辑结构设计首先需要将 E-R 模型转换为关系模型，然后根据具体 DBMS 的特点和限制转换为特定的 DBMS 支持下的数据模型，最后进行优化。这一阶段也是数据库设计的重要阶段。

接下来以关系模型为例，介绍逻辑结构设计的方法及步骤，主要包括两个步骤：E-R 模型向关系模型的转换和关系模型的优化。

5.4.2 逻辑结构设计的方法及步骤

1.E-R 模型向关系模型的转换

进行数据库的逻辑设计，首先要将概念设计中所得的 E-R 模型转换成等价的关系模式。将 E-R 模型转换为关系模型实际上就是将实体、实体的属性和实体之间的联系转化为对应的关系模式。

（1）实体和属性的转换

一个实体转换为一个关系模式，实体的属性就是关系的属性，实体的键就是关系的键。

（2）联系的转换

①一个 1:1 联系可以转换为一个独立的关系模式，也可以与任意一端实体所对应的关系模式合并。若两个实体的属性较多，且合并后会造成较大数据冗余和操作异常，则可转换成一个独立的关系模式。如果转换为一个独立的关系模式，则与该联系相连的各实体的键以及联系本身的属性转换为关系的属性，每个实体的键均可以作为该关系的键。若每个实体的属性数较少，而联系的属性与两个实体之一关系又较密切，则采用合并方式。如果是与联系的任意一端实体所对应的关系模式合并，则需要在该关系模式的属性中加入另一个实体的键和联系本身的属性。一般情况下，1:1 联系不转换为一个独立的关系模式。

②一个 1:n 联系可以转换为一个独立的关系模式，也可以与 n 端实体所对应的关系模式合并。若转换为一个独立的关系模式，则与该联系相连的各实体的键以及联系本身的属性转换为关系的属性，n 端实体的键为该关系的键。若与 n 端实体所对应的关系模式合并，则 n 端实体的键为该关系的键。一般情况下，1:n 联系也不转换为一个独立的关系模式。

例如，对于如图 5-17 所示的 E-R 模型中的商品类型与商品属于 1:n 联系，该联系如果与 n 端实体商品所对应的关系模式合并，则只需将商品关系模式修改为：

商品（商品编号，商品名称，商品描述，库存量，单价，商品类型编号），其中商品编号为主键，商品类型编号为引用商品类型的外键。

③一个 m:n 联系必须要转换为一个独立的关系模式，与该联系相连的各实体的键以及联系本身的属性转换为关系的属性，该关系的键为各实体键的组合或者另外增加键。

例如,对于如图 5-17 所示的 E-R 模型中的客户与商品的订购联系属于 $m:n$ 联系,需转换为如下的一个独立的关系模式:

客户订购商品(客户编号,商品编号,订购金额,订购数量,订购日期),其中客户编号、商品编号和订购日期的组合为主键,客户编号为引用客户的外键,商品编号为引用商品的外键,或者可以另外增加一个新的主键"订单编号",形成以下关系模式:

客户订购商品(订单编号,客户编号,商品编号,订购金额,订购数量,订购日期)。

④三个或三个以上实体间的一个多元联系可以转换为一个关系模式,与该多元联系相连的各实体的键以及联系本身的属性均转换为该关系的属性,关系的键为各实体键的组合。

此外,具有相同键的关系模式可以合并。上述 E-R 模型向关系模型的转换原则为一般原则,对于具体问题还要根据其特殊情况进行特殊处理。

以如图 5-17 所示的订购系统基本 E-R 模型为例,按照上述转换原则,可以转换成以下关系模式:

客户(客户编号,姓名,性别,地址,邮编,电话,年龄)

商品(商品编号,商品名称,商品描述,库存量,单价,商品类型编号)

客户订购商品(订单编号,客户编号,商品编号,订购金额,订购数量,订购日期)

供应商(供应商编号,名称,电话,邮箱,地址,邮编)

供应商供应商品(供应编号,供应商编号,商品编号,供应数量,供应金额,供应日期)

商品类型(商品类型编号,商品类型名称)

其中,有下划线的属性为主键。

在 E-R 模型向关系模式的转换中可能涉及命名和属性域的处理、非原子属性的处理、弱实体的处理等问题。

(1)命名和属性域的处理。关系模式的命名,可以采用 E-R 模型中原来的命名,也可以另行命名。命名应有助于对数据的理解和记忆,同时应尽可能避免重名。DBMS 一般只支持有限的几种数据类型,而 E-R 模型不受限制。如果 DBMS 不支持 E-R 模型中某些属性的域,则应做相应的修改。

(2)非原子属性的处理。E-R 数据模型中允许非原子属性,而关系要满足的四个条件中的第一条就是关系中的每一列都不可再分。因此,在转换前必须先把非原子属性进行原子化处理。

(3)弱实体的处理。一个实体对于另一个实体具有很强的依赖联系,而且该实体主键的一部分或全部从其强实体中获得,则称该实体为弱实体。弱实体不能独立存在,它必须依附于一个所有者实体。在转换成关系模式时,弱实体所对应的关系中必须包含所有者实体的主键。

2.关系模型的优化

数据库逻辑设计的结果不是唯一的。为了进一步提高数据库应用系统的性能,还应该根据应用的需要对数据模型的结构进行适当的修改和调整,这就是数据模型的优化。关系数据模型的优化通常以规范化理论为指导,方法如下:

(1)确定范式等级,实施规范化处理

分析关系模式的函数依赖关系,确定范式等级,逐一分析各关系模式,考查是否存在部分函数依赖、传递函数依赖等关系,确定它们分别属于第几范式。确定范式级别后,逐一考察各个关系模式,根据应用要求判断它们是否满足规范要求。若不满足规范要求,则可以通过第 4 章介绍的规范化方法和理论将关系模式规范化,一般情况规范到第三范式即可。

综上所述,规范化理论在数据库设计中有如下几个方面的应用:

①在需求分析阶段,用数据依赖概念分析和表示各个数据项之间的联系。

②在概念结构设计阶段,以规范化理论为指导,确定关系键,消除初步 E-R 模型中冗余的联系。

③在逻辑结构设计阶段,从 E-R 模型向数据模型转换的过程中,用模式合并与分解的方法达到规范化级别。

(2)模式评价

关系模式的规范化是手段而不是目的,数据库设计的目的是满足最终应用需求。所以,为了进一步提高数据库应用系统的性能,还应该对规范化后产生的关系模式进行评价、改进,经过反复多次的尝试和比较,最终得到优化的关系模式。

模式评价的目的是检查所设计的数据库是否满足用户的功能与效率要求,确定加以改进的部分。模式评价包括功能评价和性能评价。

①功能评价。功能评价指对照需求分析的结果,检查规范化后的关系模式集合是否支持用户所有的应用要求。关系模式必须包括用户可能访问的所有属性。在涉及多个关系模式的应用中,应确保连接后不丢失信息。如果发现有的应用不被支持,或不完全被支持,则应改进关系模式。发生这种问题的原因可能是在逻辑结构设计阶段,也可能是在系统需求分析或概念结构设计阶段。

②性能评价。对于目前得到的数据库模式,由于缺乏物理设计所提供的数量测量标准和相应的评价手段,所以性能评价是比较困难的。只能对实际性能进行估计,包括逻辑记录的存取数、传送量以及物理设计算法的模型等。美国密执安大学的 T.Teorey 和 J.Fry 于 1980 年提出的逻辑记录访问(Logical Record Access,LRA)方法是一种常用的模式性能评价方法。LRA 方法对网状模型和层次模型较为实用,对于关系模型的查询也起一定的估算作用。

(3)模式改进

根据模式评价的结果,对已生成的模式进行改进。如果因为系统需求分析、概念结构设计的疏漏导致某些应用不能得到支持,则应该增加新的关系模式或属性。如果因为性能考虑而要求改进,则可采用合并或分解的方法。

①合并。如果有若干个关系模式具有相同的主码,并且对这些关系模式的处理主要是查询操作,而且经常是多关系的查询,那么可对这些关系模式按照使用频率进行合并。这样可以减少连接操作而提高查询效率。

②分解。为了提高数据操作的效率和存储空间的利用率,最常用和最重要的模式优化方法就是分解,根据应用的不同要求,可以对关系模式进行垂直分解和水平分解。

垂直分解是把关系的属性分解为若干子集合,每个子集合定义为一个子关系模式。垂直分解可以提高某些事务的效率,但也有可能使另一些不利因素不得不执行连接操作,从而降低了效率,因此是否要进行垂直分解要看分解后的所有事务的总效率是否得到了提高。垂直分解要保证分解后的关系具有无损连接性和函数依赖保持性。

例如,客户关系(客户编号,姓名,性别,电话,地址,邮编,年龄),若经常查询的只是前四

项,而后三项很少使用,则可以将客户关系进行垂直分解,得到两个客户关系:

客户关系 1(客户编号,姓名,性别,电话)

客户关系 2(客户编号,地址,邮编,年龄)

这样,减少了查询的数据量,提高了查询性能。

但若需要经常查询客户关系(客户编号,姓名,性别,电话,地址,邮编,年龄)中的所有属性信息,则不能使用垂直分解,否则需要对分解的两个关系进行关联操作,反而降低了性能。

水平分解是把关系的元组分为若干子集合,每个子集合定义为一个子关系模式。对于经常进行大量数据的分类条件查询的关系,可进行水平分解,这样可以减少应用系统每次查询需要访问的记录,从而提高了查询性能。例如,有商品关系(商品编号,商品名称,商品类型……),其中类型包括电器、食品和日用品等。如果查询每次只涉及其中的一类商品,则可将商品关系水平分解为电器、食品和日用品等几个关系。

经过多次的模式评价和模式改进后,最终的数据库模式得以确定。逻辑结构设计阶段的结果是全局逻辑数据库结构。对于关系数据库系统来说,就是一组符合一定规范的关系模式组成的关系数据库模型。

3.设计用户子模式

在将概念模型转换为逻辑模型后,即生成了整个应用系统的模式后,还应该根据局部应用需求,结合具体 DBMS 的特点,设计用户的子模式(也称为外模式)。

目前关系数据库管理系统一般都提供了视图概念,可以利用这一功能设计出更符合局部用户需要的用户外模式。定义数据库模式主要是从系统的时间效率、空间效率、易维护等角度出发。由于用户外模式与模式是独立的,因此在定义用户外模式时应该更注重考虑用户的习惯与方便,具体包括:

(1)使用更符合用户习惯的别名。在合并各局部 E-R 模型时,曾做了消除命名冲突的工作,以使数据库系统中同一关系和属性具有唯一的名字。这在设计整体结构时是必要的。

(2)针对不同级别的用户定义不同的外模式,以满足系统安全性的要求。

(3)简化用户对系统的使用。如果某些局部应用中经常要使用某些很复杂的查询,为了方便用户,可以将这些复杂查询定义为视图,用户每次只对定义好的视图进行查询,以便在用户使用系统时感到简单、直观、易于理解。

5.5　物理结构设计

数据库的物理设计以逻辑设计的结果作为输入,结合具体 DBMS 的特点与存储设备特性进行设计,对于给定的逻辑数据模型,选取一个最适合应用环境的物理结构。

数据库的物理结构设计分为两个部分:首先是确定数据库的物理结构,在关系数据库中主要指数据的存取方法和存储结构;其次是对所设计的物理结构进行评价,评价的重点是系统的时间和空间效率。如果评价结果满足原设计要求,则可以进入到物理实施阶段,否则,需要重新设计或修改物理结构,有时甚至要返回到逻辑结构设计阶段修改数据模型。

5.5.1　确定物理结构

确定数据库的物理结构之前,设计人员必须详细了解给定的 DBMS 的功能和特点,特别是该 DBMS 所提供的物理环境和功能;熟悉应用环境,了解所设计的应用系统中各部分的重要程度、处理频率、对响应时间的要求,并把它们作为物理设计过程中平衡时间和空间效率的依据;了解外存设备的特性,如分块原则、块因子大小的规定、设备的I/O特性等。

在对上述问题进行全面了解之后,就可以进行物理结构的设计了。物理结构设计的内容,一般来说,包括以下几个方面:

1.存储记录结构的设计

在物理结构中,数据的基本存取单位是存储记录。有了逻辑记录结构以后,就可以设计存储记录结构,一个存储记录可以和一个或多个逻辑记录相对应。存储记录结构包括记录的组成、数据项的类型和长度,以及逻辑记录到存储记录的映射。

决定数据的存储结构时需要考虑存取时间、存储空间和维护代价间的平衡。

2.存取方法的设计

存取方法是快速存取数据库中数据的技术。DBMS一般提供多种存取方法,这里主要介绍聚簇和索引两种方法。

(1)聚簇。聚簇是为了提高查询速度,将在一个(或一组)属性上具有相同值的元组集中地存放在一个物理块中。如果存放不下,可以存放在相邻的物理块中。这个(或这组)属性称为聚簇码。使用聚簇后,聚簇码相同的元组集中在一起,因而聚簇值不必在每个元组中重复存储,只要在一组中存储一次即可,因此可以节省存储空间。另外,聚簇功能可以大大提高按聚簇码进行查询的效率。

(2)索引。根据应用要求确定对关系的哪些属性列建立索引、哪些属性列建立组合索引、哪些索引要设计为唯一索引等。经常在主关键字上建立唯一索引,这样不但可以提高查询速度,还能避免关系中主键的重复录入,确保了数据的完整性。建立索引的一般原则如下:

①如果某个(或某些)属性经常作为查询条件,则考虑在这个(或这些)属性上建立索引。

②如果某个(或某些)属性经常作为表的连接条件,则考虑在这个(或这些)属性上建立索引。

③如果某个属性经常作为分组的依据列,则考虑在这个属性上建立索引。

建立多个索引文件可以缩短存取时间,提高查询性能,但会增加存放索引文件所占用的存储空间,增加建立索引与维护索引的开销。此外,索引还会降低数据修改性能。因为在修改数据时,系统要同时对索引进行维护,使索引与数据保持一致。因此在决定是否建立索引以及建立多少个索引时,要权衡数据库的操作,如果查询操作多,并且对查询的性能要求比较高,则可以考虑多建一些索引;如果数据修改操作多,并且对修改的效率要求比较高,则应该考虑少建一些索引。因此,应该根据实际需要综合考虑。

3.数据存储位置的设计

为了提高系统性能,应该根据应用情况将数据的易变部分、稳定部分、经常存取部分和存取频率较低部分分开存放。对于有多个磁盘的计算机,可以采用以下存放位置的分配方案:

(1)将表和索引分别存放在不同的磁盘上,在查询时,由于两个磁盘驱动器并行工作,可以提高物理读写的速度。

(2)将比较大的表分别放在两个磁盘上,以加快存取速度,在多用户环境下效果更佳。

（3）将备份文件、日志文件与数据库对象（表、索引等）备份等，放在不同的磁盘上。

4.系统配置的设计

DBMS 产品一般都提供系统配置变量、存储分配参数，供设计人员和 DBMS 对数据库进行物理优化。系统为这些变量设定了初始值，但这些值未必适合各种应用环境，在物理结构设计阶段，要根据实际情况重新对这些变量赋值，以满足新的要求。

系统配置变量和参数包括同时使用数据库的用户数、同时打开的数据库对象数、内存分配参数、缓冲区分配参数、存储分配参数、数据库的大小、时间片的大小、锁的数目等，这些参数值影响存取时间和存储空间的分配，在物理结构设计时要根据应用环境确定这些参数值，以改进系统性能。

5.5.2　评价和优化物理结构

由于在物理结构设计过程中需要考虑的因素很多，包括时间和空间效率、维护代价和用户的要求等，对这些因素进行权衡后，可能会产生多种物理设计方案。这一阶段需对各种可能的设计方案进行评价，并从多个方案中选出较优的物理结构。如果该结构不符合用户需求，则需要修改设计。如果评价结果满足设计要求，则可进行数据库实施。实际上，往往需要经过反复测试才能优化物理设计。

评价物理结构设计完全依赖于具体的 DBMS，评价的重点是系统的时间和空间效率，具体可分为如下几类：

（1）查询和响应时间。响应时间是从查询开始到开始显示查询结果所经历的时间。一个好的应用程序设计可以减少 CPU 时间和 I/O 时间。

（2）更新事务的开销。主要是修改索引、重写物理块或文件以及写校验等方面的开销。

（3）生成报告的开销。主要包括索引、重组、排序和显示结果的开销。

（4）主存储空间的开销。包括程序和数据所占用的空间。对数据库设计者来说，可以对缓冲区做适当的控制，包括控制缓冲区个数和大小。

（5）辅助存储空间的开销。辅助存储空间分为数据块和索引块两种，设计者可以控制索引块的大小、索引块的填充度等。

5.6　数据库实施

数据库实施是指根据逻辑设计和物理设计的结果，在计算机上建立起实际的数据库结构、装入数据、进行测试和试运行的过程。数据库实施主要包括实际数据库结构的建立及数据加载、应用程序及数据库的调试和运行、文档整理。

5.6.1　实际数据库结构的建立及数据加载

数据库实施首先需要根据 DBMS 所提供的数据定义语言（DDL）定义整个数据库结构，定好数据库结构后，就可以向数据库加载数据。组织数据入库是数据库实施阶段最主要的工作。数据加载的方法主要有人工方法和计算机辅助数据入库。

对于一些小型系统，如果加载的数据量很少，则可以使用人工方法来实现。首先必须把需要入库的数据从分散在各个部门的数据文件或原始凭证中筛选出来，再转换成符合数据库要求的数据，再将转换好的数据输入计算机中，检查输入的数据是否有误。但人工方法效率低下且容易出错。

对于数据量多的中大型系统,基本都采用计算机辅助数据入库。通常是设计一个数据输入子系统,其功能是从大量的原始数据文件中筛选、分类、综合和转换成数据库所需的数据,把原始数据加工成数据库所要求的结构形式,再装入数据库,同时采用多种检验技术检测输入数据的正确性。

如果新建数据库的数据来自已有的文件或数据库,则应注意新旧数据模式结构之间的对应关系,再将旧的数据导入新的数据库中。

目前,很多 DBMS 都提供了数据导入、导出功能。

5.6.2   应用程序及数据库的调试和运行

数据库结构创建好并加载部分数据后,需要对应用程序及数据库进行调试和运行。数据库应用程序的设计属于一般的程序设计范畴,这里主要介绍数据库试运行,也称联合调试。

数据库试运行主要工作包括:

(1)功能测试。实际运行数据库应用程序,执行对数据库的各种操作,测试应用程序的功能是否满足设计要求,如果不满足,就对应用程序部分进行修改、调整,直到达到设计要求。

(2)性能测试。测量系统的性能指标,分析是否达到设计目标,如果测试的结果与设计目标不符,则要返回物理设计阶段,重新调整物理结构,修改系统参数,某些情况下甚至要返回逻辑设计阶段,修改逻辑结构。

在此需要强调的是,首先最好分期分批组织数据入库。由于数据入库工作量太大,费时费力,所以最好分期分批地组织数据入库,先输入小批量数据供调试使用,待试运行基本合格后再输入大批量数据,逐步增加数据量,逐步完成运行评价。其次应注意数据库的转储和恢复。在数据库试运行阶段,系统还不稳定,硬、软件故障随时都可能发生,系统操作人员对新系统还不熟悉,误操作也不可避免。因此必须做好数据库的转储和恢复工作,尽量减少对数据库的破坏。

5.6.3   文档整理

在应用程序及数据库的调试与运行阶段,应将所有发现的问题的解决方法记录下来,整理成文档资料,以供后续正式运行和完善系统时参考。所有调试工作完成后,应编写好应用系统的使用说明书,在正式运行时跟系统一起交给用户。完整的文档资料是应用系统非常重要的组成部分,需引起用户和设计人员的充分注意。

5.7 数据库的运行和维护

数据库系统投入正式运行,意味着数据库的设计与开发阶段的基本结束,运行与维护阶段的开始。数据库的运行和维护是个长期的工作,是数据库设计工作的延续和提高。

在数据库运行阶段,完成对数据库的日常维护,工作人员需要掌握 DBMS 的存储、控制和数据恢复等基本操作,而且要经常性地涉及物理数据库,甚至逻辑数据库的再设计。因此数据库的维护工作仍然需要具有丰富经验的专业技术人员(主要是数据库管理员)来完成。

数据库的运行和维护阶段主要包括以下几类工作：

(1)对数据库性能的监测、分析和改善。

(2)数据库的转储和恢复。

(3)维护数据库的安全性和完整性。

(4)数据库的重组和重构。

1.对数据库性能的监测、分析和改善

在数据库运行及维护阶段,数据库管理员的日常工作需要不断对数据库进行性能检测、分析和改善。目前,许多DBMS产品都提供了监测系统性能参数的工具,DBA可以利用监测工具获取系统运行过程中一系列性能参数的值,通过仔细分析这些数据,判断当前系统是否处于最佳运行状态,若不是,则需要通过调整来进一步改进数据库性能。

2.数据库的转储和恢复

转储和恢复是系统正式运行后最重要的维护工作之一。DBA要针对不同的应用要求制定不同的转储计划,定期对数据库和日志文件进行备份。一旦发生介质故障,利用数据库备份及日志文件备份,将数据库恢复到某种一致性状态。

3.维持数据库的安全性和完整性

DBA必须根据用户的实际需要授予不同的操作权限。在数据库运行过程中,由于应用环境的变化,对安全性的要求也会发生变化,DBA需要根据实际情况修改原有的安全性控制。应用环境的变化,数据库完整性约束条件也会变化,所以DBA需要不断修正,满足用户要求。

4.数据库的重组和重构

数据库运行一段时间后,由于记录的不断增、删、改,会使数据库的物理存储变坏,从而降低数据库存储空间的利用率和数据的存取效率,使数据库的性能下降。此时数据库管理员可以改变数据库数据的组织方式,通过增加、删除或调整部分索引等方法,改善系统的性能。注意数据库的重组不能改变数据库的逻辑结构。

习 题

一、选择题

1.数据流图(DFD)是用于描述结构化方法中( )阶段的工具。

A.需求分析　　　B.概念结构设计　　　C.逻辑结构设计　　　D.物理结构设计

2.对数据库进行需求分析时,数据字典的含义是( )。

A.数据库中所涉及的属性和文件的名称集合

B.数据库所涉及的字母、字符及汉字的集合

C.数据库中所有数据的集合

D.数据库中所涉及的数据流、数据项和文件等描述的集合

3.在数据库的概念结构设计中,最常用的数据模型是( )。

A.形象模型　　　B.物理模型　　　C.逻辑模型　　　D.实体联系模型

4.E-R模型中,用属性描述实体的特征,属性在E-R图中用( )表示。

A.矩形　　　B.四边形　　　C.菱形　　　D.椭圆形

5.在关系数据库设计中,设计关系模式是( )的任务。

A.需求分析阶段　　　　B.概念设计阶段　　　　C.逻辑设计阶段　　　　D.物理设计阶段

6.当局部 E-R 模型合并成全局 E-R 模型时可能出现冲突,不属于合并冲突的是（　　）。

A.属性冲突　　　　　B.语法冲突　　　　　C.结构冲突　　　　　D.命名冲突

7.从 E-R 模型导出关系模式时,如果两个实体间的联系是 $m:n$,下列说法中正确的是（　　）。

A.将 m 方的码和联系的属性放到 n 方的属性中

B.将 n 方码和联系的属性放到 m 方的属性中

C.在 m 方属性和 n 方属性中均增加一个表示级别的属性

D.增加一个关系表示联系,其中放入 m 方和 n 方的码

8.下列属于数据库物理设计工作的是（　　）。

A.将 E-R 模型转换为关系模式　　　　　　B.选择存取路径

C.建立数据流图　　　　　　　　　　　　D.收集和分析用户活动

二、简答题

1.数据库设计分为哪几个阶段? 每个阶段的主要任务是什么?

2.概念结构设计的方法有哪些? 自底向上的方法包含哪些步骤?

3.概念结构设计中,集成各局部 E-R 模型形成全局 E-R 模型的方法有哪些?

三、设计题

1.某公司建立企业数据库,其中包含如下信息:

职工:职工号、姓名、性别、年龄。

部门:部门号、部门名、经理。

产品:产品号、产品名称、规格、单价。

制造商:制造商名、地址、电话。

每个部门有多名职工,每名职工只能属于一个部门;每个部门有一个经理,他是职工中的一员;每个部门销售多种产品,每种产品只能由一个部门销售;每种产品可由多个制造商生产,每个制造商也可以生产多种产品。

根据上面叙述,解答下列问题:

(1)根据以上需求设计出整个数据库的 E-R 模型。

(2)将 E-R 模型转换成关系数据模型,并指出每一个关系的主码和外码(如果存在)。

2.某学校创建科研管理系统,需求情况如下:

系:包括系号、系名。每个系有多名教师。

教师:包括教师号、姓名、性别、职称。

简历:包括起始时间、终止时间、工作单位、职务。

项目:包括项目号、项目名称、来源、经费、负责人。每名教师可参加多个项目,每个项目也可由多名教师参加。

根据上面叙述,解答下列问题:

(1)设计 E-R 模型,要求标注连通词,可省略属性。

(2)将 E-R 模型转换成关系数据模型,并指出每一个关系的主码、外码(如果存在)。

(3)用 SQL 语言写出创建教师信息表的语句,要求包含主码、外码(如果存在)定义。

第6章 数据库安全保护

本章重点

- 理解数据库安全性控制含义，掌握数据库安全性控制方法；
- 理解数据库的完整性控制；
- 理解事务的概念，掌握数据库并发控制的方法；
- 掌握数据库备份及恢复的原理和技术。

数据库在各种信息系统中得到广泛的应用，数据在信息系统中的价值越来越重要，数据库系统的安全与保护成为一个越来越值得重点关注的方面。数据库系统中的数据由 DBMS 统一管理与控制，为了保证数据库中数据的安全、完整和正确有效，要求对数据库实施保护，使其免受某些因素对其中数据造成的破坏。本章主要从安全性控制、完整性控制、事务和并发性控制、数据库的备份与恢复等方面详细介绍数据库的安全保护方法。

6.1 数据库的安全性控制

数据库系统的安全保护措施是否有效是数据库系统主要的性能指标之一。一般来说，对数据库的破坏主要来自以下几个方面：

(1)非法用户

非法用户是指那些未经授权而恶意访问、修改甚至破坏数据库的用户，包括那些超越权限来访问数据库的用户。非法用户对数据库的危害相当严重。

(2)非法数据

非法数据是指那些不符合规定或语义要求的数据，一般由用户的误操作引起。

(3)多用户的并发访问

数据库是共享资源，允许多个用户并发访问(Concurrent Access)，由此会出现多个用户同时存取同一个数据的情况。如果对这种并发访问不加以控制，各个用户就可能存取到不正确的数据，从而破坏数据库的一致性。

(4)各种故障

各种故障指的是各种硬件故障(如磁盘介质)、系统软件与应用软件的错误、用户的失误等。

针对以上情况，数据库管理系统(DBMS)已采取相应措施对数据库实施保护，具体如下：

（1）利用权限机制，只允许有合法权限的用户存取所允许的数据（本章6.1节"数据库安全性"进行介绍）。

（2）利用完整性约束，防止非法数据进入数据库（本章6.2节"数据库完整性"介绍）。

（3）提供并发控制（Concurrent Control）机制，控制多个用户对同一数据的并发操作，以保证多个用户并发访问的顺利进行（本章6.3节"事务和并发性控制"介绍）。

（4）提供故障恢复（Recovery）能力，以保证各种故障发生后，能将数据库中的数据从错误状态恢复到一致状态（本章6.4节数据库备份与恢复介绍）。

6.1.1 数据库安全性概述

1.数据库安全问题的产生

数据库的安全性是指在信息系统的不同层次保护数据库，防止未授权的数据访问，避免数据的泄漏、不合法的修改或对数据的破坏。安全性问题不是数据库系统所独有的，它来自各个方面，其中既有数据库本身的安全机制，如用户认证、存取权限、视图隔离、跟踪与审查、数据加密、数据完整性控制、数据访问的并发控制、数据库的备份和恢复等方面，也涉及计算机硬件系统、计算机网络系统、操作系统、组件、Web服务、客户端应用程序、网络浏览器等。只是在数据库系统中大量数据集中存放，而且为许多最终用户直接共享，从而使安全性问题更为突出，每一个方面产生的安全问题都可能导致数据库数据的泄露、意外修改、丢失等后果。

在安全问题上，DBMS应与操作系统达到某种意向，理清关系，分工协作，以加强DBMS的安全性。

为了保护数据库，防止恶意的滥用，可以在从低到高的五个级别上设置各种安全措施。

（1）环境级。计算机系统的机房和设备应加以保护，防止有人进行物理破坏。

（2）职员级。工作人员应正确授予用户访问数据库的权限。

（3）OS级。应防止未经授权的用户从OS处访问数据库。

（4）网络级。由于大多数DBS都允许用户通过网络进行远程访问，因此网络软件内部的安全性至关重要。

（5）DBS级。DBS的职责是检查用户的身份是否合法及使用数据库的权限是否正确。

本章只讨论与数据库系统中的数据保护密切相关的内容。

2.数据库的安全标准

目前，我国及国际上均颁布了有关数据库安全的等级标准。最早的标准是美国国防部（DOD）1985年颁布的《可信计算机系统评估标准》（Trusted Computer System Evaluation Criteria，TCSEC）。1991年，美国国家计算机安全中心（NCSC）颁布了《可信计算机系统评估标准关于可信数据库系统的解释》（Trusted Datebase Interpretation，TDI），将TCSEC扩展到数据库管理系统。1996年，国际标准化组织ISO颁布了《信息技术安全技术——信息技术安全性评估准则》（Information Technology Security Techniques—Evaluation Criteria For It Security）。我国政府于1999年颁布了《计算机信息系统评估准则》。目前，国际上广泛采用的是美国标准TCSEC（TDI），在此标准中将数据库安全划分为4大类，由低到高分为D、C、B、A。其中C级由低到高分为C1和C2，B级由低到高分为B1、B2和B3。每级都包括其下级的所有特性，各级指标如下：

（1）D级标准。为无安全保护的系统。

(2)C1 级标准。只提供非常初级的自主安全保护,能实现对用户和数据的分离,进行自主存取控制(DAC),保护或限制用户权限的传播。

(3)C2 级标准。提供受控的存取保护,即将 C1 级的 DAC 进一步细化,以个人身份注册负责,并实施审计和资源隔离。很多商业产品已得到该级别的认证。

(4)B1 级标准。标记安全保护。对系统的数据加以标记,并对标记的主体和客体实施强制存取控制(MAC)以及审计等安全机制。一个数据库系统凡符合 B1 级标准者称为安全数据库系统或可信数据库系统。

(5)B2 级标准。结构化保护,建立形式化的安全策略模型并对系统内的所有主体和客体实施 DAC 和 MAC。

(6)B3 级标准。安全域,满足访问监控器的要求,审计跟踪能力更强,并提供系统恢复过程。

(7)A 级标准。验证设计,即提供 B3 级保护的同时给出系统的形式化设计说明和验证,以确保各安全保护真正实现。

我国标准的基本结构与 TCSEC 相似。我国标准分为 5 级,从第 1 级到第 5 级依次与 TCSEC 标准的 C 级(C1、C2)及 B 级(B1、B2、B3)对应。

6.1.2　安全性控制的方法

在一般计算机系统中,安全措施是一级一级层层设置的,如图 6-1 所示。

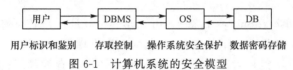

图 6-1　计算机系统的安全模型

根据图 6-1 的计算机安全模型,用户若要进入计算机系统,首先需要系统根据输入的用户标识进行用户身份鉴定,只有合法的用户才允许进入计算机系统。而对于已经进入系统的用户,DBMS 则进行存取权限控制,只允许用户执行合法的操作。而操作系统本身也会有相应的保护措施,数据库的数据只允许通过 DBMS 进行访问,数据还可以以加密的形式存储在数据库中。在本节将对数据库的一些逻辑安全机制进行介绍,包括用户认证、存取权限控制、视图隔离、数据加密、审计跟踪等内容。

1.用户认证

数据库系统不允许不合法的用户对数据库进行操作。用户标识与鉴别,即用户认证,是系统提供的最外层安全保护措施。其方法是由系统提供一定的方式让用户标识自己的名字或身份,每次用户要求进入系统时,由系统进行核对,鉴定正确后才提供机器使用权。对于获得机器使用权的用户在使用数据库时,数据库管理系统还要进行用户标识和鉴定。

用户标识和鉴定的方法有很多种,且往往多种方法并用,以提高安全性。常用的方法是通过用户名和口令。系统内部会记录所有合法用户的用户名及口令,通过比对来核实是否为合法用户(用户口令的输入不显示在屏幕上)。

通过用户名和口令来鉴定用户的方法简单易行,但其可靠程度差,容易被他人猜出或获得。因此,只设置口令对安全强度要求比较高的系统不适用。近年来,一些更加有效的身份认证技术迅速发展起来。例如,使用某种计算机过程和函数、智能卡技术、物理特征(指纹、声音、手图等)认证技术等具有高强度的身份认证技术日益成熟,并取得了不少应用成果,为将来达到更高的安全强度要求打下了坚实的基础。

2.存取权限控制

存取权限控制是数据库内部实现安全性控制的一项非常重要的机制,需要确保只授权给有资格的用户访问数据库的权限,同时令所有未被授权的人员无法查看或操作数据。存取权限控制是数据库系统内部对已经进入系统的用户的访问控制;是安全数据保护的前沿屏障;是数据库安全系统中的核心技术;也是最有效的安全手段。

在存取控制技术中,DBMS所管理的全体实体分为主体和客体两类。主体(Subject)是系统中的活动实体,包括DBMS所管理的实际用户,也包括代表用户的各种进程。客体(Object)是存储信息的被动实体,是受主体操作的,包括文件、基本表、索引和视图等。

数据库存取控制机制包括两个部分:

一是定义用户权限,并将用户权限记录到数据字典中。用户权限是指不同的用户对不同的数据对象允许执行的操作权限。系统必须提供适当的语言定义用户权限,这些定义经过编译后存放在数据字典中,被称作系统的安全规则或授权规则。

二是合法性权限检查。当用户发出存取数据库的操作请求后(请求一般包括操作类型、操作对象、操作用户等信息),数据库管理系统查找数据字典,根据安全规则进行合法权限检查,若用户的操作请求超出了定义权限,系统将拒绝执行此操作。

存取权限控制包括自主存取控制(DAC)和强制存取控制(MAC)两种类型。

(1)自主存取控制

自主存取控制(Discretionary Access Control,DAC)是用户访问数据库的一种常用安全控制方法,较适合于单机方式下的安全控制,大型数据库管理系统几乎都支持自主存取控制。在自主存取控制中,用户对于不同的数据对象有不同的存取权限,不同的用户对同一对象也有不同的权限,而且用户还可将其拥有的存取权限转授给其他用户。用户权限由数据对象和操作类型这两个因素决定。定义一个用户的存取权限就是要定义这个用户在哪些数据对象上进行哪些类型的操作。在数据库系统中,定义存取权限称为授权。

目前的SQL标准也对自主存取控制提供支持,主要是通过SQL的GRANT语句和REVOKE语句来是实现权限的授予和收回。

自主存取控制能够通过授权机制有效地控制其他用户对敏感数据的存取,但是由于用户对数据的存取权限是"自主"的,用户可以自由地决定将数据的存取权限授予别的用户,而无须系统确认。这样,系统的授权存取矩阵就可以被直接或间接地进行修改,可能导致数据的"无意泄漏",给数据库系统造成不安全因素。要解决这一问题,就需要对系统控制下的所有主体、客体实施强制存取控制策略。

(2)强制存取控制

强制存取控制(Mandatory Access Control,MAC)是指系统为保证更高程度的安全性,按照TCSEC(TDI)标准中安全策略的要求所采取的强制存取检查手段,比较适用于网络环境,对网络中的数据库安全实体作统一的、强制性的访问管理。

强制存取控制系统主要通过对主体和客体的已分配的安全属性进行匹配判断,决定主体是否有权对客体进行进一步的访问操作。对于主体和客体,DBMS为它们的每个实例指派一个敏感度标记(Label)。敏感度标记被分成若干级别,例如,绝密、机密、可信、公开等。主体的敏感度标记称为许可证级别,客体的敏感度标记称为密级。在强制存取控制下,每一个数据对象被标以一定的密级,每一个用户也被授予某一个级别的许可证。对于任意一个对象,只有具有合法许可证的用户才可以存取。而且,该授权状态一般情况下不能被改变,这是强制存取控制模型与自主存取控制模型实质性的区别。一般用户或程序不能修改系统安全授权状态,只有特定的系统权限管理员才能根据系统实际的需要来有效地修改系统的授权状态,以保证数据库系统的安全性能。

强制存取控制策略主要基于以下两个规则:

①仅当主体的许可证级别大于或等于客体的密级时,主体对客体具有读权限。

②仅当客体的密级大于或等于主体的许可证级别时,主体对客体具有写权限。

这两种规则的共同点是,它们均禁止了拥有高许可证级别的主体更新低密级的数据对象,从而防止了敏感数据的泄漏。

强制存取控制模型的不足之处是当用户使用自己的数据时可能会带来诸多的不便,其原因是这些限制过于严格,但是对于任何一个严格的安全系统而言,强制存取控制是必要的,可以避免和防止大多数有意无意对数据库的侵害。

较高安全性级别提供的安全保护要包含较低级别的所有保护,因此在实现强制存取控制时要首先实现自主存取控制,即自主存取控制与强制存取控制共同构成 DBMS 的安全机制。系统首先进行自主存取控制检查,对通过检查的、允许存取的主体与客体再由系统进行强制存取控制的检查,只有通过检查的数据对象方可存取。

3.视图隔离

视图是数据库系统提供给用户以多种角度观察数据库中数据的重要机制,是从一个或几个基本表(或视图)中导出的表。它与基本表不同,是一个虚表。数据库中只存放视图的定义,而不存放视图对应的数据,这些数据仍存放在原来的基本表中。

从某种意义上讲,视图就像一个窗口,透过它可以看到数据库中自己感兴趣的数据及其变化。进行存取权限控制时,可以为不同的用户定义不同的视图,把访问数据的对象限制在一定的范围内。也就是说,通过视图机制将要保密的数据对无权存取的用户隐藏起来,从而对数据提供一定程度的安全保护。

视图机制最主要的功能在于提供数据独立性,在实际应用中,常常将视图机制与存取控制机制结合起来使用,首先用视图机制屏蔽一部分保密数据,再在视图上进一步定义存取权限。通过定义不同的视图及有选择地授予视图上的权限,可以将用户、组或角色限制在不同的数据子集内。

4.数据加密

前面介绍的几种数据库安全措施,都是防止从数据库系统中窃取保密数据。但数据存储在磁盘等介质上,还需经常通过通信线路进行传输。为了防止数据在传输过程中被窃取,较好的方法是对数据进行加密。对于高度敏感性数据,例如,财务数据、军事数据、国家机密,除了上述安全措施外,还可以采用数据加密技术。

加密的基本思想是根据一定的算法将原始数据(术语为明文)变换为不可直接识别的格式(术语为密文),从而使得不知道解密算法的人无法获知数据的内容。数据解密是加密的逆过程,即将密文数据转变成可见的明文数据。

一个密码系统包含明文集合、密文集合、密钥集合和算法,其中密钥和算法构成了密码系统的基本单元。算法是一些公式、法则或程序,它规定明文与密文之间的变换方法,密钥可以看作算法中的参数。

加密方法可分为对称加密与非对称加密两种。

对称加密:其加密所用的密钥与解密所用的密钥相同。典型的代表是数据加密标准(Data Encryption Standard,DES)。非对称加密:其加密所用的密钥与解密所用的密钥不相同,其中加密的密钥可以公开,而解密的密钥不可以公开。

数据加密和解密是相当费时的操作,其运行程序会占用大量系统资源,因此数据加密功能通常是可选特征,允许用户自由选择,一般只对机密数据加密。

5.审计跟踪

审计功能是 DBMS 超过 C2 级的安全级别必不可少的指标。这是数据库系统的最后一道安全防线。

审计功能把用户对数据库的所有操作自动记录下来,存放在日志文件中。DBA 可以利用审计跟踪的信息,重现导致数据库现有状况的一系列事件,找出非法访问数据库的人、时间、地点以及所有访问数据库的对象和所执行的动作。

常用的审计方式包括用户审计和系统审计两种。

(1)用户审计。DBMS 的审计系统记下所有对表或视图进行访问的企图(包括成功的和不成功的)及每次操作的用户名、时间、操作代码等信息。这些信息一般都被记录在数据字典(系统表)中,利用这些信息用户可以进行审计分析。

(2)系统审计。由系统管理员进行,其审计内容主要是系统一级命令以及数据库客体的使用情况。

审计通常是很费时间和空间的,所以 DBMS 往往将其作为可选特征,一般主要用于安全性要求较高的部门。

6.1.3 MySQL 的权限管理

为保证数据库的安全,MySQL 数据库提供了丰富的权限管理机制和操作手段。MySQL 数据库中的用户分为 root 用户和普通用户,root 用户是超级管理员,拥有所有的权限;普通用户只拥有创建用户时赋予它的权限。权限不同,允许的操作也不同。

MySQL 的权限级别分为:

(1)全局性的管理权限。作用于整个 MySQL 实例级别。

(2)数据库级别的权限。作用于某个指定的数据库上或者所有的数据库上。

(3)数据库对象级别的权限。作用于指定的数据库对象(表、视图等)或者所有的数据库对象上。

MySQL 通常包括 4 个控制权限的表,分别为 user 表、db 表、tables_priv 表和 columns_priv 表。

MySQL 权限表的验证过程为:

先从 user 表中的 Host、User 等字段中判断连接的 ip、用户名、密码是否过期等。若通过身份认证,则进行权限分配,按照 user 表、db 表、tables_priv 表、columns_priv 表的顺序进行验证。即先检查全局权限表 user,如果 user 表中对应的权限为 Y,则此用户对所有数据库的权限都为 Y,将不再检查 db 表、tables_priv 表、columns_priv 表;如果为 N,则到 db 表中检查此用户对应的具体数据库,并得到 db 表中为 Y 的权限;如果 db 表中为 N,则检查 tables_priv 表中此数据库对应的具体表,取得表中的权限 Y,以此类推。

1.MySQL 权限详解

All/All Privileges 权限代表全局或者全数据库对象级别的所有权限。

Alter 权限代表允许修改表结构的权限,但必须要求有 create 和 insert 权限配合。如果是 rename 表名,则要求有 alter 和 drop 原表,create 和 insert 新表的权限。

Alter routine 权限代表允许修改或者删除存储过程、函数的权限。

Create 权限代表允许创建新的数据库和表的权限。

Create routine 权限代表允许创建存储过程、函数的权限。

Create tablespace 权限代表允许创建、修改、删除表空间和日志组的权限。

Create temporary tables 权限代表允许创建临时表的权限。

Create user 权限代表允许创建、修改、删除、重命名 user 的权限。

Create view 权限代表允许创建视图的权限。

Delete 权限代表允许删除行数据的权限。

Drop 权限代表允许删除数据库、表、视图的权限,包括 truncate table 命令。

Event 权限代表允许查询、创建、修改、删除 MySQL 事件。

Execute 权限代表允许执行存储过程和函数的权限。

File 权限代表允许在 MySQL 可以访问的目录进行读写磁盘文件操作,可使用的命令包括 load data infile、select ... into outfile、load file()函数。

Grant option 权限代表是否允许此用户授权或者收回给其他用户给予的权限,重新赋给管理员的时候需要加上这个权限。

Index 权限代表是否允许创建和删除索引。

Insert 权限代表是否允许在表里插入数据,同时在执行 analyze table、optimize table、repair table 语句的时候也需要 insert 权限。

Lock 权限代表允许对拥有 select 权限的表进行锁定,以防止其他链接对此表的读或写操作。

Process 权限代表允许查看 MySQL 中的进程信息,如执行 show processlist、mysqladmin processlist、show engine 等命令。

Reference 权限是在 5.7.6 版本之后引入,代表是否允许创建外键。

Reload 权限代表允许执行 flush 命令,指明重新加载权限表到系统内存中,refresh 命令代表关闭和重新开启日志文件并刷新所有的表。

Replication client 权限代表允许执行 show master status,show slave status,show binary logs 命令。

Replication slave 权限代表允许 slave 主机通过此用户连接 master 以便建立主从复制关系。

Select 权限代表允许从表中查看数据,某些不查询表数据的 select 执行则不需要此权限,如 Select 1+1、Select PI()+2;而且 select 权限在执行 update/delete 语句中含有 where 条件的情况下也是需要的。

Show databases 权限代表通过执行 show databases 命令查看所有的数据库名。

Show view 权限代表通过执行 show create view 命令查看视图创建的语句。

Shutdown 权限代表允许关闭数据库实例,执行语句包括 mysqladmin shutdown。

Super 权限代表允许执行一系列数据库管理命令,包括 kill 强制关闭某个连接命令, change master to 创建复制关系命令,以及 create/alter/drop server 等命令。

Trigger 权限代表允许创建、删除、执行、显示触发器的权限。

Update 权限代表允许修改表中的数据的权限。

Usage 权限是创建一个用户之后的默认权限,其本身代表连接登录权限。

2.系统权限表

user 表:存放用户帐户信息以及全局级别(所有数据库)权限,决定了来自哪些主机的哪些用户可以访问数据库实例,如果有全局权限则意味着对所有数据库都有此权限。

db 表:存放数据库级别的权限,决定了来自哪些主机的哪些用户可以访问此数据库。

tables_priv 表:存放表级别的权限,决定了来自哪些主机的哪些用户可以访问数据库的这个表。

columns_priv 表:存放列级别的权限,决定了来自哪些主机的哪些用户可以访问数据库表的这个字段。

procs_priv 表:存放存储过程和函数级别的权限。

(1)user 和 db 权限表的结构

db 表结构(图 6-2)中的字段:

Host 代表主机名,Db 代表数据库,User 代表用户名。以_priv 结尾的字段都是关于权限的字段,值为"Y"代表具有该权限,"N"代表不具有该权限。

```
mysql> desc db;
+-----------------------+---------------+------+-----+---------+-------+
| Field                 | Type          | Null | Key | Default | Extra |
+-----------------------+---------------+------+-----+---------+-------+
| Host                  | char(60)      | NO   | PRI |         |       |
| Db                    | char(64)      | NO   | PRI |         |       |
| User                  | char(32)      | NO   | PRI |         |       |
| Select_priv           | enum('N','Y') | NO   |     | N       |       |
| Insert_priv           | enum('N','Y') | NO   |     | N       |       |
| Update_priv           | enum('N','Y') | NO   |     | N       |       |
| Delete_priv           | enum('N','Y') | NO   |     | N       |       |
| Create_priv           | enum('N','Y') | NO   |     | N       |       |
| Drop_priv             | enum('N','Y') | NO   |     | N       |       |
| Grant_priv            | enum('N','Y') | NO   |     | N       |       |
| References_priv       | enum('N','Y') | NO   |     | N       |       |
| Index_priv            | enum('N','Y') | NO   |     | N       |       |
| Alter_priv            | enum('N','Y') | NO   |     | N       |       |
| Create_tmp_table_priv | enum('N','Y') | NO   |     | N       |       |
| Lock_tables_priv      | enum('N','Y') | NO   |     | N       |       |
| Create_view_priv      | enum('N','Y') | NO   |     | N       |       |
| Show_view_priv        | enum('N','Y') | NO   |     | N       |       |
| Create_routine_priv   | enum('N','Y') | NO   |     | N       |       |
| Alter_routine_priv    | enum('N','Y') | NO   |     | N       |       |
| Execute_priv          | enum('N','Y') | NO   |     | N       |       |
| Event_priv            | enum('N','Y') | NO   |     | N       |       |
| Trigger_priv          | enum('N','Y') | NO   |     | N       |       |
+-----------------------+---------------+------+-----+---------+-------+
22 rows in set (0.00 sec)
```

图 6-2　db 表结构

user 表结构(图 6-3)中的字段：

Host 代表主机名，User 代表用户名。

以_priv 结尾的字段都是关于权限的字段，值为"Y"代表具有该权限，"N"代表不具有该权限。

plugin、authentication_string 字段存放用户认证信息。

password_expired 设置成'Y'表明允许 DBA 将此用户的密码设置成过期而且过期后要求用户的使用者重置密码(alter user/set password 重置密码)。

password_last_changed 作为一个时间戳字段代表密码上次修改时间，执行 create user/alter user/set password/grant 等命令创建用户或修改用户密码时此数值自动更新。

password_lifetime 代表从 password_last_changed 时间开始此密码过期的天数。

account_locked 代表此用户被锁住，无法使用。

在 MySQL 5.7 以后，user 表已经没有 password 这个字段。

```
mysql> desc user;
+-------------------------+-------------------------------------+------+-----+-----------------------+-------+
| Field                   | Type                                | Null | Key | Default               | Extra |
+-------------------------+-------------------------------------+------+-----+-----------------------+-------+
| Host                    | char(60)                            | NO   | PRI |                       |       |
| User                    | char(32)                            | NO   | PRI |                       |       |
| Select_priv             | enum('N','Y')                       | NO   |     | N                     |       |
| Insert_priv             | enum('N','Y')                       | NO   |     | N                     |       |
| Update_priv             | enum('N','Y')                       | NO   |     | N                     |       |
| Delete_priv             | enum('N','Y')                       | NO   |     | N                     |       |
| Create_priv             | enum('N','Y')                       | NO   |     | N                     |       |
| Drop_priv               | enum('N','Y')                       | NO   |     | N                     |       |
| Reload_priv             | enum('N','Y')                       | NO   |     | N                     |       |
| Shutdown_priv           | enum('N','Y')                       | NO   |     | N                     |       |
| Process_priv            | enum('N','Y')                       | NO   |     | N                     |       |
| File_priv               | enum('N','Y')                       | NO   |     | N                     |       |
| Grant_priv              | enum('N','Y')                       | NO   |     | N                     |       |
| References_priv         | enum('N','Y')                       | NO   |     | N                     |       |
| Index_priv              | enum('N','Y')                       | NO   |     | N                     |       |
| Alter_priv              | enum('N','Y')                       | NO   |     | N                     |       |
| Show_db_priv            | enum('N','Y')                       | NO   |     | N                     |       |
| Super_priv              | enum('N','Y')                       | NO   |     | N                     |       |
| Create_tmp_table_priv   | enum('N','Y')                       | NO   |     | N                     |       |
| Lock_tables_priv        | enum('N','Y')                       | NO   |     | N                     |       |
| Execute_priv            | enum('N','Y')                       | NO   |     | N                     |       |
| Repl_slave_priv         | enum('N','Y')                       | NO   |     | N                     |       |
| Repl_client_priv        | enum('N','Y')                       | NO   |     | N                     |       |
| Create_view_priv        | enum('N','Y')                       | NO   |     | N                     |       |
| Show_view_priv          | enum('N','Y')                       | NO   |     | N                     |       |
| Create_routine_priv     | enum('N','Y')                       | NO   |     | N                     |       |
| Alter_routine_priv      | enum('N','Y')                       | NO   |     | N                     |       |
| Create_user_priv        | enum('N','Y')                       | NO   |     | N                     |       |
| Event_priv              | enum('N','Y')                       | NO   |     | N                     |       |
| Trigger_priv            | enum('N','Y')                       | NO   |     | N                     |       |
| Create_tablespace_priv  | enum('N','Y')                       | NO   |     | N                     |       |
| ssl_type                | enum('','ANY','X509','SPECIFIED')   | NO   |     |                       |       |
| ssl_cipher              | blob                                | NO   |     | NULL                  |       |
| x509_issuer             | blob                                | NO   |     | NULL                  |       |
| x509_subject            | blob                                | NO   |     | NULL                  |       |
| max_questions           | int(11) unsigned                    | NO   |     | 0                     |       |
| max_updates             | int(11) unsigned                    | NO   |     | 0                     |       |
| max_connections         | int(11) unsigned                    | NO   |     | 0                     |       |
| max_user_connections    | int(11) unsigned                    | NO   |     | 0                     |       |
| plugin                  | char(64)                            | NO   |     | mysql_native_password |       |
| authentication_string   | text                                | YES  |     | NULL                  |       |
| password_expired        | enum('N','Y')                       | NO   |     | N                     |       |
| password_last_changed   | timestamp                           | YES  |     | NULL                  |       |
| password_lifetime       | smallint(5) unsigned                | YES  |     | NULL                  |       |
| account_locked          | enum('N','Y')                       | NO   |     | N                     |       |
+-------------------------+-------------------------------------+------+-----+-----------------------+-------+
45 rows in set (0.01 sec)
```

图 6-3　user 表结构

（2）tables_priv 和 columns_priv 权限表结构（图 6-4）

表名	tables_priv	columns_priv
范围列	Host	Host
	Db	Db
	User	User
	Table_name	Table_name
		Column_name
权限列	Table_priv	Column_priv
	Column_priv	
其他列	Timestamp	Timestamp
	Grantor	

图 6-4 tables_priv 和 columns_priv 权限表结构

tables_priv 和 columns_priv 权限值（图 6-5）

表名	列名	可能的集合元素
tables_priv	Table_priv	Select ，Insert ，Update ，Delete ，Create ，Drop ，Grant ，Reference，Index ，Alter ，Create View ，Show view ，Trigger
tables_priv	Column_priv	Select ，Insert ，Update ，References
columns_priv	Column_priv	Select ，Insert ，Update ，References
procs_priv	Proc_priv	Execute ，Alter Routine ，Grant

图 6-5 tables_priv 和 columns_priv 权限值

（3）procs_priv 权限表结构（图 6-6）

表名	procs_priv
范围列	Host
	Db
	User
	Routine_name
	Routine_type
特权列	Proc_priv
其他列	Timestamp
	Grantor

图 6-6 procs_priv 权限表结构

Routine_type 是枚举类型，代表是存储过程还是函数。

3.用户管理

（1）创建用户

MySQL 中所有的用户帐号和信息都存储在 MySQL 数据库的 user 表中。MySQL 中创建用户可以通过以下两种方式实现：

①使用 CREATE USER 命令,语法如下:

```
CREATE USER 'username'@'host' IDENTIFIED BY 'password';
```

MySQL 的用户由两部分组成:用户名和登录主机名,'username'表示创建的用户名,'host'表示主机名,可以是主机名或者 Ipv4/Ipv6 的地址。Localhost 代表本机,127.0.0.1 代表 Ipv4 本机地址,::1 代表 Ipv6 的本机地址。'host'允许使用%和_两个匹配字符,比如'%'代表所有主机,'%.mysql.com'代表来自 mysql.com 这个域名下的所有主机,'192.168.1.%'代表所有来自 192.168.1 网段的主机。如果省略@'host',即没有指定主机名,则主机名会默认为'%'。IDENTIFIED BY 则用于指定用户帐号对应的用户密码。若省略,则创建的该用户无密码。'password'为该用户设置的密码。

注意:若两个用户的用户名相同但主机名不同,MySQL 会视为不同的两个用户。通常,创建用户后,还需向该用户授予一定的权限,该用户才能进行更多的操作。

【例 6-1】　创建用户 abc,主机名 localhost,密码为明文"abc"。

```
CREATE USER 'abc'@'localhost' IDENTIFIED BY 'abc';
```

②通过 INSERT 语句向 user 表插入用户数据

MySQL 数据库的 user 表存储用户信息,则可以通过 INSERT 语句向 user 表中插入用户数据来创建用户。不过执行插入命令后,需要使用 flush privileges 命令使用户生效。

(2)修改用户密码

可以通过以下命令修改用户密码:

```
SET password FOR 'username'@'host' = password('new_password');
```

注意:必须使用 password 函数对其加密。

【例 6-2】　将例 6-1 中创建的 abc 用户的密码改成'123'。

```
SET password FOR 'abc'@'localhost'=password('123');
```

(3)删除用户

MySQL 中删除用户可以通过以下两种方式实现:

①使用 DROP USER 命令,语法如下:

```
DROP USER 'username'@'host';
```

【例 6-3】　删除用户'abc'@'localhost'。

```
DROP USER 'abc'@'localhost';
```

②通过 DELETE 语句在 user 表删除用户数据

【例 6-4】　删除用户'abc'@'localhost'。

```
DELETE FROM user WHERE user='abc' AND host='localhost';
flush privileges;
```

6.2　数据库的完整性控制

在第 2 章中,对关系模型上的完整性约束有了一个基本的了解。本节将从较高层次来对数据库完整性的分类、定义和验证做一般性讲解,对进一步掌握关系模型的完整性约束具有指导性作用。

6.2.1 数据库完整性概述

数据库的安全性和完整性是数据库安全保护的两个不同方面。数据库的安全性,是用来保护数据库以防止不合法用户故意造成的破坏;数据库的完整性,是保护数据库以防止合法用户无意中造成的破坏。从数据库的安全保护角度来讲,完整性和安全性是密切相关的。

数据库的完整性是指数据库中数据的正确性、有效性和相容性,其主要目的是防止错误的数据进入数据库造成无效操作。正确性是指数据的合法性,例如,数值型数据只能含有数字而不能含有字母。有效性是指数据是否属于所定义域的有效范围。相容性是指表示同一事实的两个数据应当一致,不一致即是不相容。

数据库系统是对现实系统的模拟,现实系统中存在各种各样的规章制度,以保证系统正常、有序地运行。现实中的规章制度可转化为对数据的约束,例如,单位人事制度中对职工的退休年龄会有规定、考试成绩不能小于零分等。对数据库中的数据设置某些约束机制,这些添加在数据上的语义约束条件称为数据库完整性约束条件,简称数据库完整性,系统将其作为模式的一部分"定义"于 DBMS 中。DBMS 必须提供一种机制来检查数据库中数据完整性,看其是否满足语义规定的条件,这种机制称为完整性检查。为此,数据库管理系统的完整性控制机制应具有三个方面的功能,来防止合法用户在使用数据库时,向数据库注入不合法或不合语义的数据:

①定义功能,提供定义完整性约束条件的机制。

②验证功能,检查用户发出的操作请求是否违背了完整性约束条件。

③处理功能,如果发现用户的操作请求使数据违背了完整性约束条件,则采取一定的动作来保证数据的完整性。

6.2.2 数据库完整性约束条件的分类

完整性约束根据约束条件使用的对象分为值的约束和结构的约束,根据约束对象的状态分为静态约束和动态约束。

1.值的约束和结构的约束

值的约束主要是对字段的数据类型、数据格式、取值范围和空值等进行规定。

(1)对数据类型的约束。包括数据的类型、长度、单位和精度等。例如,规定客户姓名的数据类型应该为字符类型,且长度为 8 个字符。

(2)对数据格式的约束。例如,订购时间的数据格式为 YYYY-MM-DD。

(3)对取值范围的约束。例如,客户年龄的取值范围为 0~100。

(4)对空值的约束。空值与零和空格不同,仅表示未定义或未知的值,根据不同列有不同要求。例如,客户关系中,客户编号不能为空值,而年龄则可以为空值。

结构的约束是对数据之间联系的约束。数据库中同一关系的不同属性之间,应满足一定的约束条件,有联系的不同关系的属性之间,也应满足一定的约束条件。常见的结构约束主要包括以下四种:

(1)函数依赖约束。反映数据库中同一关系的不同属性之间应满足的约束条件,例如,2NF、3NF 等不同范式应满足的约束条件。

(2)实体完整性约束。主关系键的属性值必须唯一,且不能为空或部分为空。

(3)参照完整性约束。反映有联系的不同关系的属性之间也应满足的约束条件。外部键的值应该能够在被参照关系的主键值中找到或取空值。

(4)统计约束。规定某个属性值与一个关系多个元组的统计值之间必须满足某种约束条件。

2.静态约束和动态约束

(1)静态完整性约束

静态完整性约束(Static Integrity Constraints)简称静态约束,是指数据库每一确定状态时的数据对象所应满足的约束条件,它是反映数据库状态合理性的约束,是最重要的一类完整性约束,也称状态约束。前面介绍的值的约束和结构的约束都属于静态约束。

在某一时刻,数据库中的所有数据实例构成了数据库的一个状态,数据库的任何一个状态都必须满足静态约束。每当数据库被修改时,DBMS 都要进行静态约束的检查,以保证静态约束始终被满足。

静态约束又分为 3 种类型:隐式约束、固有约束和显式约束。

(2)动态完整性约束

动态完整性约束(Dynamic Integrity Constraints)简称动态约束,它不是对数据库状态的约束,而是指数据库从一个正确状态向另一个正确状态转化的过程中新、旧值之间所应满足的约束条件,反映数据库状态变迁的约束,故也称变迁约束。例如,在更新职工表时,工资、工龄这些属性值一般只会增加,不会减少,该约束表示任何修改工资、工龄的操作只有新值大于旧值时才被接受,该约束既不作用于修改前的状态,也不作用于修改后的状态,而是规定了状态变迁时必须遵循的约束。动态约束一般是显式说明。

动态约束作用于关系数据模型的属性、元组、关系,相应有动态属性级约束、动态元组级约束和动态关系级约束。

6.2.3 MySQL 的数据库完整性策略

不同的数据库产品对完整性的支持策略和支持程度不同,在实际的数据库应用开发时,一定要查阅所用的数据库管理系统在关于数据库完整性方面的支持情况。本节主要介绍 MySQL 的完整性控制策略,见表 6-1。

表 6-1   MySQL 对数据库完整性的支持情况

完整性约束		定义方式		MySQL 支持情况
静态约束	固有约束	数据模型固有		属性原子性
	隐式约束	数据库定义语言(DDL)	表本身的完整性约束	实体完整性约束、唯一约束、非空约束、默认约束、自增约束
			表间的约束	参照完整性约束、触发器
	显式约束	过程化定义		存储过程、函数
		触发器		支持
动态约束		过程化定义		存储过程、函数
		触发器		支持

MySQL 的完整性约束主要包括主键约束(PRIMARY KEY)、外键约束(FOREIGN KEY)、唯一性约束(UNIQUE)、默认约束(DEFAULT)、非空约束和自增约束,但不支持

CHECK 约束。在第 3 章已经详细介绍了其使用方法。

6.3 事务和并发控制

数据库系统是面向多个用户的,当多个用户同时访问数据库时如何保证数据的一致性和有效性?事务和并发控制为多用户同时访问数据库问题的解决提供了一种有效的途径。

事务是数据库并发控制技术涉及的基本概念,是并发控制的基本单位。

6.3.1 事务的概念和特点

事务(Transaction)是指作为单个逻辑工作单元执行的一系列数据库操作。一个事务可以是一组 SQL 语句、一条 SQL 语句或整个程序,一个应用程序可以包括多个事务。一个事务内的所有语句被作为整体执行,要么全部执行,要么全部不执行。遇到错误时,可以回滚事务,取消事务内所做的所有改变,从而保证数据库中数据的一致性和可恢复性。事务是保证数据一致性的基本手段。

一个逻辑工作单元要成为事务,必须满足下列 ACID(原子性、一致性、隔离性和持久性)特征:

(1)原子性(Atomicity)。事务是数据库操作的逻辑工作单位。就操作而言,事务中的操作是一个整体,不能再被分割,要么全部执行,要么全部不成功执行。

(2)一致性(Consistency)。事务一致性是指事务执行前后都能够保持数据库状态的一致性,即事务的执行结果是将数据库从一个一致性状态变到另一个一致性状态。

(3)隔离性(Isolation)。隔离性是指多个事务在执行时不互相干扰。事务具有隔离性意味着一个事务的内部操作即其使用的数据库对其他事务是不透明的,其他事务不会干扰这些操作和数据。

(4)持续性(Durability)。指事务一旦提交,则对数据库中数据的改变就应该是永久的,即使是出现系统故障等问题,DBMS 也应该可以恢复。

事务开始之后,事务所有的操作都陆续写到事务日志中。这些任务操作在事务日志中记录一个标志,用于表示执行了这种操作,当取消这种事务时,系统自动执行这种操作的反操作,保证系统的一致性。系统自动生成一个检查点机制,这个检查点周期地发生。检查点的周期是系统根据用户定义的时间间隔和系统活动的频度由系统自动计算出来的时间间隔。检查点周期地检查事务日志,如果在事务日志中,事务全部完成,那么检查点将事务提交到数据库中,并且在事务日志中做一个检查点提交标记;如果在事务日志中,事务没有完成,那么检查点将事务日志中的事务不提交到数据库中,并且在事务日志中做一个检查点未提交标记。

6.3.2 并发控制概述

为了充分利用数据库资源,很多时候数据库用户都是对数据库系统并行存取数据,因此会发生多个用户并发存取同一数据块的情况。若对并发操作不加控制可能会产生不正确的数据,破坏数据的完整性。并发控制就是解决这类问题,以保持数据库中数据的一致性,即在任何一个时刻数据库都将以相同的形式给用户提供数据。而 DBMS 的并发控制机制则需要对并发操作进行正确调度。

通过以下例子来说明,数据库中多个事务进行并发运行时,若不加以适当控制,则可能产生数据的不一致性。

【例 6-5】 并发火车订票操作。以下为火车订票系统中的一个活动序列:

① 甲售票点(事务 T_1)读出某车次的火车票余额 A,设 A=25;

② 乙售票点(事务 T_2)读出同一车次的火车票余额 A,也为 25;

③ 甲售票点卖出一张火车票,修改余额 A←A−1,所以 A 为 24,把 A 写回数据库;

④ 乙售票点也卖出一张火车票,修改余额 A←A−1,所以 A 为 24,把 A 写回数据库。

结果明明卖出两张火车票,数据库中火车票余额却只减少 1,是因为事务 T_2 的修改覆盖了事务 T_1 的修改,而这种情况就是两个事务并发操作而引起的数据不一致性。

并发操作带来的数据不一致性主要包括三类:丢失修改、不可重复读和读"脏"数据。

1.丢失修改

两个事务 T_1 和 T_2 读入同一数据并修改,T2 的提交结果破坏了 T1 提交的结果,导致 T1 的修改被丢失,见表 6-2。例 6-5 就属于此类。

表 6-2　　　　　　　　　　丢失修改

时间	事务 T_1	数据库中 A 的值	事务 T_2
t_1		25	
t_2	读 A=25		
t_3			读 A=25
t_4	A=A−1,写回 A	24	
t_5			A=A−1,写回 A
t_6		24	

2.不可重复读

不可重复读是指事务 T_1 读取数据后,事务 T_2 执行更新操作,使 T_1 无法再现前一次的读取结果。

在表 6-3 中,t_2 时刻,事务 T_1 读取 A 的值为 25,但事务 T_2 在 t_4 时刻将 A 的值修改为 24,所以事务 T_1 两次读取 A 的值核对不一致。

表 6-3　　　　　　　　　　不可重复读

时间	事务 T_1	数据库中 A 的值	事务 T_2
t_1		25	
t_2	读 A=25		
t_3			读 A−25
t_4		24	A=A−1,写回 A
t_5	读 A=24		

3.读"脏"数据

读"脏"数据是指事务 T_1 更新了数据 A,并将其写回磁盘,事务 T_2 读取了更新后的数据 A,而事务 T_1 由于某种原因被撤销,修改无效,数据 A 恢复原值。事务 T_2 得到的数据与数据库的数据不一致,则 T_2 读到的数据就为"脏"数据,即不正确的数据。

在表 6-4 中,t_3 时刻,事务 T_1 把 A 的值修改为 24,事务 T_2 在 t_4 时刻将修改过的值 24 读取出来,之后事务 T_1 执行 ROLLBACK 操作,A 的值又恢复到 25,而事务 T_2 仍在使用已经被撤销的 A 值 24。事务 T_2 在 t_4 时刻读取的就是"脏"数据。

表 6-4　　　　　　　　　　读"脏"数据

时间	事务 T_1	数据库中 A 的值	事务 T_2
t_1		25	
t_2	读 A=25		
t_3	A=A−1,写回 A	24	
t_4			读 A=24
t_5	ROLLBACK,A=25	25	

产生上述三类数据不一致性的主要原因就是并发操作破坏了事务的隔离性。并发控制就是要用正确的方式调度并发操作,使每个用户事务的执行不受其他事务的干扰,从而避免造成数据的不一致性。

而并发控制的主要技术包括封锁(Locking)、时间戳(Timestamp)和乐观控制法。商用的 DBMS 一般都采用封锁方法。

6.3.3　封锁和封锁协议

1.封锁

封锁是一种重要的并发控制技术。封锁就是事务 T 在对某个数据对象(如表、记录等)操作之前,先向系统发出请求,对其进行加锁,以保证数据操作的正确性和一致性。

基本的封锁类型有两种:排他锁(Exclusive Locks,X 锁)和共享锁(Share Locks,S 锁)。

(1)排他锁又称为写锁。若事务 T 对数据对象 A 加上 X 锁,则只允许 T 读取和修改 A,其他任何事务都不能再对 A 加任何类型的锁,直到 T 释放 A 上的锁。这就保证了其他事务在 T 释放 A 上的锁之前不能再读取和修改 A。

(2)共享锁又称为读锁。若事务 T 对数据对象 A 加上 S 锁,则事务 T 可以读 A 但不能修改 A,其他事务只能再对 A 加 S 锁,而不能加 X 锁,直到 T 释放 A 上的 S 锁。这就保证了其他事务可以读 A,但在 T 释放 A 上的 S 锁之前不能对 A 做任何修改。

2.封锁协议

通过 X 锁和 S 锁对数据对象进行加锁,还需要遵循一些封锁规则。例如,何时申请 X 锁或 S 锁、封锁多久时间、何时释放等,这些规则称为封锁协议(Locking Protocol)。对封锁方式规定不同的规则,就形成了各种不同的封锁协议。对并发操作的不正确调度可能会带来一些不一致性问题,例如,前面所提到的丢失修改、不可重复读和读"脏"数据等。接下来介绍三级封锁协议。三级封锁协议分别在不同程度上解决了这一问题。为并发操作的正确调度提供了一定的保证,而不同级别的封锁协议达到的系统一致性级别也是不同的。

(1)一级封锁协议

一级封锁协议的内容是:事务 T 在修改数据 R 之前必须先对其加 X 锁,直到事务结束才释放。事务结束包括正常结束(COMMIT)和非正常结束(ROLLBACK)。

一级封锁协议可以解决表 6-2 中的数据丢失修改问题,见表 6-5。

表 6-5　　　　　　　　　　　　　　解决丢失修改问题

时间	事务 T_1	数据库中 A 的值	事务 T_2
t_1	XLOCK A	25	
t_2	读 A＝25		
t_3			XLOCK A
t_4	A＝A－1,写回 A		WAIT
t_5	UNLOCK X	24	WAIT
t_6			XLOCK A
t_7			读 A＝24
t_8		23	A＝A－1,写回 A
t_9			UNLOCK X

事务 T_1 需要对 A 进行更新操作,首先需要对 A 进行 X 封锁,而此时 T_2 也需要对 A 进行更新操作,也需要对 A 进行 X 封锁,而根据 X 封锁特征,T_2 不能马上对 A 进行 X 封锁,必须等待。直到事务 T_1 对 A 进行更新操作完毕,解除 X 封锁,T_2 才能对 A 进行 X 封锁,修改 A 值。这样才能得到正确的结果,避免丢失 T_1 对 A 的更新。

一级封锁协议可防止丢失修改,并保证事务 T 是可恢复的。

在一级封锁协议中,如果仅仅是读数据不对其进行修改,是不需要加锁的,所以它不能保证可重复读和不读"脏"数据。

(2)二级封锁协议

二级封锁协议的内容是,一级封锁协议加上事务 T 在读取数据 R 之前必须先对其加 S 锁,读完后即可释放 S 锁。

二级封锁协议既可以防止丢失修改,还可进一步防止读"脏"数据,见表 6-6。

表 6-6　　　　　　　　　　　　　　解决读"脏"数据问题

时间	事务 T_1	数据库中 A 的值	事务 T_2
t_1	XLOCK A	25	
t_2	读 A＝25		
t_3	A＝A－1,写回 A	24	
t_4			SLOCK A
t_5	ROLLBACK,A＝25	25	WAIT
t_6	UNLOCK X		SLOCK A
t_7			读 A＝25
t_8			UNLOCK S

事务 T_1 需要对 A 进行更新操作,首先需要对 A 进行 X 封锁,而此时 T_2 需要对 A 进行查询操作,需申请加 S 锁,根据 X 封锁特征,T_2 不能马上对 A 进行 S 封锁,必须等待。直到

事务 T_1 对 A 进行更新操作完毕,解除 X 封锁,T_2 才能对 A 进行 S 封锁,查询 A 值,而此时 A 值已经恢复正确,从而避免了事务 T_2 读取"脏数据"。

但在二级封锁协议中,由于读完数据后即释放 S 锁,所以它不能防止可重复读数据。

（3）三级封锁协议

三级封锁协议的内容是,一级封锁协议加上事务 T 在读取数据 R 之前必须先对其加 S 锁,直到事务结束才释放。

三级封锁协议既防止了丢失修改和不读"脏"数据,还进一步防止"不可重复读"数据,见表 6-7。

表 6-7　　　　　　　　　　　　　　　解决不可重复读问题

时间	事务 T_1	数据库中 A 的值	事务 T_2
t_1		25	
t_2	SLOCK A		
t_3	读 A＝25		
t_4			XLOCK A
t_5	读 A＝25		WAIT
t_6	UNLOCK S		WAIT
t_7			XLOCK A
t_8			读 A＝25
t_9		24	A＝A－1,写回 A
t_{10}			UNLOCK X

事务 T_1 需要对 A 进行查询操作,首先需要对 A 进行 S 封锁,而此时 T_2 需要对 A 进行更新操作,需申请加 X 锁,根据 S 封锁特征,T_2 不能马上对 A 进行 X 封锁,必须等待。直到事务 T_1 对 A 进行查询操作完毕,事务结束,才能解除 S 封锁,T_2 才能对 A 进行 X 封锁,修改 A 值,从而避免了事务 T_1 不可重复读问题。

上述三级封锁协议的主要区别在于什么操作需要申请封锁,以及何时释放锁。

3.封锁粒度

作为并发控制程序选择的保护单位的数据项的大小被称为粒度。粒度可以是数据库中的一些记录、一个字段,也可以是更大的单位。锁的粒度表明加锁使用的级别;通常情况下,锁的粒度是数据页。而大多数商业数据库管理系统都提供了不同的加锁粒度。

（1）数据库级锁。对整个数据库进行加锁。某事务执行期间防止其他任何事务访问数据库中的任何表。

（2）表级锁。对整个表进行加锁。某事务执行期间防止其他任何事务访问加锁表中的任何元组。

（3）页级锁。对整个磁盘页进行加锁,是最常用的方式。

（4）行级锁。对特定的行进行加锁,对数据库中的每个表的每一行存在一个锁。

（5）属性（或字段）级锁。对特定的属性（或字段）进行加锁。属性级锁允许并发事务访问相同的行,只要这些事务是访问行中的不同属性即可。

封锁粒度越小,系统中被封锁的对象就越多,并发性就越高,但封锁机构越复杂,系统开销就越大;封锁粒度越大,系统中被封锁的对象就越少,并发性就越低,但封锁机构越简单,系统开销就越小。

6.3.4 活锁和死锁

封锁技术可以有效地解决并发操作引起的数据一致性问题,但也可能产生活锁和死锁的问题。

1. 活锁

若事务 T_1 对数据 A 进行 X 排他封锁,由于其他事务对该数据的操作而使事务 T_1 一直处于等待状态,这种状态成为活锁。

例如,事务 T_1 封锁了数据 A,事务 T_2 又请求封锁 A,于是 T_2 等待。T_3 也请求封锁 A,当 T_1 释放 A 上的封锁之后,系统首先批准了 T_3 的请求,T_2 仍然等待。然后 T_4 又请求封锁 A,当 T_3 释放了 A 上的封锁之后系统又批准了 T_4 的请求,以此类推,T_2 有可能一直处于等待状态,这就是活锁的情形,见表 6-8。避免活锁的简单方法是采用先来先服务的策略。若多个事务请求封锁同一数据对象时,封锁子系统按请求封锁的先后次序对事务排队,数据对象上的锁一旦释放就批准申请队列中第一个事务获得锁。

表 6-8　　　　　　　　　　　　　　　　活锁

时间	事务 T_1	事务 T_2	事务 T_3	事务 T_4
t_1	LOCK A			
t_2		LOCK A		
t_3	UNLOCK	WAIT	LOCK A	
t_4		WAIT	WAIT	LOCK A
t_5		WAIT	LOCK A	WAIT
t_6		WAIT		WAIT
t_7		WAIT	UNLOCK	WAIT
t_8		WAIT		LOCK A
t_9		WAIT		

2. 死锁

在同时处于等待状态的两个或多个事务中,其中的每个事物在它能够进行之前,都等待着某个数据,而这个数据已被它们中的某个事务所封锁,这种状态称为死锁。

例如,事务 T_1 封锁数据 A_1,而 T_2 封锁数据 A_2,然后 T_1 又请求封锁 A_2,但因为 T_2 已封锁 A_2,于是 T_1 等待 T_2 释放 A_2 上的锁。接着 T_2 又申请封锁 A_1,而 T_1 已封锁 A_1,T_2 也只能等待 T_1 释放 A_1 上的锁。这样就出现了 T_1 等待 T_2,而 T_2 又在等待 T_1 的局面。因此 T_1 和 T_2 两个事务永远不能结束而一直等待,形成死锁,见表 6-9。

表 6-9　　　　　　　　　　　　　　　　死锁

时间	事务 T_1	事务 T_2
t_1	LOCK A_1	
t_2		LOCK A_2

（续表）

时间	事务 T₁	事务 T₂
t_3	LOCK A₂	
t_4	WAIT	
t_5	WAIT	LOCK A₁
t_6	WAIT	WAIT
t_7	WAIT	WAIT

目前，在数据库中解决死锁问题主要包括两种方法：

（1）死锁的预防

死锁会严重影响系统性能，所以要尽量避免死锁的产生。防止死锁的发生其实就是在数据库中破坏产生死锁的条件。预防死锁通常有两种方法：

①一次封锁法

一次封锁法要求每个事务一次将所有要使用的数据项全部加锁，否则就不能继续执行。对于表6-9的例子中，如果事务 T₁ 将数据对象 A₁ 和 A₂ 一次性全部加锁，则 T₂ 再加锁时就只能等待。这样就不会造成 T₁ 等待 T₂ 释放锁的情况，等 T₁ 执行完后释放 A₁，A₂ 上的锁，T₂ 继续执行。这样就不会发生死锁的情况。

一次封锁法虽然可以有效地防止死锁的发生，但需要对使用的数据全部一次性加锁，扩大了封锁的范围，降低了系统的并发度。由于数据库中数据是不断变化的，原来不要求封锁的数据，在执行过程中可能会变成封锁对象，进一步又扩大了封锁范围，从而进一步降低了并发度。

②顺序封锁法

顺序封锁法是预先对数据对象规定一个封锁顺序，所有事务都按照这个顺序进行封锁。对于表6-9的例子中，可以对数据对象 A₁ 和 A₂ 进行顺序封锁，事务 T₁ 和 T₂ 也需按照此顺序进行封锁。即当事务 T₁ 先封锁 A₁，再封锁 A₂。当 T₂ 申请封锁 A₁ 时，T₂ 需要等待，则不会产生死锁。

顺序封锁法的问题是，若数据库系统中封锁的数据对象很多，则随着数据的插入、删除等操作不断地变化，使维护这些资源的封锁顺序比较困难，成本升高。另外，事务的封锁请求可以随着事务的执行而动态变化，很难事先确定每个事务的封锁事务和封锁顺序。

由此可见，以上两种预防死锁的方法并不适合数据库的特点。实际应用中，DBMS普遍采取的是诊断并解除死锁的方法来解决死锁的问题。

（2）死锁的诊断与解除

数据库系统中诊断死锁的方法与操作系统类似，一般使用超时法或事务等待图法。

①超时法

若一个事务的等待时间超过了规定的时限，就认为发生了死锁。超时法的优点是实现简单，但不足也很明显。一是可能误判死锁，事务因为其他原因使等待时间超过时限，系统也会误认为发生了死锁。二是若时限设置得较长，则不能及时发现并处理死锁。

②事务等待图法

事务等待图是一个有向图 G＝(T，U)。T 为结点的集合，每个结点表示正运行的事务；

U 为边的集合,每条边表示事务等待的情况。若 T_1 等待 T_2,则 T_1,T_2 之间划一条有向边,从 T_1 指向 T_2。事务等待图能动态反映所有事务的等待情况。数据库管理系统中的并发控制子系统周期性地(如每隔几秒)生成事务的等待图,并进行检测。若发现图中存在回路,则表示系统中出现了死锁。

数据库管理系统的并发控制子系统一旦检测到系统中产生了死锁,就要设法解除。通常采用的方法是选择一个处理死锁代价最小的事务,将其撤销,释放此事务所持有的全部锁,使其他事务得以继续运行下去。而且,对撤销的事务所执行的数据修改操作必须加以恢复。

6.3.5　MySQL 的并发控制

1.MySQL 事务控制语句

MySQL 中可以通过 BEGIN 或 START TRANSACTION 显示开启一个事务;使用 COMMIT 提交事务,并使已对数据库进行的所有修改具为永久性;使用 ROLLBACK 进行事务回滚,回到没做修改的状态。默认情况下,MySQL 是自动提交的(AUTOCOMMIT),即不需要显示开启事务,也不需要 COMMIT 语句等;若通过明确的 COMMIT 和 ROLLBACK 来提交或回滚事务,则需要通过 BEGIN、COMMIT,ROLLBACK 等事务控制命令来控制。另外,也可以直接用 SET 来改变 MySQL 的自动提交模式:

SET AUTO COMMIT＝0 禁止自动提交

SET AUTO COMMIT＝1 开启自动提交

2.MySQL 事务隔离级别(图 6-7)

READ UNCOMMITTED :事务可以看到其他事务没有被提交的数据(脏数据)。

READ COMMITTED :事务可以看到其他事务已经提交的数据。

REPEATABLE READ :保证事务中多次查询的结果相同(InnoDB 默认级别),会出现幻读。

SERIALIZABLE :所有事务顺序执行,对所有 read 操作加锁,保证一致性。

隔离级别	脏读可能性	不可重复读可能性	幻读可能性	加锁读
READ UNCOMMITTED	Yes	Yes	Yes	No
READ COMMITTED	No	Yes	Yes	No
REPEATABLE READ	No	No	Yes	No
SERIALIZABLE	No	No	No	Yes

图 6-7　MySQL 隔离级别

并发是指在同一时刻,多个操作并行执行。MySQL 对并发的处理主要应用两种机制:锁和多版本控制。

3.MySQL 提供两个级别的并发控制

服务器级(The Server Level)和存储引擎级(The Storage Engine Level)。加锁是实现并发控制的基本方法,MySQL 中锁的粒度:

(1)表级锁。一个特殊类型的访问,整个表被客户锁定。MySQL 独立于存储引擎提供表级锁,例如,对于 ALTER TABLE 语句,服务器提供表级锁(Table-Level Lock)。

（2）页级锁。MySQL 将锁定表中的某些行称为页。被锁定的行只对锁定最初的线程可行，其他线程若想向这些行写入数据，必须等到锁被释放。BDB 存储引擎支持页级锁。

（3）行级锁。行级锁比表级锁或页级锁粒度都小，这种情况下，只有线程使用的行是被锁定的，表中其他行对于其他线程都是可用的。行级锁相对并发度更高，但开销较大。InnoDB 存储引擎提供行级锁。

另外，值得一提的是，MySQL 的一些存储引擎（如 InnoDB、BDB）除了使用封锁机制外，还结合了 MVCC 机制，即多版本并发控制（Multi-Version Concurrent Control），来实现事务的并发控制，从而使得只读事务不用等待锁，提高了事务的并发性。

4.多版本并发控制

MVCC 的实现是通过保存数据资源在不同时间点的快照实现的。根据事务开始的时间不同，每个事务看到的数据快照版本是不一样的。

InnoDB 中的 MVCC 实现是通过在每行记录后面保存两个隐藏的列来实现的，一个保存了行的创建时间，一个保存了行的过期时间。

MVCC 只在 REPEATABLE READ 和 READ COMMITTED 两个隔离级别下工作。

5.MySQL 的锁模式

锁定是 MySQL 数据库引擎用来同步多个用户，同时对同一个数据块的访问的一种机制。MySQL 的表级锁有两种模式：表共享读锁（Table Read Lock）和表独占写锁（Table Write Lock）。表共享读锁不会阻塞其他用户对同一个表的读请求，但是会阻塞所有用户地写请求；表独占写锁会阻塞其他用户的读和写的请求，只有当前用户可以读、写操作。

InnoDB 实现了两种类型的行级锁：共享锁（S）和排他锁（X）。共享锁允许一个事务去读一行，阻止其他事务获得相同数据集的排他锁。排他锁允许获得排他事务更新数据，阻止其他事务取得相同数据集的共享读锁和排他写锁。InnoDB 的行级锁是通过索引来实现的，如果没有索引，就是表级锁，只有通过索引检索数据，才会使用行级锁。

InnoDB 默认修改操作，使用的是排他锁；select 语句默认不加任何锁，共享锁、排他锁语法格式如下：

```
select...from table_name where ... lock in share model;
select...from table_name where ... for update;
```

另外，为了允许行级锁和表级锁共存，实现多粒度锁机制，InnoDB 还有两种内部使用的意向锁（Intention Locks），这两种意向锁都是表级锁。

意向共享锁（IS）：事务打算给数据行加共享锁，事务在给一个数据行加共享锁前必须先取得该表的意向共享锁。

意向排他锁（IX）：事务打算给数据行加排他锁，事务在给一个数据行加排他锁前必须先取得该表的意向排他锁。

6.死锁及处理

在事务锁的使用过程中，死锁是一个不可避免的现象。在下列两种情况下，可以发生死锁。

①当两个事务分别锁定了两个单独的对象，这时每一个事务都要求在另外一个事务锁定的对象上获得一个锁，因此第一个事务都有必须等待另一个释放占有的锁，这时就发生了死锁，这种死锁是最典型的死锁形式。

②当在一个数据库中,有若干个长时间运行的事务执行并行的操作,当查询分析器处理一种非常复杂的查询。例如,连接查询时,由于不能控制处理的顺序,有可能发生死锁现象。

当发生死锁现象时,除非某个外部进程断开死锁,否则死锁中的两个事务都将无期等待下去。通常会选择一个会话牺牲死锁,然后终止当前事务(出现错误)来打断死锁。在发生冲突时,保留优先级高的事务,取消优先级低的事务,通常使用 KILL 语句。

6.4 数据库恢复

6.4.1 数据库恢复概述

计算机和其他设备一样,都有可能发生故障。而故障产生的原因有很多种,硬件的故障、软件的错误、操作员的失误以及恶意的破坏等都是不可避免的。这些情况一旦发生,就有可能造成数据的损坏或丢失,从而影响数据库中数据的正确性。

数据库的恢复作为数据库管理系统必须提供的一项功能,保证了数据库的可靠性,并使数据库始终保持一致的状态,即使是发生故障。

数据库恢复是指当数据库发生故障时,将数据库从错误状态恢复到某一已知的正确状态(亦称为一致状态或完整状态)的过程。

6.4.2 数据库恢复技术

数据库恢复的基本原理就是利用数据的冗余,而数据库恢复机制涉及的两个关键问题就是如何生成冗余数据以及如何利用这些冗余数据恢复数据库。

生成冗余数据最常用的技术是数据转储和登记日志文件。通常在实际应用当中,这两种方法是一起结合使用的。

1.数据转储

数据转储(也称为数据库备份)是数据库管理员定期地将整个数据库复制到辅助存储设备上,如磁带、磁盘等。当数据库遭到破坏后可以利用转储的数据库进行恢复,但这种方式只能将数据库恢复到转储时的状态,若想恢复到故障发生时的状态,则必须利用转储后的事务日志,重新执行日志中的事务。

转储是一项非常耗费时间和资源的活动,因此不能频繁地进行。数据库管理员应该根据数据库实际使用情况制定适当的转储周期。

按照转储状态,数据转储可以分为静态转储和动态转储。

静态转储是在系统中无运行事务时进行的转储操作。即在转储操作开始时数据库始终处于一致性状态,且转储期间不允许对数据库进行任何操作。静态转储实现比较简单,但必须等待正运行的用户事务结束后才能进行,且转储期间不允许新的事务执行。因此,静态转储会降低数据库的可用性。

动态转储是指转储期间允许对数据库进行存取或修改。即转储和用户事务可以并发执行。不用等待正在运行的用户事务结束,也不会影响新事务的运行,不会影响数据库可用性。但不能保证转储结束时的数据库副本正确有效。解决的方法可以通过把转储期间各事务对数据库的修改活动记录下来,建立日志文件。使用数据库副本加上日志文件就能把数据库恢复到某一时刻的正确状态。

按照转储方式,数据转储还可以分为海量转储和增量转储两种方式。海量转储是指每次转储全部数据库。增量转储则是指每次只转储上一次转储之后修改过的数据。通常两种方式进行结合使用。

海量转储和增量转储可以是动态的,也可以是静态的。

2.登记日志文件

日志文件是用来记录事务对数据库的更新操作的文件。为了数据库在发生灾难时能够恢复,数据库对其每次操作都记录在事务日志文件中。

日志文件中每条日志记录主要包含以下的内容:

(1)操作的事务标识(标明是哪个事务);

(2)操作类型(插入、删除或修改);

(3)操作对象(记录内部标识);

(4)更新前数据的旧值(对插入操作,此项为空值);

(5)更新后数据的新值(对删除操作,此项为空值);

(6)事务开始、结束及回写时间。

数据库恢复中,日志文件有着举足轻重的作用,在有些故障中必须用到日志文件。日志文件的信息量特别大,所以通常是保存在海量存储器当中,且经常具有双副本。在动态转储方式中必须建立日志文件。数据库副本和日志文件综合起来才能有效地恢复数据库。

为保证数据库是可恢复的,登记日志文件时必须遵循以下原则:

(1)登记的次序严格按照并发事务执行的时间次序。

(2)必须先写日志文件,后写数据库。

当系统发生故障时,将数据的修改写入数据库中;将表示这个修改的日志记录写到日志文件中,这两个不同的操作有可能只完成其中的一个。若先修改数据库,而没有将此修改记录到日志中,那么以后就无法恢复这个修改。若先将修改写入日志,但没有修改数据库,日志文件恢复时只不过是多执行一次不必要的 UNDO 操作,并不会影响数据库的正确性。因此基于安全考虑,一定要先将日志记录写入日志文件,然后再对数据库进行修改。这就是"先写日志文件"的原则。

6.4.3 数据库故障类型及其恢复策略

数据库故障是指导致数据库的数据出现错误描述状态的情况。数据库系统可能发生的故障种类主要包括事务故障、系统故障、介质故障和计算机病毒引起的故障。针对不同的故障种类,所采取的恢复策略也不相同。

1.事务故障及其恢复

事务内部的故障有的是可以预期的,通过事务程序本身发现,而有的是非预期的,不能由应用程序来处理。例如,运算溢出或因并发事务导致死锁而被选中撤销的事务等。后续讨论的事务故障均指这类非预期的故障。

事务故障意味着事务没有达到预期的终点(COMMIT 或 ROLLBACK),因此,数据库可能处于不正确状态。数据库的恢复机制要在不影响其他事务运行的情况下,强行撤销事务中的全部操作,使得该事务就像没有发生过一样。这类恢复操作称为事务撤销(UNDO)。

事务故障的恢复是由系统自动完成的,对用户具有透明性,其恢复步骤如下:

(1)反向扫描日志文件,即从后向前扫描日志文件,查找该事务的更新操作。

(2)对该事务的更新操作执行逆操作。即将日志记录中"更新前的值"写入数据库。

若是插入操作,则相当于做删除操作,因为"更新前的值"为空;若是删除操作,则做插入操作;若是修改操作,则相当于用"更新前的值"代替"更新后的值"。

(3)继续反向扫描日志文件,查找该事务的其他更新操作,并做同样处理,直到读到此事务的开始标记。

2.系统故障及其恢复

系统故障是指造成系统停止运转、系统要重新启动的故障。例如,发生硬件错误(CPU故障)、操作系统故障、突然停电等。此类故障不会破坏数据库,但会影响正在运行的所有事务,这时内存中的内容全部丢失,所有运行事务都非正常终止。系统故障可能会产生两种情况:一种情况是一些未完成事务对数据库的操作结果已经写入数据库,从而造成数据库可能处于不正确的状态;第二种情况是有些已经提交的事务对数据库的操作结果还保留在缓冲区,没有写入物理数据库中,也会造成数据库处于不一致状态。因此,需要将这些事务已经提交的结果重新写入数据库,这类恢复操作称为事务的重做(REDO)。

为了保证数据的一致性,恢复子系统必须在系统重新启动时让所有非正常终止的事务回滚,强行撤销所有未完成事务,重做所有已提交的事务,以使数据库真正恢复到一致状态。

系统故障的恢复也是由系统在重新启动时自动完成的,不需要用户干预。其恢复步骤如下:

(1)正向扫描日志文件,即从头开始扫描日志文件。首先找出故障发生时还未完成的事务,即只有 BEGIN TRANSACTION,没有相应 COMMIT 的记录,将其事务标识记入撤销队列。同时找出在故障发生前已经提交的事务,即有 BEGIN TRANSACTION 记录,也有 COMMIT 记录,将其事务标识记入重做队列。

(2)对撤销队列中的各个事务进行撤销处理。即反向扫描日志文件,对每个 UNDO 事务的更新操作执行逆操作,将日志记录中"更新前的值"写入数据库。

(3)对重做队列中的各个事务进行重做处理。即正向扫描日志文件,对每个 REDO 事务重新执行日志文件登记的操作,将日志记录中"更新后的值"写入数据库。

3.介质故障和计算机病毒引起的故障及其恢复

介质故障指外存故障,例如,磁盘上的物理数据和日志文件可能会被破坏等。这类故障会对数据库造成破坏,并影响正在操作的数据库的所有事务。这类故障发生的可能性虽然小,但破坏性很大。

计算机病毒是可以自我复制且具有破坏性的计算机程序,极易传播,且可以对数据库造成毁灭性的破坏。

这两种故障的恢复方法是重装数据库,然后重做已完成的事务,其步骤如下:

(1)加载最新的数据库副本(离故障发生时刻最近的转储副本),使数据库恢复到最近一次转储时的一致性状态。若为动态转储的数据库副本,还须同时载入转储开始时刻的日志文件副本,利用恢复系统故障的方法(即 REDO＋UNDO),才能将数据库恢复到一致性状态。

（2）装入最新的日志文件副本，重做已完成的事务。首先扫描日志文件，找出故障发生时已提交的事务的标识，将其记入重做队列。然后正向扫描日志文件，对重做队列中的所有事务进行重做处理。即将日志记录中"更新后的值"写入数据库。

介质故障的恢复需要数据库管理员介入，但 DBA 只需加载最近转储的数据库副本和有关的各日志文件副本，然后执行系统提供的恢复命令即可。具体的恢复操作仍由 DBMS 完成。

6.4.5 MySQL 恢复策略

在数据库表丢失或损坏的情况下，备份数据库是很重要的。如果发生系统崩溃，能够将表尽可能恢复到崩溃发生时的状态。备份是对数据库数据及对象进行复制，数据库备份记录了在进行备份这一操作时数据库中所有数据的状态，如果数据库因意外而损坏，这些备份文件将在数据库还原时用来还原数据库。

还原就是把遭受破坏、丢失的数据或出现错误的数据库还原到原来的正常状态。

MySQL 备份和还原组件为保护存储在 MySQL 数据库中的关键数据提供了基本安全保障。为了最大限度地降低灾难时数据丢失的风险，需要定期备份数据库以保留对数据所做的修改。规划良好的备份和还原策略有助于防止数据库因各种故障而造成数据丢失。

1.MySQL 备份类型

MySQL 提供了多种备份方法，主要备份方法如下：

（1）完全备份。完全备份就是将数据库中的数据及对象全部备份。

（2）增量备份。增量备份就是在某次完全备份的基础上，只备份其后数据的变化，可用于定期备份和自动恢复。

（3）表备份。表备份就是仅将一张或多张表中的数据进行备份，可以使用 select into … outfile 或 backup table 语句，只提取数据库中的数据，而不备份表的结构和定义。load data infile 语句能够将 select into …outfile 语句备份的数据重新放回表中。

2.通过 mysqldump 命令备份

（1）导出整个数据库

```
mysqldump -u 用户名 -p --all-数据库名 ＞ 导出的文件名（备份所有数据库）
mysqldump -u 用户名 -p --all-数据库名 ＞ 导出的文件名（备份一个数据库）
mysqldump -u abc -p mydb ＞ mydb.sql
```

（2）导出一个表（包括数据结构及数据）

```
mysqldump -u 用户名 -p 数据库名 表名＞ 导出的文件名
mysqldump -u abc -p mydb mytb＞ mytb.sql
```

（3）导出一个数据库结构（无数据只有结构）

```
mysqldump -u abc -p -d -add-drop-table mydb ＞mydb.sql
```

3.还原

通过以下命令可以还原 MySQL 数据库：

```
mysql -u用户名 -p密码 数据库名 ＜ 备份的文件名
```

习 题

一、选择题

1.(   )是用户定义的一个数据库操作序列,这些操作要么全做要么全不做,是一个不可分割的工作单位。

A.程序　　　　　　　　　　　B.命令

C.事务　　　　　　　　　　　D.文件

2.对并发操作若不加以控制,可能会带来(   )问题。

A.不安全　　　　　　　　　　B.死锁

C.死机　　　　　　　　　　　D.数据不一致

3.解决并发操作带来的数据不一致性问题普遍采用(   )。

A.封锁　　　　　　　　　　　B.恢复

C.存取控制　　　　　　　　　D.协商

4.用户标识和鉴定提高了数据库系统的(   )。

A.一致性　　　　　　　　　　B.完整性

C.安全性　　　　　　　　　　D.并发控制

5.数据库的完整性是指保护数据库中数据的有效性、相容性和(   )。

A.事务性　　　　　　　　　　B.完整性

C.正确性　　　　　　　　　　D.并发性

6.(   )封锁协议可以防止不可重复读问题。

A.一级　　　　　　　　　　　B.二级

C.三级　　　　　　　　　　　D.都可以

7.若事务 T 对数据 R 已加 X 锁,则其他事务对数据 R(   )。

A.可以加 X 锁　　　　　　　　B.不能加 S 锁

C.可以加 S 锁　　　　　　　　D.可以加任何锁

8.(   )是监测故障并把数据从错误状态中恢复到某一正确状态的功能。

A.并发控制　　　　　　　　　B.完整性控制

C.数据库恢复　　　　　　　　D.安全性控制

9.数据库恢复的基本原理是(   )。

A.数据的正确性　　　　　　　B.数据完整性

C.事务　　　　　　　　　　　D.冗余

10.(   )是指系统运行过程中,由于某种原因造成系统停止运行,致使所有正在运行的事务都以非正常方式终止,要求系统重新启动。

A.事务故障　　　　　　　　　B.系统故障

C.介质故障　　　　　　　　　D.计算机病毒

二、填空题

1.DBMS 对数据库的安全保护功能是通过_____、_____、_____和_____四个方面实现的。

2.避免活锁的简单方法是_____。

3.预防死锁常用的两种方法是_____和_____。

4.事务的四个特征是_____、_____、_____和_____。

5.生成冗余数据最常用的技术包括_____和_____。

6.封锁粒度是指封锁对象的大小。封锁粒度与系统的并发度和并发控制的开销密切相关。封锁的粒度越小,并发度越_____,系统开销也越_____;封锁的粒度越大,并发度越_____,系统开销也越_____。

三、简答题

1.什么是数据库的安全性?

2.什么是数据库的完整性?

3.什么是事务,事务的提交和回滚分别是什么意思?

4.为什么要对并发操作进行控制?实现并发控制的常用方法是什么?

5.简述共享锁和排他锁的兼容性。

6.简述数据库的故障类型及其恢复策略。

第Ⅱ篇

数据库实践指导篇

第一部分　数据库基础操作

实验 1　安装及配置 MySQL

本实验主要介绍 MySQL 的安装和使用,需根据各自需求选择正确的版本进行安装和使用。

案例场景

假设你所在的学校需要改变之前手工管理图书的状况,决定创建一个图书管理系统。

作为负责人的你,根据各项需求,包括开发成本、图书管理系统数据的存储能力、教师和学生对系统的整个访问性能、系统的灾难恢复能力等,通过权衡各个数据库管理系统的功能、成本等因素后,决定选择使用 MySQL 数据库对图书管理系统的各项数据进行存储。

首先需要选择合适的 MySQL 版本,在服务器进行安装配置,且保证其第一次安装正确非常重要。

实验目的

- 掌握 MySQL 的安装;
- 了解 MySQL 的服务;
- 熟悉连接 MySQL 服务器操作。

相关知识点

MySQL 最初由瑞典 MySQL AB 公司开发,经过几次收购后,目前属于 Oracle 公司。

MySQL 以其开源、免费、体积小、便于安装,并且功能强大等特点,成为全球最受欢迎的关系型数据库管理系统之一。MySQL 可以工作在各种平台下(Unix,Linux,Windows)以及支持多种编程语言,这些编程语言包括 C、C++、Python、Java、Perl、PHP、Eiffel、Ruby 等。

根据操作系统的类型来划分,MySQL 数据库大体上可以分为 Windows 版、Unix 版、Linux 版和 Mac Os 版。

根据 MySQL 数据库用户群体的不同,将其分为社区版(Community Server)和企业版(Enterprise Server)。社区版免费开源,但没有官方的技术支持;企业版对商业用户采取收费的方式,提供技术服务。

本教程采用的是社区版 MySQL,版本为 MySQL Installer 8.0.20。

实验示例

实验 1.1　MySQL 的安装

【实验内容】

安装 MySQL。

【实验步骤】

1.安装前准备工作

用户可以到官方网址下载最新版本的 MySQL 数据库安装文件。

【最佳实践】

可以根据实际项目的需要来选择免费的社区版或者收费的企业版。根据操作系统的不同选择 MySQL 安装文件的不同。

2.使用安装向导进行安装

本次实验定在 Windows 操作系统下安装 MySQL Installer 8.0.20。进入 MySQL 官网下载 MySQL 安装包,在此选择第二个进行下载,如图 1-1 所示。

图 1-1　官网下载 MySQL 数据库

下载好 MySQL 安装包后,双击安装包文件,同意接受许可协议后,打开 MySQL 选择安装类型界面,如图 1-2 所示。

安装类型,有"Developer Default"(开发人员默认)、"Server only"(仅服务器)、"Client only"(仅客户端)、"Full"(完全)、"Custom"(用户自定义)等选项,可根据实际情况及需求进行选择。然后单击"Next"按钮,进入环境检查界面,如图 1-3 所示。

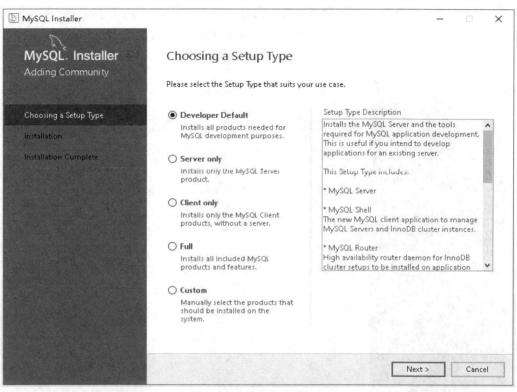

图 1-2　选择安装类型界面

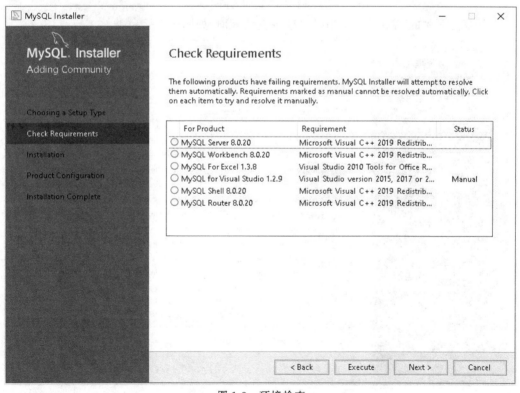

图 1-3　环境检查

如果有需要的软件没有安装，则会出现在如图 1-3 所示的界面中内容，然后单击"Execute"按钮可以进行安装，若仍未安装好，可继续单击"Next"按钮，打开界面，如图 1-4 所示。

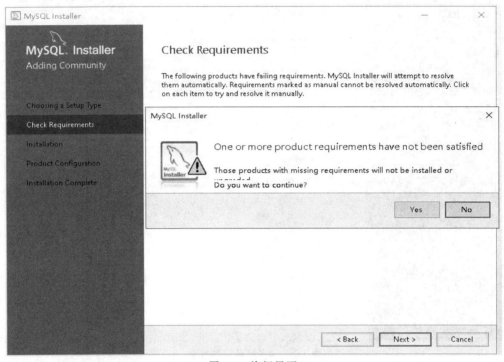

图 1-4　询问界面

单击图 1-4 中的"Yes"按钮，则弹出准备安装界面，如图 1-5 所示。

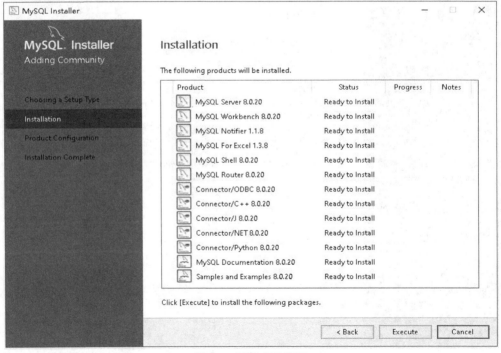

图 1-5　准备安装界面

单击"Execute"按钮进行安装,等待所有安装完成。安装完成后,单击"Next"按钮进行下一步,如图 1-6 所示。

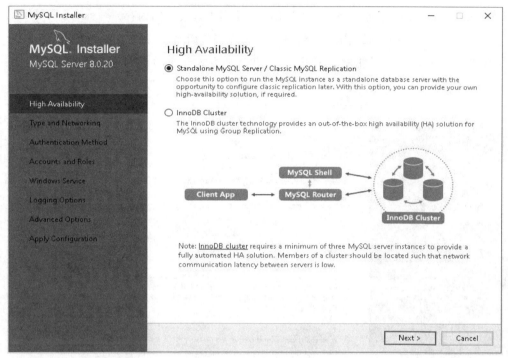

图 1-6　高可用性选择

高可用性采用默认选择项,继续单击"Next"按钮,打开界面,如图 1-7 所示。

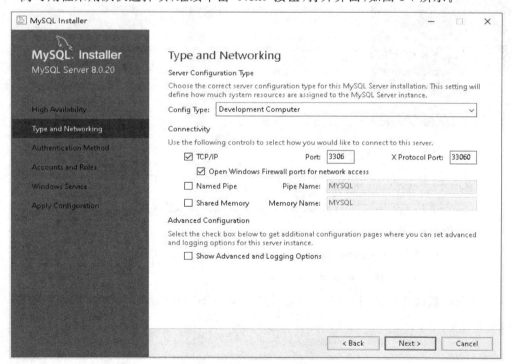

图 1-7　类型及端口选择等

图 1-7 中的 Config Type 有三个选项，根据各自需求进行选择。

Development Computer：开发机，该类型应用将会使用最小数量的内存。

Server Computer：服务器，该类型应用将会使用中等大小的内存。

Dedicated Computer：专用服务器，该类型应用将使用当前可用的最大内存。

继续采用默认选项，单击"Next"按钮，打开认证方式界面，如图 1-8 所示。

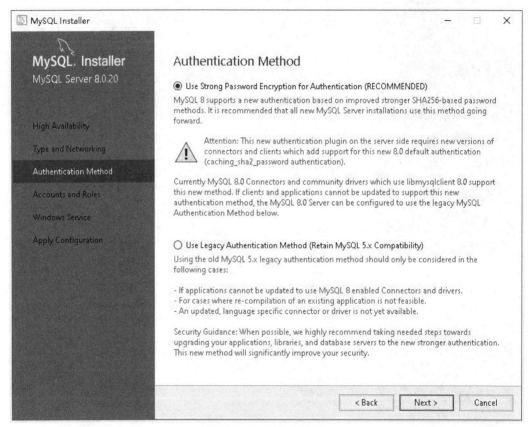

图 1-8　认证方式界面

MySQL Server 8.0.20 认证方式有两种：

Use Strong Password Encryption for Authentication(RECOMMENDED)：使用强密码加密进行身份验证(推荐)；

Use Legacy Authentication Method (Retain MySQL 5.x Compatibility)：使用传统身份验证方法(保留 MySQL 5.x 兼容性)。

继续采用默认选项，单击"Next"按钮，打开 Accounts and Roles 用户密码设置界面，如图 1-9 所示。

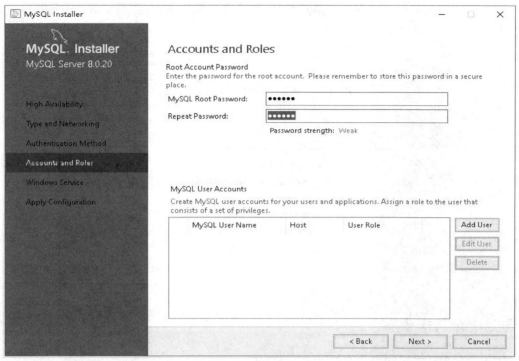

图 1-9   密码设置

密码必须大于或等于 4 个字符。密码设置好后，记住密码，因为后续都要使用到。单击"Next"按钮，打开 Windows Service 界面，如图 1-10 所示。

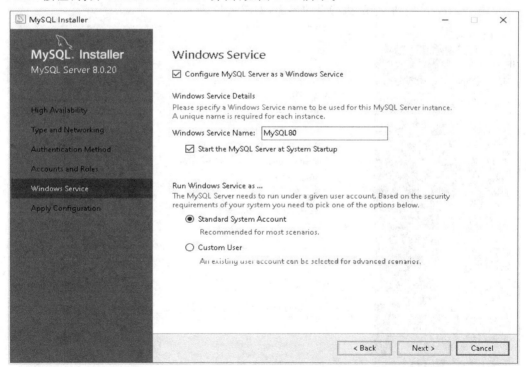

图 1-10   设置 Windows Service

如果 Windows Service Name 是感叹号,则修改成其他名称;如果正常,就单击"Next"
按钮,打开如图 1-11 所示界面。

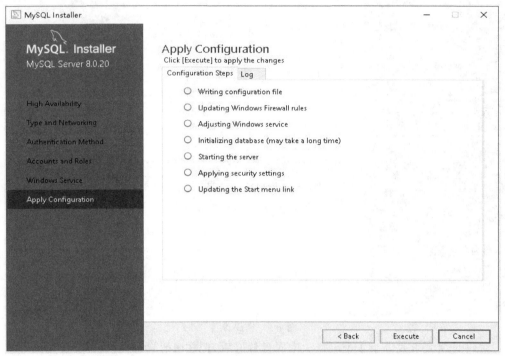

图 1-11　Apply Configuration 界面

单击"Execute"按钮,全部执行后的界面,如图 1-12 所示。

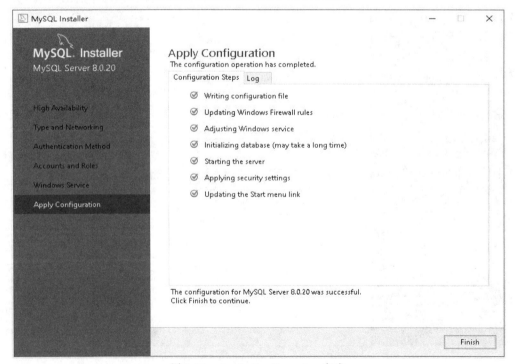

图 1-12　Apply Configuration 完成

Apply Configuration 完成后,单击"Finish"按钮,打开 Product Configuration 界面,如图 1-13 所示。

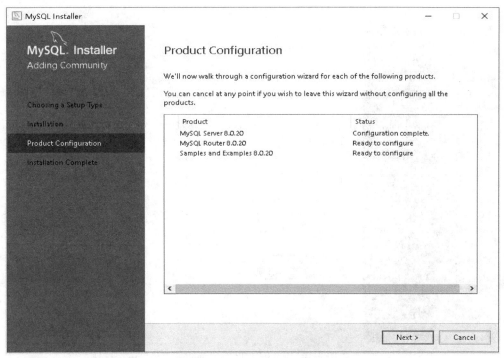

图 1-13　Product Configuration 设置界面

单击"Next"按钮,依次进行设置,如图 1-14、图 1-15、图 1-16 所示。

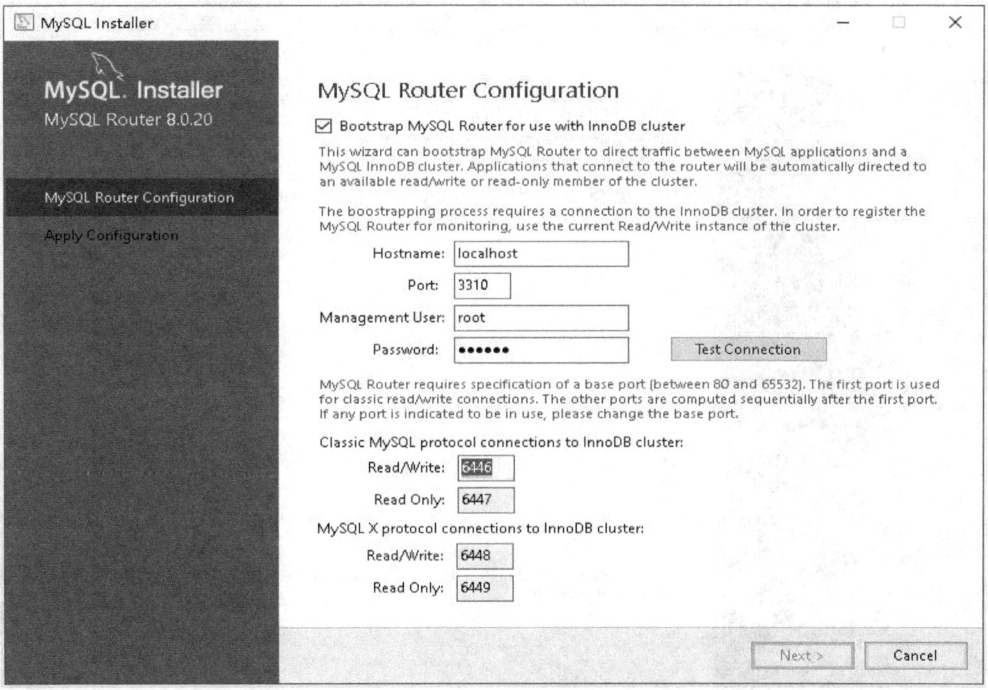

图 1-14　MySQL Router Configuration 设置

根据各自需求填好 Hostname,在此也可以输入"localhost",然后单击"Next"按钮,进行 Connect To Server 设置。

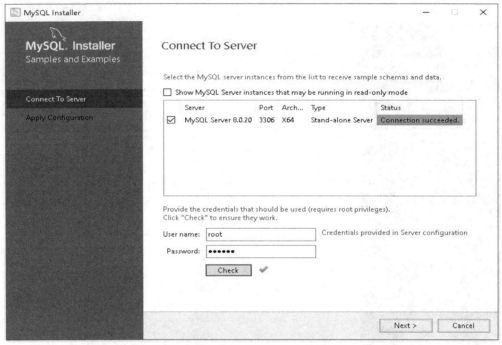

图 1-15   Connect To Server 设置

输入 root 用户及之前设置的 root 用户密码,可以进行连接服务器数据库测试。单击"Next"按钮,设置 Apply Configuration。

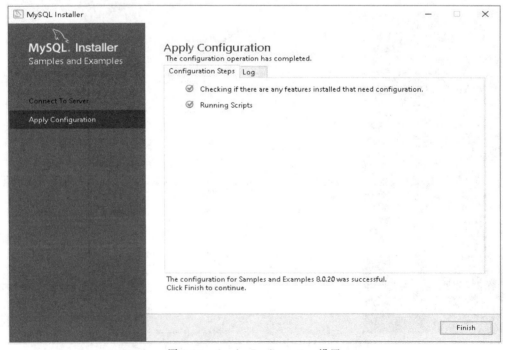

图 1-16   Apply Configuration 设置

单击"Finish"按钮，MySQL 安装就完成了，如图 1-17 所示。

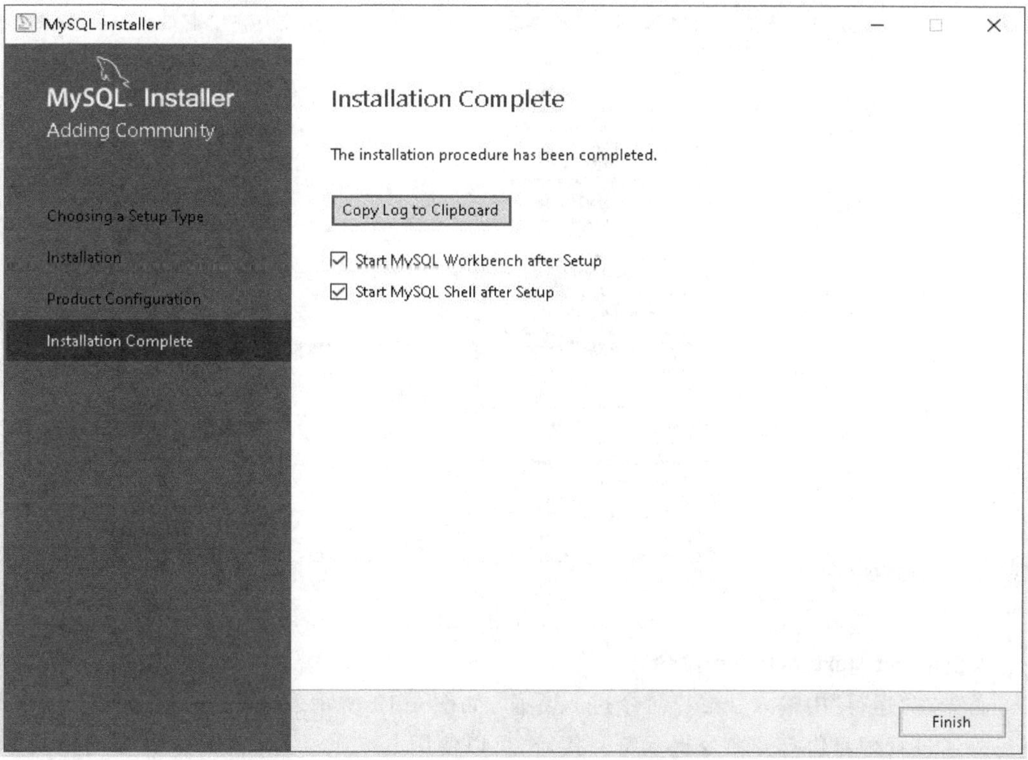

图 1-17 MySQL 安装完成界面

实验 1.2 MySQL 服务的启动与停止

【实验内容】

启动、停止 MySQL 服务。

【实验步骤】

启动和停止 MySQL 服务有以下两种方式：

1.使用系统服务管理器启动和停止 MySQL 服务

MySQL 安装好后，其服务也属于 Windows 服务的一部分，可以通过选择"控制面板"
→"管理工具"→"服务"，打开 Windows 服务管理器，查看到 MySQL 服务。MySQL 服务的
名称和安装 MySQL 时选择的 Windows Service Name 一致（可参照图 1-10）。选中 MySQL
服务，单击右键，可以完成 MySQL 服务的启动、停止、暂停、恢复和重新启动等操作，如
图 1-18 所示。

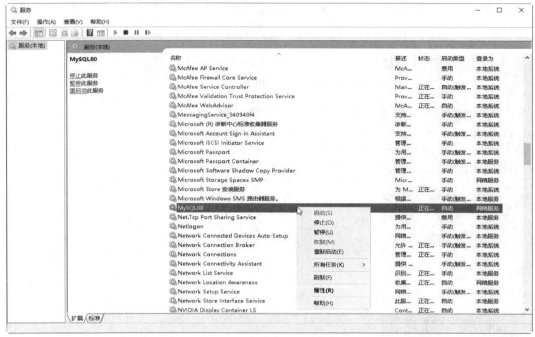

图 1-18　启动 MySQL 服务

2.使用 net start、net stop 命令

首先在"运行"中输入"cmd"命令进入界面,如图 1-19 所示。如果不是管理员身份,则需另外通过管理身份打开命令提示符。接着,可以使用 net start MySQL80 命令启动服务,使用 net stop MySQL80 命令停止服务,如图 1-20 所示。其中 MySQL80 是 MySQL 服务的名称,和安装 MySQL 时选择的 Windows Service Name 名称一致。

注意:一定要用管理员身份打开命令提示符,才能成功停止和启动 MySQL80 服务。

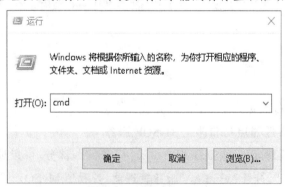

图 1-19　打开命令提示符

图 1-20　启动和停止 MySQL80 服务

【最佳实践】

MySQL80 服务若为自动启动,开机后就可以直接使用 MySQL,而无须再启动服务。若开机后不需要使用 MySQL,为避免耗费机器资源,拖慢开机速度,可以将 MySQL 服务设置为手动启动。

实验 1.3 连接和断开 MySQL 服务器

【实验内容】

使用命令连接和断开 MySQL 服务器。

【实验步骤】

1.使用命令连接 MySQL 数据库

MySQL 服务启动后,选择"开始"→"运行',在弹出的运行窗口中输入"cmd"命令进入命令提示符界面,切换到 MySQL 安装目录的 bin 目录下,然后输入以下命令,连接 MySQL 服务器。如果不想每次都是切换到 MySQL 安装目录的 bin 目录下输入命令,则可以在环境变量中添加 MySQL 安装目录的 bin 目录。

```
mysql -h 主机名 -P 端口号 -u 用户名 -p 密码
```

例如(用户名是 root,密码是 12345),则命令为:

```
mysql -h localhost -P 3306 -u root -p 12345
```

其中,h 代表 host 主机名,P 代表 port 端口号,u 代表 user 用户名,p 代表密码。并且 h 和 localhost,p 和端口号,u 和用户名之间的空格可省略。

为保密起见,不显示密码,在输入-p 之后直接按 Enter 键,此时再输入密码为不可见。

如果登录的是本机的 MySQL 服务器,且端口号是 3306,命令则可简写为:

```
mysql -u root -p 密码
```

连接 MySQL 服务器如图 1-21 所示。

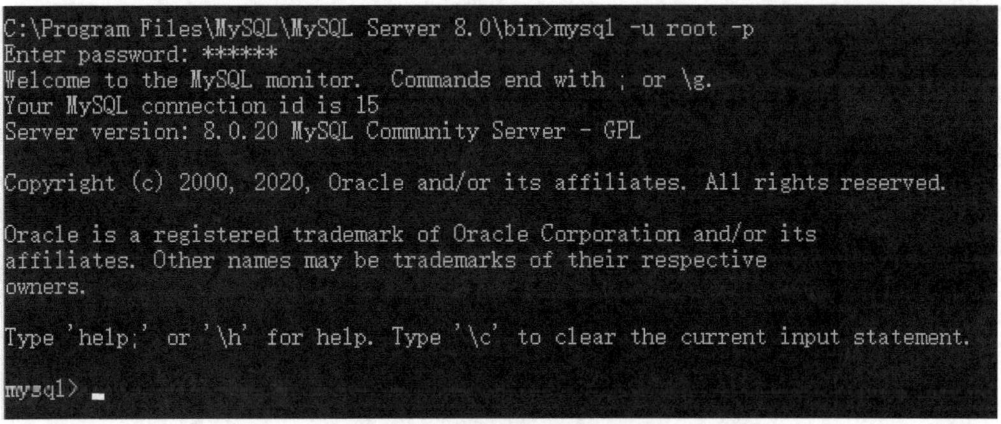

```
C:\Program Files\MySQL\MySQL Server 8.0\bin>mysql -u root -p
Enter password: ******
Welcome to the MySQL monitor.  Commands end with ; or \g.
Your MySQL connection id is 15
Server version: 8.0.20 MySQL Community Server - GPL

Copyright (c) 2000, 2020, Oracle and/or its affiliates. All rights reserved.

Oracle is a registered trademark of Oracle Corporation and/or its
affiliates. Other names may be trademarks of their respective
owners.

Type 'help;' or '\h' for help. Type '\c' to clear the current input statement.

mysql>
```

图 1-21 连接 MySQL 服务器

进入 MySQL 服务器后,则可以进行创建数据库、创建表等各种数据库操作。

退出 MySQL 的命令为 quit 或者 exit,如图 1-22 所示。

```
mysql> quit;
Bye
```

图 1-22 退出 MySQL

【最佳实践】

为了可以成功安装 MySQL,请参考以下建议:

- 结合自己的工作或学习的实际需求,选择合适的版本安装。
- 如果需要卸载 MySQL,请检查计算机里的相关文件是否全部卸载。

【练习】

你是 HR Student 公司 IT 部门的数据库管理员。该部门的主管需要为销售部门开发一个新的 MySQL 实例。你必须根据提供的部署规范中的信息进行安装。

- 是否需要新建实例?
- 选择哪种安装类型?

实验 2　数据库的基本操作

数据库是长期存储在计算机中的有组织、可共享大量数据和数据对象(存储过程、触发器等)的集合,这种集合按一定的数据模型组织、描述和存储,具有较小的数据冗余、较高的数据独立性,可为多种用户共享,能以安全和可靠的方法进行数据的检索和存储。简单地说数据库就是数据的仓库。在创建数据库对象之前应该先创建数据库。MySQL 数据库的管理主要包括创建数据库,选择当前操作的数据库,显示数据库结构及删除数据库等操作。

案例场景

图书管理系统数据库的创建过程中,作为数据库管理员的你,首先需要完成以下任务:创建新的数据库来存储所有数据,为数据库选择合适的存储引擎及字符集。在确定此项任务后,首先在 MySQL 中创建名为 LittleLibrary 的数据库,用来存储图书管理系统的所有数据。

实验目的

- 熟悉 MySQL 的存储引擎和选择合适的存储引擎;
- 熟悉 MySQL 支持的字符集和选择合适的字符集;
- 掌握用 MySQL 语言创建、修改和删除数据库方法。

相关知识点

MySQL 中的数据库是由数据表的集合组成的,每个数据表中包含数据以及其他数据库对象,这些对象包括视图、索引、存储过程和触发器等。

1.存储引擎

数据库存储引擎是数据库底层的软件组织,数据库管理系统(DBMS)使用数据引擎进行创建、查询、更新和删除数据。不同的存储引擎提供不同的存储机制、索引技巧、锁定水平等功能,使用不同的存储引擎,可以获得特定的功能。Oracle 和 SQL Server 等数据库管理系统只有一种存储引擎,而 MySQL 提供多种不同的数据引擎。

MySQL 可以通过 show engines 命令查看存储引擎,如图 2-1 所示。

```
mysql> show engines;
+--------------------+---------+----------------------------------------------------------------+--------------+------+------------+
| Engine             | Support | Comment                                                        | Transactions | XA   | Savepoints |
+--------------------+---------+----------------------------------------------------------------+--------------+------+------------+
| InnoDB             | DEFAULT | Supports transactions, row-level locking, and foreign keys     | YES          | YES  | YES        |
| MRG_MYISAM         | YES     | Collection of identical MyISAM tables                          | NO           | NO   | NO         |
| MEMORY             | YES     | Hash based, stored in memory, useful for temporary tables      | NO           | NO   | NO         |
| BLACKHOLE          | YES     | /dev/null storage engine (anything you write to it disappears) | NO           | NO   | NO         |
| MyISAM             | YES     | MyISAM storage engine                                          | NO           | NO   | NO         |
| CSV                | YES     | CSV storage engine                                             | NO           | NO   | NO         |
| ARCHIVE            | YES     | Archive storage engine                                         | NO           | NO   | NO         |
| PERFORMANCE_SCHEMA | YES     | Performance Schema                                             | NO           | NO   | NO         |
| FEDERATED          | NO      | Federated MySQL storage engine                                 | NULL         | NULL | NULL       |
+--------------------+---------+----------------------------------------------------------------+--------------+------+------------+
9 rows in set (0.00 sec)
```

图 2-1　查看存储引擎

在 MySQL 数据库中,不需要在整个服务器中使用同一种存储引擎,针对具体的要求,可以对每一个表使用不同的存储引擎。Support 列的值表示某种引擎是否能使用:YES 表示可以使用；NO 表示不能使用；DEFAULT 表示该引擎为当前默认的存储引擎 。下面来看一下其中几种常用的引擎：

（1）InnoDB 存储引擎

InnoDB 是事务型数据库的首选引擎，支持事务安全表（ACID），支持行锁定和外键，InnoDB 是默认的 MySQL 引擎。

InnoDB 主要特性有：

①InnoDB 给 MySQL 提供了具有提交、回滚和崩溃恢复能力的事物安全（ACID 兼容）存储引擎。InnoDB 锁定在行级并且也在 SELECT 语句中提供一个类似 Oracle 的非锁定读。这些功能增加了多用户部署和性能。在 SQL 查询中，可以自由地将 InnoDB 类型的表和其他 MySQL 类型的表混合起来，甚至在同一个查询中也可以混合。

②InnoDB 是处理巨大数据量的最大性能设计。它的 CPU 效率是任何其他基于磁盘的关系型数据库引擎所不能匹敌的。

③InnoDB 存储引擎完全与 MySQL 服务器整合，InnoDB 存储引擎为在主内存中缓存数据和索引而维持它自己的缓冲池。InnoDB 的表和索引在一个逻辑表空间中，表空间可以包含数个文件（或原始磁盘文件）。这与 MyISAM 表不同，如在 MyISAM 表中每个表被存放在分离的文件中。InnoDB 表可以是任何尺寸。

④InnoDB 支持外键完整性约束，存储表中的数据时，每张表的存储都按主键顺序存放，如果没有显示，在表定义指定主键时，InnoDB 会为每一行生成一个 6 Byte 的 ROWID，并以此作为主键。

⑤InnoDB 被用在众多需要高性能的大型数据库站点上。

InnoDB 不创建目录。使用 InnoDB 时，MySQL 将在 MySQL 数据目录下创建一个名为 ibdata1 的 10 MB 大小的自动扩展数据文件，以及两个名为 ib_logfile0 和 ib_logfile1 的 5 MB大小的日志文件。

（2）MyISAM 存储引擎

MyISAM 基于 ISAM 存储引擎，并对其进行扩展。它是在 Web、数据仓储和其他应用环境下最常使用的存储引擎之一。MyISAM 拥有较高的插入、查询速度，但不支持事物。MyISAM 主要特性有：

①在支持大文件的文件系统和操作系统上被支持。

②当删除、更新及插入操作混合使用时，动态尺寸的行产生更少碎片。这要通过合并相邻被删除的块，以及若下一个块被删除，就扩展到下一块自动完成。

③每个 MyISAM 表最大索引数是 64，这可以通过重新编译来改变。每个索引最大的列数是 16。

④最大的键长度是 1000 Byte，这可以通过编译来改变，对于键长度超过 250 Byte 的情况，一个超过 1024 Byte 的键将被用上。

⑤BLOB 和 TEXT 列可以被索引。

⑥NULL 被允许在索引的列中，这个值占每个键的 0~1 个 Byte。

⑦所有数字键值以高字节优先被存储以允许一个更高的索引压缩。

⑧每个 MyISAM 类型的表都有一个 AUTO_INCREMENT 的内部列，当 INSERT 和 UPDATE 操作的时候该列被更新，同时 AUTO_INCREMENT 列将被刷新。所以说，MyISAM 类型表的 AUTO_INCREMENT 列更新比 InnoDB 类型的 AUTO_INCREMENT 更快。

⑨可以把数据文件和索引文件放在不同目录。

⑩)每个字符列可以有不同的字符集。

⑪有 VARCHAR 的表可以固定或动态记录长度。

⑫VARCHAR 和 CHAR 列可以多达 64 KB。

使用 MyISAM 引擎创建数据库,将产生 3 个文件。文件的名字以表名字开始,扩展名的文件类型:frm 文件存储表定义、数据文件的扩展名为.MYD(MYData)、索引文件的扩展名时.MYI(MYIndex)。

(3)MEMORY 存储引擎

MEMORY 存储引擎将表中的数据存储到内存中,未查询和引用其他表数据提供快速访问。MEMORY 主要特性有:

①MEMORY 表的每个表可以有多达 32 个索引,每个索引 16 列,以及 500 Byte 的最大键长度。

②MEMORY 存储引擎执行 HASH 和 BTREE 缩影。

③可以在一个 MEMORY 表中有非唯一键值。

④MEMORY 表使用一个固定的记录长度格式。

⑤MEMORY 不支持 BLOB 或 TEXT 列。

⑥MEMORY 支持 AUTO_INCREMENT 列和对可包含 NULL 值的列的索引。

⑦MEMORY 表由客户端之间共享(就像其他任何非 TEMPORARY 表)。

⑧MEMORY 表被存储在内存中,内存是 MEMORY 表和服务器在查询处理空闲时,创建的内部表共享。

⑨当不需要 MEMORY 表的内容时,要释放被 MEMORY 表使用的内存,应该执行 DELETE FROM 或 TRUNCATE TABLE,或者删除整个表(使用 DROP TABLE)。

不同的存储引擎都有各自的特点,以适应不同的需求,见表 2-1。

表 2-1　　　　　　　　　　　　各存储引擎的特点

功能	MyISAM	MEMORY	InnoDB	ARCHIVE
存储限制	256 TB	RAM	64 TB	None
支持事务	No	No	Yes	No
支持全文索引	Yes	No	No	No
支持数索引	Yes	Yes	Yes	No
支持哈希索引	No	Yes	No	No
支持数据缓存	No	N/A	Yes	No
支持外键	No	No	Yes	No

如果要提供提交、回滚、崩溃恢复能力的事务安全(ACID 兼容)能力,并要求实现并发控制,InnoDB 是一个好的选择;如果数据表主要用来插入和查询记录,则 MyISAM 引擎能提供较高的处理效率;如果只是临时存放数据,数据量不大,并且不需要较高的数据安全性,可以选择将数据保存在内存中的 MEMORY 引擎,MySQL 中使用该引擎作为临时表,存放查询的中间结果;如果只有 INSERT 和 SELECT 操作,可以选择 Archive,Archive 支持高并发的插入操作,但是本身不是事务安全的。Archive 非常适合存储归档数据,如记录日志信息可以使用 Archive。

使用哪一种引擎需要灵活选择,一个数据库中多个表可以使用不同引擎以满足各种性能和实际需求,使用合适的存储引擎,将会提高整个数据库的性能。

2.字符集

字符集是一套符号和编码,校验规则(Collation)是在字符集内用于比较字符的一套规则,即字符集的排序规则。MySQL 可以使用对多种字符集和检验规则来组织字符。

MySQL 服务器可以支持多种字符集,在同一台服务器,同一个数据库,甚至同一个表的不同字段都可以指定使用不同的字符集,相比 Oracle 等其他数据库管理系统,在同一个数据库只能使用相同的字符集,MySQL 明显存在更大的灵活性。

每种字符集都可能有多种校对规则,并且都有一个默认的校对规则,并且每个校对规则只是针对某个字符集,和其他的字符集没有关系。

在 MySQL 中,字符集的概念和编码方案被看作是同义词,一个字符集是一个转换表和一个编码方案的组合。

(1)查看 MySQL 服务器支持的字符集

可以通过以下三种方式查看 MySQL 服务器支持的字符集:

①show character set;

②select * from information_schema.character_sets;

③select character_set_name, default_collate_name, description, maxlen from information_schema.character_sets;

现通过第一种方式查看 MySQL 服务器支持的字符集,如图 2-2 所示。

```
mysql> show character set;
+----------+-----------------------------+----------------------+--------+
| Charset  | Description                 | Default collation    | Maxlen |
+----------+-----------------------------+----------------------+--------+
| big5     | Big5 Traditional Chinese    | big5_chinese_ci      | 2      |
| dec8     | DEC West European           | dec8_swedish_ci      | 1      |
| cp850    | DOS West European           | cp850_general_ci     | 1      |
| hp8      | HP West European            | hp8_english_ci       | 1      |
| koi8r    | KOI8-R Relcom Russian       | koi8r_general_ci     | 1      |
| latin1   | cp1252 West European        | latin1_swedish_ci    | 1      |
| latin2   | ISO 8859-2 Central European | latin2_general_ci    | 1      |
| swe7     | 7bit Swedish                | swe7_swedish_ci      | 1      |
| ascii    | US ASCII                    | ascii_general_ci     | 1      |
| ujis     | EUC-JP Japanese             | ujis_japanese_ci     | 3      |
| sjis     | Shift-JIS Japanese          | sjis_japanese_ci     | 2      |
| hebrew   | ISO 8859-8 Hebrew           | hebrew_general_ci    | 1      |
| tis620   | TIS620 Thai                 | tis620_thai_ci       | 1      |
| euckr    | EUC-KR Korean               | euckr_korean_ci      | 2      |
| koi8u    | KOI8-U Ukrainian            | koi8u_general_ci     | 1      |
| gb2312   | GB2312 Simplified Chinese   | gb2312_chinese_ci    | 2      |
| greek    | ISO 8859-7 Greek            | greek_general_ci     | 1      |
| cp1250   | Windows Central European    | cp1250_general_ci    | 1      |
| gbk      | GBK Simplified Chinese      | gbk_chinese_ci       | 2      |
| latin5   | ISO 8859-9 Turkish          | latin5_turkish_ci    | 1      |
| armscii8 | ARMSCII-8 Armenian          | armscii8_general_ci  | 1      |
| utf8     | UTF-8 Unicode               | utf8_general_ci      | 3      |
| ucs2     | UCS-2 Unicode               | ucs2_general_ci      | 2      |
| cp866    | DOS Russian                 | cp866_general_ci     | 1      |
| keybcs2  | DOS Kamenicky Czech-Slovak  | keybcs2_general_ci   | 1      |
| macce    | Mac Central European        | macce_general_ci     | 1      |
| macroman | Mac West European           | macroman_general_ci  | 1      |
| cp852    | DOS Central European        | cp852_general_ci     | 1      |
| latin7   | ISO 8859-13 Baltic          | latin7_general_ci    | 1      |
| utf8mb4  | UTF-8 Unicode               | utf8mb4_general_ci   | 4      |
| cp1251   | Windows Cyrillic            | cp1251_general_ci    | 1      |
| utf16    | UTF-16 Unicode              | utf16_general_ci     | 4      |
| utf16le  | UTF-16LE Unicode            | utf16le_general_ci   | 4      |
| cp1256   | Windows Arabic              | cp1256_general_ci    | 1      |
| cp1257   | Windows Baltic              | cp1257_general_ci    | 1      |
| utf32    | UTF-32 Unicode              | utf32_general_ci     | 4      |
| binary   | Binary pseudo charset       | binary               | 1      |
| geostd8  | GEOSTD8 Georgian            | geostd8_general_ci   | 1      |
| cp932    | SJIS for Windows Japanese   | cp932_japanese_ci    | 2      |
| eucjpms  | UJIS for Windows Japanese   | eucjpms_japanese_ci  | 3      |
| gb18030  | China National Standard GB18030 | gb18030_chinese_ci | 4      |
+----------+-----------------------------+----------------------+--------+
41 rows in set (0.00 sec)
```

图 2-2　查看 MySQL 服务器支持的字符集

(2)查看当前数据库的字符集

另外,可以通过以下命令查看当前数据库的字符集。

```
show variables like 'character %';
```

使用以上命令查看示例数据库 sakila 的字符集,如图 2-3 所示。

```
mysql> use sakila;
Database changed
mysql> show variables like 'character%';
+--------------------------+----------------------------------------------------+
| Variable_name            | Value                                              |
+--------------------------+----------------------------------------------------+
| character_set_client     | gbk                                                |
| character_set_connection | gbk                                                |
| character_set_database   | utf8                                               |
| character_set_filesystem | binary                                             |
| character_set_results    | gbk                                                |
| character_set_server     | utf8                                               |
| character_set_system     | utf8                                               |
| character_sets_dir       | C:\Program Files\MySQL\MySQL Server 5.7\share\charsets\ |
+--------------------------+----------------------------------------------------+
8 rows in set, 1 warning (0.01 sec)
```

图 2-3　查看示例数据库 sakila 的字符集

其中,Variable_name 数据相关含义如下:

①character_set_client:表示客户端请求数据的字符集。

②character_set_connection:表示客户机/服务器连接的字符集。

③character_set_database:表示默认数据库的字符集,无论默认数据库如何改变,都是这个字符集。如果没有默认数据库,那就使用 character_set_server 指定的字符集,这个变量建议由系统自己管理,不要人为定义。

④character_set_filesystem:表示把 os 上文件名转化成此字符集,即把 character_set_client 转换 character_set_filesystem,默认 binary 是不做任何转换的。

⑤character_set_results:表示结果集,返回给客户端的字符集。

⑥character_set_server:表示数据库服务器的默认字符集。

⑦character_set_system:表示系统字符集,这个值总是 utf8,不需要设置。这个字符集用于数据库对象(如表和列)的名字,也用于存储在目录表中的函数的名字。

Unicode(Universal Code)是一种在计算机上使用的字符编码。Unicode 是为了解决传统的字符编码方案的局限而产生的,它为每种语言中的每个字符设定了统一并且唯一的二进制编码,以满足跨语言、跨平台进行文本转换、处理的要求。Unicode 存在不同的编码方案,包括 UTF-8、UTF-16 和 UTF-32。UTF 表示 Unicode Transformation Format。UTF-8就是在互联网上使用最广的一种 Unicode 的实现方式。

GBK 是一个汉字编码标准,全称《汉字内码扩展规范》(Chinese Internal Code Specification)。

(3)常用字符集的选择

对数据库来说,字符集比较重要,因为数据库存储的数据大部分都是各种文字,字符集对数据库的存储、处理性能及日后对系统的移植、推广都会影响。MySQL 目前支持的字符集种类繁多,选择时可以有以下一些考虑:

①满足应用支持语言的需求,如果应用要处理各种各样的语言,或者需要发布到使用不同语言的国家或者地区,应该选择 Unicode,就目前 MySQL 来说,选择 UTF-8 字符集。

②如果应用中涉及已有数据的导入,就要充分考虑字符集对已有数据的兼容。如果已

经有数据是 GBK 文字,还选择 UTF-8 作为数据库字符集,就会出现汉字无法正确导入或显示的问题。

③如果数据库只需要支持一般中文,数据量很大,性能要求也很高,那就应该选择双字节的中文字符集 GBK。因为相对于 UTF-8 而言 GBK 比较节省空间,每个汉字占用 2 个字节,而 UTF-8 汉字编码需要 3 个字节。这样使用 GBK 可以减少磁盘 IO、数据库 cache 以及网络传输时间,从而提高性能。如果主要处理的是英文字符,仅有少量汉字,那么选择 UTF-8 较好。

④如果数据库需要做大量的字符运算,如比较、排序等,那么选择定长字符集可能会更好,处理速度比变长字符集会更快。

⑤考虑客户端所使用的字符集编码格式,若所有客户端程序都支持相同的字符集,则应该优先选择该字符集作为数据库字符集,这样可以避免因字符集转化带来的性能开销和数据损失。

(4)查看当前数据库的校对规则

可以通过以下命令查看当前数据库的校对规则。

```
show variables like 'collation%';
```

使用以上命令查看示例数据库 sakila 的校对规则,如图 2-4 所示。

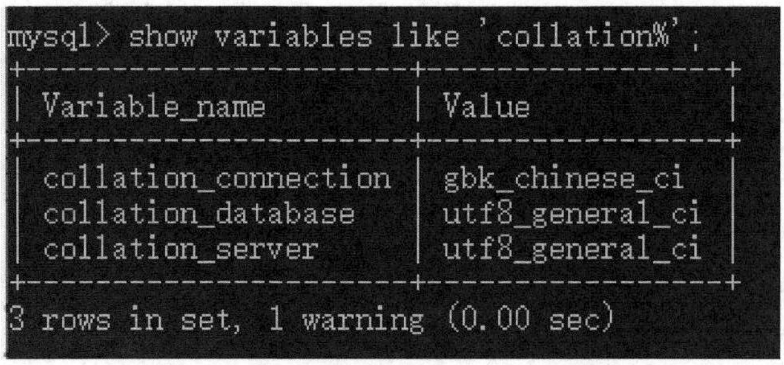

```
mysql> show variables like 'collation%';
+----------------------+-----------------+
| Variable_name        | Value           |
+----------------------+-----------------+
| collation_connection | gbk_chinese_ci  |
| collation_database   | utf8_general_ci |
| collation_server     | utf8_general_ci |
+----------------------+-----------------+
3 rows in set, 1 warning (0.00 sec)
```

图 2-4　查看示例数据库 sakila 的校对规则

其中,Variable_name 数据相关含义如下:

①collation_connection:表示当前连接的默认校对。

②collation_database:表示当前数据库的默认校对。每次用 USE 语句来"跳转"到另一个数据库的时候,这个变量的值就会改变。如果没有当前数据库,这个变量的值就是 collation_server 变量的值。

③collation_server:表示服务器的默认校对。

Value 值为排序方式,排序方式的命名规则为:字符集名字_语言_后缀,其中各个典型后缀的含义如下:

①_ci:不区分大小写的排序方式。

②_cs:区分大小写的排序方式。

③_bin:二进制排序方式,大小比较将根据字符编码,不涉及人类语言,因此_bin 的排序方式不包含人类语言。

另外,字符集合校对规则有 4 个级别的默认设置:

①服务器级别；

②数据库级别；

③表级别、列级别；

④连接级别。

这里有一个通用的规则：先为服务器或者数据库选择一个合理的字符集，然后根据不同的实际情况，让某个列选择自己的字符集。

3.数据库操作

在 MySQL 中，可以使用 CREATE DATABASE 或 CREATE SCHEMA 命令创建数据库。

（1）创建数据库的语句语法如下：

```
CREATE { DATABASE | SCHEMA } [IF NOT EXISTS] database_name
[[DEFAULT] CHARACTER SET charset_name]
    [[DEFAULT] COLLATE collation_name]
```

各主要参数的说明如下：

①database_name：新建数据库的名称。数据库名称在 MySQL 中必须唯一，而且必须符合标识符规则。

②IF NOT EXISTS：在创建数据库前首先判断该名称的数据库是否存在，只有该名称的数据库不存在时，才执行 CREATE DATABASE 操作，用此选项可以避免出现数据库已经存在而新建产生的错误。

③CHARACTER SET charset_name：指定数据库字符采用的默认字符集。

④COLLATE collation_name：指定字符集的校对规则。

（2）修改数据库的语句语法如下：

```
ALTER { DATABASE | SCHEMA } database_name
[[DEFAULT] CHARACTER SET charset_name]
    [[DEFAULT] COLLATE collation_name]
```

（3）删除数据库的语句语法如下：

```
DROP DATABASE IF EXISTS database_name
```

 实验示例

实验 2.1　创建数据库

【实验内容】

使用 MySQL 语句创建数据库 LittleLibrary。

【实验步骤】

下面同样以创建图书管理系统（LittleLibrary）数据库为例来介绍如何使用 MySQL 语句创建一个数据库。

使用 CREATE DATABASE 语句创建数据库最简单的方式如下所示：

```
CREATE DATABASE database_name;
```

采用这种方式创建数据库，只需指定 database_name 参数即可，即指定要创建的数据库

的名称即可,其他与数据库有关的选项都采用系统的默认值。若为避免数据库已经存在而产生创建错误,则可以使用以下语句创建数据库:

```
CREATE DATABASE IF NOT EXISTS database_name;
```

【例 2-1】 创建"图书管理系统(LittleLibrary)"数据库,语句如下,操作如图 2-5 所示。

```
create database LittleLibrary;
```

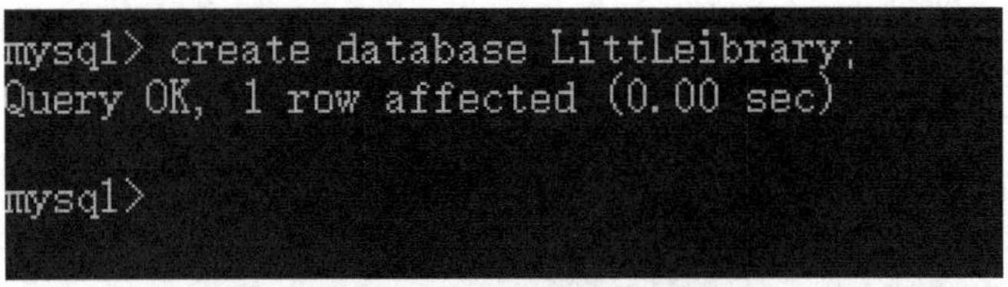

图 2-5　创建 LittleLibrary 数据库

创建好数据库后,可以使用以下语句查看 mysql 中所有数据库,操作如图 2-6 所示。

```
show databases;
```

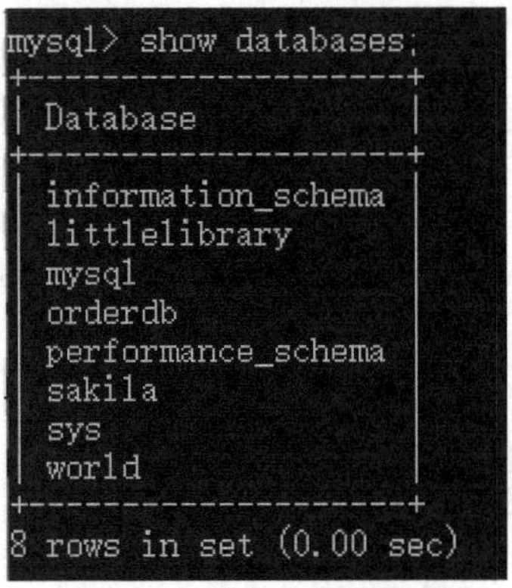

图 2-6　查看所有数据库

实验 2.2　修改数据库

【实验内容】

使用 MySQL 语句修改数据库。

【实验步骤】

在 MySQL 中,可以使用 ALTER DATABASE 修改数据库参数,比如修改数据库的字符集等。语法如下:

```
ALTER { DATABASE | SCHEMA } database_name
    [[DEFAULT] CHARACTER SET charset_name]
        [ [DEFAULT] COLLATE collation_name]
```

【例 2-2】 使用 ALTER DATABASE 语句将"LittleLibrary"的字符集设为 gbk。语句如下所示,操作如图 2-7 所示。

```
ALTER DATABASE LittleLibrary CHARACTER SET gbk;
```

```
mysql> use littlelibrary;
Database changed
mysql> show create database LittleLibrary;
+-------------+------------------------------------------------------------------+
| Database    | Create Database                                                  |
+-------------+------------------------------------------------------------------+
| LittleLibrary | CREATE DATABASE `LittleLibrary` /*!40100 DEFAULT CHARACTER SET utf8 */ |
+-------------+------------------------------------------------------------------+
1 row in set (0.00 sec)

mysql> ALTER DATABASE LittleLibrary CHARACTER SET gbk;
Query OK, 1 row affected (0.00 sec)

mysql> show create database LittleLibrary;
+-------------+------------------------------------------------------------------+
| Database    | Create Database                                                  |
+-------------+------------------------------------------------------------------+
| LittleLibrary | CREATE DATABASE `LittleLibrary` /*!40100 DEFAULT CHARACTER SET gbk */ |
+-------------+------------------------------------------------------------------+
1 row in set (0.00 sec)
```

图 2-7　修改 LittleLibrary 数据库字符集

实验 2.3　删除数据库

【实验内容】

使用 MySQL 语句删除数据库。

【实验步骤】

删除数据库是指在数据库系统删除已经存在的数据库。删除数据库会删除数据库中所有的表和所有的数据,及各种数据库对象。成功删除数据库后,原来分配的空间会被收回。因此,删除数据库操作需谨慎考虑。如果要删除数据库,可先将其备份,然后再删除。

使用 DROP DATABASE 语句删除数据库的语法如下:

```
DROP DATABASE database_name;
```

其中,database_name 为要删除的数据库名。

【例 2-3】　删除数据库 LittleLibrary,语句如下所示,操作如图 2-8 所示。

```
drop database LittleLibrary;
```

注意:使用 DROP DATABASE 删除数据库不会出现确认信息,所以使用这种方法时要小心谨慎。此外,千万不能删除系统数据库,否则可能会导致 MySQL 无法使用。

```
mysql> drop database LittleLibrary;
Query OK, 0 rows affected (0.01 sec)

mysql>
```

图 2-8　删除 LittleLibrary 数据库

【最佳实践】

- 创建数据库时根据需求选择合适的字符集及校对规则,否则会导致一些乱码问题。
- 删除数据库会删除所有数据,所以一定要谨慎考虑。

● 对重要的数据库最好定期备份,确保重要数据库出现问题可以及时恢复。

【练习】

1.根据以上步骤创建数据库,要求如下:

a.数据库名为 Students;

b.字符集为 gbk。

2.修改数据库 Students 的字符集为 utf8。

实验 3　表的基本操作

在关系模型中,实体是用关系来表示的。而关系模型的数据结构是一张规范化的二维表。即一个关系就是一张由行和列组成的二维数据表格,也常把关系叫作表(table)。表是数据库存储数据的主要对象。MySQL 数据库的表由行和列组成,每行代表表中的记录,而每列代表表中的一个字段。列的定义决定了表的结构,行的内容则是表中的数据。

案例场景

图书管理系统数据库的创建过程中,需要根据需求设计数据库中各个关系的结构及其之间的联系,这在后续实验中介绍。而得到系统的关系模式后,需要将关系模式转换成适用于 MySQL 的创建表结构的 SQL 语句,并且在 MySQL 中执行相关建表语句创建表。

实验目的

- 掌握 MySQL 提供的数据类型及基本表的创建;
- 掌握修改表结构的方法。

相关知识点

1.MySQL 数据类型

在创建表时,必须为表中的每列指派一种数据类型。

(1)字符数据类型

MySQL 中字符串类型主要包括普通的文本字符类型(char 和 varchar)、可变类型(TEXT 和 BLOB)和特殊类型(SET 和 ENUM)。这些数据类型用于存储字符数据见表 3-1。

表 3-1　　　　　　　　　　　　　字符数据类型

数据类型	取值范围	说明
char(M)	0～255 个字符	固定长度为 M 的字符串,其中 M 的取值范围为 0～255
varchar(M)	0～255 个字符	长度可变,其他和 char(M)类似
TINYBLOB	0～255 个字符	不超过 255 字符的二进制字符串
BLOB	0～65 535 个字符	二进制形式的长文本数据
MEDIUMBLOB	0～16 777 215 个字符	二进制形式的中等长度文本数据
LONGBLOB	0～4 294 967 295 个字符	二进制形式的极大文本数据
TINYTEXT	0～255 个字符	短文本字符串
TEXT	0～65 535 个字符	长文本数据

(续表)

数据类型	取值范围	说明
MEDIUMTEXT	0～16 777 215 个字符	中等长度文本数据
LONGTEXT	0～4 294 967 295 个字符	极大文本数据
ENUM("value1"，"value2"，…)	枚举值,理论上最多可以有 65 535 个不同的值	该类型的列只可以容纳所列值之一或为 NULL
SET ("value1"，"value2"，…)	集合,最大可以有 64 个不同的字符串对象	该类型的列可以容纳一组值或为 NULL

(2)数值类型

MySQL 支持所有的 ANSI/ISO SQL92 数字类型。数字包括整数和小数,其中,整数用整数类型(tinyint,smallint,mediumint,int,bigint)表示,小数用浮点数类型(float,double)和定点数类型(decimal)表示。这些数据类型都用于存储不同类型的数字值,见表 3-2。

表 3-2　　　　　　　　　　　　　整数类型

数据类型	字节数	无符号的取值范围	有符号的取值范围
tinyint	1	0～255	−128～127
smallint	2	0～65 535	−32 768～32 767
mediumint	3	0～16 777 215	−8 388 608～8 388 607
int 或 integer	4	0～4 294 967 295	−2 147 683 648～2 147 683 647
bigint	8	0～18 446 744 073 709 551 615	−9 223 372 036 854 775 808～9 223 372 036 854 775 807

浮点数类型包括单精度浮点数(float)和双精度浮点数(double),见表 3-3。

表 3-3　　　　　　　　　　　　　浮点数类型

数据类型	字节数	负数的取值范围	正数的取值范围
float	4	−3.402 823 466E+38～−1.175 494 351E-38	0 和 1.175 494 351E−38～3.402 823 466E+38
double	8	1.797 693 134 862 315 7E+308～2.225 073 858 507 201 4E−308	0 和 2.225 073 858 507 201 4E−308～1.797 693 134 862 315 7E+308

(3)日期和时间数据类型

MySQL 主要支持五种日期类型:date、time、datetime、year 和 TIMESTAMP,见表 3-4。

表 3-4　　　　　　　　　　　　日期和时间数据类型

数据类型	字节数	范围	格式
date	4	2020-01-01～9999-12-31	日期,格式 YYYY-MM-DD
time	3	−838:58:59～835:59:59	时间,格式 HH:MM:SS
datetime	8	2020-01-01 00:00:00 9999-12-31 23:59:59	日期和时间,格式 YYYY-MM-DD HH:MM:SS

（续表）

数据类型	字节数	范围	格式
year	1	1901～2155	年份可指定两位数字 和四位数字的格式
TIMESTAMP	4	1970-01-01 00:00:00 2038 年的某个时间	时间戳,在处理报告时使用 显示格式取决于 M 的值

2.基本表的概念

表是数据库存储数据的主要对象。MySQL 数据库的表由行和列组成,每行代表表中的记录,而每列代表表中的一个字段。列的定义决定了表的结构,行的内容则是表中的数据,见表 3-5。

表 3-5　　　　　　　　　　　　　　数据表

图书编号	ISBN	书名	作者	出版社	价格
1	7-03-012024	Web 网站设计	张宁	人民邮电出版社	23
2	7-03-012025	数据结构	刘瑞	人民邮电出版社	35

表中的每一行都表示了一个唯一的、完整的书籍信息。表中的每一列都是对书籍的某种属性的描述。

表中每一列中的分量必须来自同一个域,必须是同一类型的数据。不同的列可以来自同一个域,每一列称为属性,不同的属性必须有不同的名字。列的顺序可以任意交换,关系中元组的顺序(行序)可任意。

通常具有包含唯一标识表中每一行的值的一列或一组列。这样的一列或多列称为表的主键(PK),用于强制表的实体完整性。在创建或修改表时,可以通过定义 PRIMARY KEY 约束来创建主键。

约束是计划和创建表要求标识列的有效值,并确定强制列中数据完整性的方式。MySQL 提供了下列机制来强制列中数据的完整性:PRIMARY KEY 约束、FOREIGN KEY 约束、UNIQUE 约束、自增约束、DEFAULT 约束、空值约束。

实验 3.1　创建表

【实验内容】

使用 MySQL 语句创建数据表。

【实验步骤】

在 LittleLibrary 的数据库中包含了多张表,本实验以书籍表 BookInfo、读者表 Reader、借阅表 BookLended 为例介绍基本表的创建。

书籍表结构见表 3-6,读者表结构见表 3-7,借阅表结构见表 3-8。

表 3-6　　　　　　　　　　　　　　BookInfo 表结构

列名	数据类型	长度	能否为空	字段说明
Bookid	varchar	30	否	图书编号,主键

(续表)

列名	数据类型	长度	能否为空	字段说明
ISBN	varchar	50	是	ISBN
Bookname	varchar	50	是	书名
Author	varchar	30	是	作者
Publisher	varchar	30	是	出版社
Price	double	—	是	单价
Booktype	varchar	20	是	类型
Orderdate	datetime	—	是	购买日期
Bookstatus	varchar	50	是	状态

表 3-7   **Reader 表结构**

列名	数据类型	长度	能否为空	字段说明
Readerid	char	10	否	借书证号,主键
Readername	varchar	10	是	姓名
tel	varchar	11	是	电话
sf	varchar	4	是	学生或教师
sno	varchar	10	是	学号或教师号
num	int	—	是	借书数量
sex	char	2	是	性别
birth	datetime	—	是	出生日期
dept	varchar	50	是	所在系别

表 3-8   **BookLended 表结构**

列名	数据类型	长度	能否为空	字段说明
Bookid	varchar	30	否	图书编号,主键为(图书编号,借书证号,借出日期)
Readerid	char	10	否	借书证号
Lendtime	datetime	—	否	借出日期
Backtime	datetime	—	是	归还日期

使用 MySQL 创建基本表的语法如下:

```
CREATE [TEMPORARY] TABLE [IF NOT EXISTS] table_name
(column_definition,…)|[index_definition]
[table_option][select_statement];
```

说明:

(1)TEMPORARY:使用该关键字表示创建临时表。

(2)IF NOT EXISTS:在创建数据表前首先判断该名称的数据表是否存在,只有该名称的数据表不存在时，才执行 CREATE TABLE 操作，用此选项可以避免出现数据表已经存在而新建产生的错误。

(3)table_name：要创建的表名。

(4)column_definition：字段的定义，包括指定字段名、数据类型、是否允许为空值、主键约束、外键约束、唯一性约束、默认值、注释字段名等。

(5)index_definition：为表的相关字段指定索引。

(6)table_option：为表设置存储引擎、字符集等。

(7)select_statement：在一个已有表的基础上创建表的情况使用。

定义表的过程中，还可以创建列的约束，用以实现数据的完整性。

在 CREATE TABLE 语句中需要定义的元素与表设计器中相同，包括表的表名、列名、数据类型、列属性、列约束等。

以 BookInfo 表为例，用 SQL 语句完成基本表的创建。

(1)通过 cmd 进入 MySQL 安装目录的 bin 目录，输入命令：mysql -u root -p，再输入密码即可进入 MySQL，root 为登陆用户名，如图 3-1 所示。

```
C:\Program Files\MySQL\MySQL Server 8.0\bin>mysql -u root -p
Enter password: ******
Welcome to the MySQL monitor.  Commands end with ; or \g.
Your MySQL connection id is 15
Server version: 8.0.20 MySQL Community Server - GPL

Copyright (c) 2000, 2020, Oracle and/or its affiliates. All rights reserved.

Oracle is a registered trademark of Oracle Corporation and/or its
affiliates. Other names may be trademarks of their respective
owners.

Type 'help;' or '\h' for help. Type '\c' to clear the current input statement.

mysql> _
```

图 3-1 进入 MySQL 界面

(2)接着输入下面的脚本命令，按回车键，即可以创建 BookInfo 表，如图 3-2 所示。

```
CREATE TABLE BookInfo(
    Bookid varchar(30) NOT NULL PRIMARY KEY,      # 图书编号
    ISBN varchar(50),                             # ISBN 号
    Bookname varchar(50),                         # 书名
    Author varchar(30),                           # 作者
    Publisher varchar(30),                        # 出版社
    Price double,                                 # 单价
    Booktype varchar(20),                         # 类型
    Orderdate datetime,                           # 购买日期
    Bookstatus varchar(50)                        # 状态
)ENGINE = InnoDB default charset=utf8;
```

参数说明：

PRIMARY KEY 定义图书编号列为主键，NOT NULL 表示图书编号列不能取空值。

```
mysql> CREATE TABLE BookInfo(
    -> Bookid varchar(30) NOT NULL PRIMARY KEY,    # 图书编号
    -> ISBN varchar(50),                           #ISBN号
    -> Bookname varchar(50),                        #书名
    -> Author varchar(30),                          #作者
    -> Publisher varchar(30),                       #出版社
    -> Price double,                                #单价
    -> Booktype varchar(20),                        #类型
    -> Orderdate datetime,                          #购买日期
    -> Bookstatus varchar(50)                       #状态
    -> )ENGINE = InnoDB default charset=utf8;
Query OK, 0 rows affected (0.02 sec)

mysql>
```

图 3-2   创建 BookInfo 表

继续使用类似方法创建 Reader 表、BookLended 表，如图 3-3、图 3-4 所示。

```
CREATE TABLE Reader(
    Readerid char(10) NOT NULL PRIMARY KEY,    #借书证号
    Readername varchar(10) NOT NULL,           #姓名
    tel varchar(11),                           #电话
    sf varchar(4),                             #学生或者教师
    sno varchar(10),                           #学号或者教师号
    num int,                                   #借书量
    sex char(2),                               #性别
    birth datetime,                            #出生日期
    dept varchar(50)                           #所在系
)ENGINE = InnoDB default charset=utf8;
```

```
mysql> CREATE TABLE Reader(
    -> Readerid char(10) NOT NULL PRIMARY KEY,    #借书证号
    -> Readername varchar(10) NOT NULL,           #姓名
    -> tel varchar(11),                           #电话
    -> sf varchar(4),                             #学生或者教师
    -> sno varchar(10),                           #学号或者教师号
    -> num int,                                   #借书量
    -> sex char(2),                               #性别
    -> birth datetime,                            #出生日期
    -> dept varchar(50)                           #所在系
    -> )ENGINE = InnoDB default charset=utf8;
Query OK, 0 rows affected (0.01 sec)
```

图 3-3   Reader 表

```
CREATE TABLE BookLended(
    Bookid varchar(30) NOT NULL,              # 图书编号
    Readerid char(10) NOT NULL,               #借书证号
    Lendtime datetime NOT NULL,               #借出日期
    Backtime datetime,                        #归还日期
    PRIMARY KEY(Bookid,Readerid,Lendtime)
)ENGINE = InnoDB default charset=utf8;
```

```
mysql> CREATE TABLE BookLended(
    -> Bookid varchar(30) NOT NULL ,    # 图书编号
    -> Readerid char(10) NOT NULL ,     #借书证号
    -> Lendtime datetime NOT NULL,      #借出日期
    -> Backtime datetime,               #归还日期
    -> PRIMARY KEY(Bookid,Readerid,Lendtime)
    -> )ENGINE = InnoDB default charset=utf8;
Query OK, 0 rows affected (0.02 sec)
```

图 3-4   BookLended 表

另外,有些特殊情况可能需要快速建表,例如,创建 Reader_bak,表结构和 Reader 表完全一样,且还需导入 Reader 表中的数据,则可以通过以下语句创建:

create table Reader_bak select * from Reader;

执行以上语句,结果如图 3-5 所示。

图 3-5　快速创建 Reader_bak 表

实验 3.2　修改表结构

【实验内容】

使用 MySQL 语句修改表结构。

【实验步骤】

使用下列语句可以修改表的结构,包括添加列、修改列属性、删除列、添加或删除约束等。具体语法如下:

```
ALTER TABLE table_name
    ADD [COLUMN] column_definition [first | after clo_name]      #添加字段
    | ADD INDEX [index_name] (index_col_name,...)                #添加索引
    | ADD PRIMARY KEY (index_col_name,...)                       #添加主键
    | ADD UNIQUE [index_name] (index_col_name,...)               #添加唯一索引
    | ALTER [COLUMN] col_name {SET DEFAULT literal | DROP DEFAULT}   #修改字段
    | CHANGE [COLUMN] old_col_name create_definition             #重命名字段
    | MODIFY [COLUMN] create_definition                          #修改字段
    | DROP [COLUMN] col_name          #删除字段
    | DROP PRIMARY KEY                #删除主键
    | DROP INDEX index_name           #删除索引
    | RENAME [AS] new_tbl_name        #更改表名
```

【例 3-1】 在 BookInfo 表中新增一列资料,列名为光碟 disc,数据类型为 char(2),允许为空值。

alter table BookInfo add disc char(2);

执行以上命令结果如图 3-6 所示。

```
mysql> alter table BookInfo  add  disc char(2);
Query OK, 0 rows affected (0.02 sec)
Records: 0  Duplicates: 0  Warnings: 0

mysql>
```

图 3-6　增加 disc 列

【例 3-2】 修改 BookInfo 表中的 disc 列,修改列的数据类型为 varchar(10),允许为空值。

alter table BookInfo modify column disc varchar(10);

执行以上命令结果如图 3-7 所示。

```
mysql> alter table BookInfo modify column disc varchar(10);
Query OK, 0 rows affected (0.01 sec)
Records: 0  Duplicates: 0  Warnings: 0

mysql>
```

图 3-7　修改 disc 列

【例 3-3】 删除 BookInfo 表中的 disc 列。

alter table BookInfo drop column disc;

执行以上命令结果如图 3-8 所示。

```
mysql> alter table BookInfo drop column disc;
Query OK, 0 rows affected (0.01 sec)
Records: 0  Duplicates: 0  Warnings: 0

mysql>
```

图 3-8　删除 disc 列

【例 3-4】 将表 BookInfo 重命名为 Book。

alter table BookInfo rename to Book;

执行以上命令结果如图 3-9 所示。

```
mysql> alter table  BookInfo rename to Book;
Query OK, 0 rows affected (0.01 sec)

mysql>
```

图 3-9　表 BookInfo 重命名为 Book

【例 3-5】 将表 BookInfo 中的 Bookid 列名改为 id。

alter table Book change Bookid id varchar(30);

执行以上命令结果如图 3-10 所示。

```
mysql> alter table Book change Bookid id varchar(30);
Query OK, 0 rows affected (0.01 sec)
Records: 0  Duplicates: 0  Warnings: 0

mysql>
```

图 3-10　修改 Bookid 列名改为 id

实验 3.3　删除数据表

【实验内容】

使用 MySQL 语句删除数据表。

【实验步骤】

删除表操作将删除表的定义、数据以及该表的相应权限,是永久删除。表一旦删除就无法恢复,此操作需慎重。

在删除表之前,应该先删除该表与其他对象之间的依赖关系。

删除数据表具体语法如下:

```
drop table table_name[,...n];
```

【例 3-6】 删除 LittleLibrary 数据库中的表 BookInfo。

```
drop table BookInfo;
```

【例 3-7】 删除 LittleLibrary 数据库中的表 BookInfo 和 Reader 表。

```
drop table BookInfo, Reader;
```

执行以上命令结果如图 3-11 所示。

```
mysql> drop table BookInfo, Reader;
Query OK, 0 rows affected (0.02 sec)
```

图 3-11　删除 BookInfo 表和 Reader 表

注意:不能删除 user 等系统表;删除有外键约束的表需要先删除其外键约束;删除表时,该表的约束和触发器也会被删除。

另外,可以使用以下语句查看 LittleLibrary 数据库中所有的表,操作如下图 3-12 所示。

```
show tables;
```

```
mysql> use littlelibrary;
Database changed
mysql> show tables;
+-----------------------+
| Tables_in_littlelibrary |
+-----------------------+
| book                  |
| bookinfo              |
| bookinfo1             |
| book1ended            |
| book1ost              |
| reader                |
| reader_bak            |
+-----------------------+
7 rows in set (0.00 sec)
```

图 3-12　查看 LittleLibrary 数据库中所有的表

【最佳实践】

- char(M)类型是按照 M 指定的大小来分配存储空间的,而 varchar(M)是根据数据实际的长度来分配的。所以使用 varchar 不会浪费空间。为了磁盘容量,为了提升变更速度,偏向于推荐使用 varchar 类型。

- 创建基本表时,每张表应设置主键。

- 已经有数据的表在修改表结构时,必须遵守数据类型转换规则、约束规则等。

【练习】

1.为 LittleLibrary 数据库重新创建借阅者表,列名有读者 ID、姓名、类型(取值为学生或教师)、系别编号,主键为读者 ID。

2.修改借阅者表。增加新列:性别;增加外键约束(系别编号引用至部门信息表_deptinfo);删除类型的约束。

实验 4　完整性约束

　　数据质量对于使用效率和数据库程序运行起着决定性的作用。在数据库的使用中,如数据录入错误和表间关联数据的修改等操作都会造成错误数据的产生。因此,无论是首次输入还是收集到存储的整个过程都需要保证数据的完整性。数据库完整性是指保护数据库中数据的正确性、有效性和相容性。在处理海量数据时,如果仅仅依靠人工检查数据的正确性,其效率是很低的。

　　在 MySQL 中,可以通过约束和触发器等手段实现数据完整性,提高数据质量。

案例场景

　　图书管理系统数据库的数据收集过程中,即收集所有书籍信息、读者信息、借阅信息等信息时,发现插入数据库表中的数据会有些问题,比如读者表中的性别字段有错误数据等。因此需要在创建表的时候创建完整性约束,对数据质量进行正确性、有效性和相容性的控制。

实验目的

- 了解数据完整性理论;
- 用 MySQL 语句创建、修改、删除表,增加、删除约束。

相关知识点

　　MySQL 数据完整性分为下列类别:

1.实体完整性

　　实体完整性是指主码的值不能为空或部分为空,即定义为 PRIMARY KEY 主键约束的字段的数据值不能为空或部分为空。

2.域完整性

　　域完整性是指特定列的项的有效性。可以强制域完整性限制类型(通过使用数据类型)、限制格式(通过使用 CHECK 约束和规则,但 MySQL 不支持 CHECK 约束)或限制可能值的范围。

3.参照完整性

　　在输入或删除记录时,参照完整性保持表之间已定义的关系,确保键值在所有表中一致。MySQL 通过外键实现参照完整性,要求不引用不存在的值,如果一个键值发生更改,则整个数据库中,对该键值的所有引用要进行一致的更改。

4.用户定义完整性

　　用户定义完整性使用户可以定义不属于其他任何完整性类别的特定业务规则。所有完整性类别都支持用户定义完整性。这包括 CREATE TABLE 中所有列级约束和表级约束、存储过程以及触发器。

MySQL 中主要包括的完整性约束类型见表 4-1。

表 4-1   MySQL 完整性约束类型

完整性类型	约束类型	描述
域	DEFAULT	默认约束指定列的默认值
	CHECK	MySQL 不支持,需要借助触发器实现
	FOREIGN KEY	外键约束指定必须存在值的列,可以为空值或者与主表中某个主键值一致
	NOT NULL	非空约束指定是否允许为空值
	AUTO_INCREMENT	自增约束,向表中插入新记录时,设置自增约束的字段会自动生成唯一的 ID,该字段的数据类型必须是整型,且每张表只允许一个字段设置
实体	PRIMARY KEY	主键约束,唯一标识每一行,不允许为空值和重复值
	UNIQUE	唯一性约束,防止非主键重复
引用（参照）	FOREIGN KEY	外键约束指定必须存在值的列,可以为空值或者与主表中某个主键值一致
	CHECK	MySQL 不支持,需要借助触发器实现

 实验示例

实验 4.1 创建完整性约束

【实验内容】

使用语句创建主键、唯一性约束、外键约束、自增约束、默认约束和非空约束等完整性约束。

【实验步骤】

1.主键约束

一个表通常可以通过一个列或多个列组合的数据来唯一标识表中的每一行,这个列或列的组合被称为表上的主键。创建表中的主键是为了保证数据的实体完整性。

主键（PRIMARY KEY）约束用于定义基本表的主键,它是唯一确定表中每一条记录的标识符,其值不能为 NULL,也不能重复,以此来保证实体的完整性。

PRIMARY KEY 与 UNIQUE 约束类似,通过建立唯一索引来保证基本表在主键列取值的唯一性,但它们之间存在着很大的区别:

①在一个基本表中只能定义一个 PRIMARY KEY 约束,但可定义多个 UNIQUE 约束。

②对于指定为 PRIMARY KEY 的一个列或多个列的组合,其中任何一个列都不能出现空值,而对于 UNIQUE 所约束的唯一键,则允许为空。

在 MySQL 中,创建表的约束可以通过列级完整性约束和表级完整性约束来创建。列级完整性约束是对某一个特定列的约束,包含在列定义中,直接跟在该列的其他定义之后,用空格分隔,不必指定列名;表级完整性约束与列定义相互独立,不包括在列定义中,通常用于对多个列一起进行约束,与列定义用逗号分隔,写在所有列定义的下方,定义表级完整性

约束时必须指出要约束的那些列的名称。

其语法形式如下：

PRIMARY KEY[column_name]

其中 PRIMARY KEY 为主键关键字，column_name 指定义为主键的字段，若采用列级完整性约束定义，则可省略，否则不可省略。

【例 4-1】 创建读者表 Reader，设置主键为读者编号 Readerid 。

```
create table Reader(
    Readerid char(10) NOT NULL PRIMARY KEY,  ♯列级完整性约束设置主键
    Readername varchar(10) NOT NULL,         ♯设置非空约束
    tel varchar(11),
    sf varchar(4),
    sno varchar(10),
    num int,
    sex char(2)
    );
```

说明：Readerid 采用列级完整性约束定义主键。另外，建表语句中若省略存储引擎及字符集、校对规则的定义，则采用系统默认的 InnoDB 存储引擎，utf8 字符集，utf8_general_ci 校对规则。

【例 4-2】 创建借阅表 BookLended，设置主键为 Bookid、Readerid、Lendtime 三个字段的组合。

```
create table BookLended(
    Bookid varchar(30) NOT NULL,
    Readerid char(10) NOT NULL,
    Lendtime datetime NOT NULL,
    Backtime datetime,
    PRIMARY KEY(Bookid,Readerid,Lendtime)              ♯表级完整性约束方式设置主键
    );
```

执行以上语句，结果如图 4-1 所示。

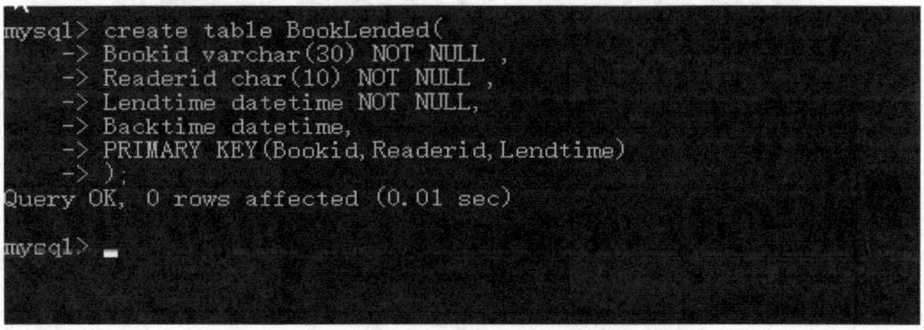

图 4-1　表级完整性约束方式设置主键

说明：采用表级完整性约束定义主键，不能省略列名。

注意：PRIMARY KEY 既可用于列约束，也可用于表约束，多个字段组合定义主键必须采用表约束。每个表中最多只能有一个主键，但主键可以包含多个字段。

2.唯一性约束

唯一性约束用于指定一个或者多个列的组合值具有唯一性，以防止在列中输入重复的值。定义了 UNIQUE 约束的那些列称为唯一键，系统自动为唯一键建立唯一索引，从而保证了唯一键的唯一性。

当使用唯一性约束时，需要考虑以下几个因素：

- 使用唯一性约束的字段允许为空值；
- 一个表中可以允许有多个唯一性约束；
- 可以把唯一性约束定义在多个字段上；
- 唯一性约束用于强制在指定字段上创建一个唯一性索引。

使用语句实现唯一性约束的定义，其语法形式如下：

UNIQUE[column_name]

其中，UNIQUE 为唯一性约束关键字，column_name 指定义为唯一性约束的字段，若采用列约束定义，则可省略，否则不可省略。

【例 4-3】 创建读者表 Reader，设置姓名 Readername 为唯一性约束。

```
create table Reader(
    Readerid char(10) NOT NULL PRIMARY KEY,
    Readername varchar(10) NOT NULL UNIQUE,              #列级完整性约束设置唯一性约束
    tel varchar(11),
    sf varchar(4),
    sno varchar(10),
    num int,
    sex char(2));
```

执行以上语句，结果如图 4-2 所示。

```
mysql> create table Reader(
    -> Readerid char(10) NOT NULL PRIMARY KEY,
    -> Readername varchar(10) NOT NULL UNIQUE ,
    -> tel varchar(11),
    -> sf varchar(4),
    -> sno varchar(10),
    -> num int,
    -> sex char(2));
Query OK, 0 rows affected (0.01 sec)

mysql>
```

图 4-2 列级完整性约束设置唯一性约束

3.外键约束

外键(FOREIGN KEY)是用于建立和加强两个表之间的连接的一列或多列。外键约束用于强制参照完整性。

当使用外部键约束时，应该考虑以下几个因素：

- 外键约束提供了字段参照完整性；
- 外键约束不能自动创建索引，需要用户手动创建；
- 用户想要修改外键约束的数据，必须有对外键约束所参考表的 SELECT 权限或者 REFERENCES 权限；

- 外键的数据类型与引用表的主键必须严格匹配。

使用语句设置外键约束，其语法形式如下：

```
CONSTRAINT constraint_name FOREIGN KEY(column_name[,…n])REFERENC
ES ref_table[(ref_column[,…n])]
```

其中 CONSTRAINT 为定义约束关键字，constraint_name 为约束名称，用户可以根据需求取名，所有约束都可以通过 CONSTRAINT 自定义名称，若省略 CONSTRAINT constraint_name，则系统自动命名，但通常省略 CONSTRAINT 关键字。FOREIGN KEY 为外键约束关键字，column_name 指定义为外键约束的字段，若采用列约束定义，则可省略，否则不可省略。REFERENCES 为引用关键字，ref_table 指引用的表名，ref_column 指引用表的字段。

【例 4-4】 创建借阅表 BookLended ，设置书籍编号 Bookid、读者编号 Readerid 为外键约束。

```
CREATE TABLE BookLended(
    Bookid varchar(30) NOT NULL,
    Readerid char(10) NOT NULL,
    Lendtime datetime NOT NULL,
    Backtime datetime,
    PRIMARY KEY(Bookid,Readerid,Lendtime)
    constraint b_1_fk foreign key (Bookid) references BookInfor(Bookid),
  #表级完整性约束设置外键约束
    constraint r_1_fk foreign key (Readerid) references Reader(Readerid)
    );
```

执行以上语句，结果如图 4-3 所示。

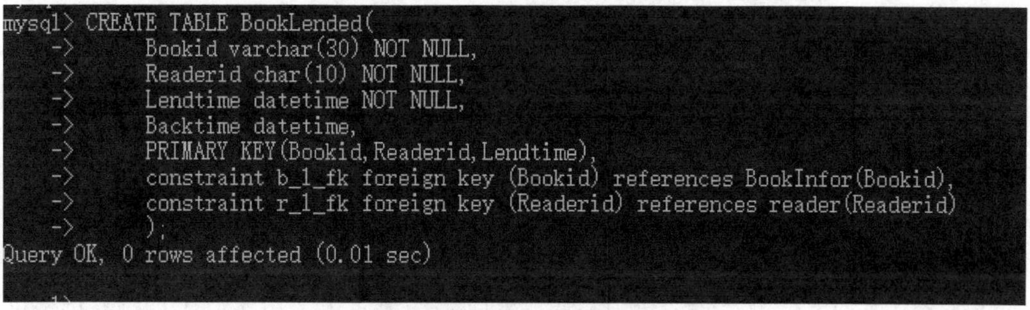

```
mysql> CREATE TABLE BookLended(
    ->     Bookid varchar(30) NOT NULL,
    ->     Readerid char(10) NOT NULL,
    ->     Lendtime datetime NOT NULL,
    ->     Backtime datetime,
    ->     PRIMARY KEY(Bookid,Readerid,Lendtime),
    ->     constraint b_1_fk foreign key (Bookid) references BookInfor(Bookid),
    ->     constraint r_1_fk foreign key (Readerid) references reader(Readerid)
    ->     );
Query OK, 0 rows affected (0.01 sec)
```

图 4-3　表级完整性约束设置外键约束

借阅表创建了 2 个外键，字段 Bookid 引用的是 BookInfo 表的主键 Bookid ，字段 Readerid 引用的是表 Reader 的主键 Readerid 。外键的目的是可以控制存储在外键表中的数据，插入 BookLended 表中的每一个 Bookid、Readerid 的值在对应的 BookInfo 表和 Reader 表中必须存在。

注意：设置为外键的列在引用表中需先设置为主键。

4.默认约束

默认(DEFAULT)约束指定在插入操作中如果没有提供输入值时，则系统自动指定值。默认约束的值可以包括常量、函数、不带变元的内建函数或者空值。

使用默认约束时,应该注意以下几点:

- 每个字段只能定义一个默认约束;
- 如果定义的默认值大于其对应字段的允许长度,那么输入表中的默认值将被截断。

使用语句创建默认约束,其语法形式如下:

default 默认值

【例 4-5】 创建书籍表 BookInfo,设置书籍类型 Booktype 为 DEFAULT 默认约束。

```
CREATE TABLE BookInfo(
    Bookid varchar(30) NOT NULL PRIMARY KEY,
    ISBN varchar(50),
    Bookname varchar(50),
    Author varchar(30),
    Publisher varchar(30),
    Booktype varchar(20),
    Price double default 0, #单价,列级完整性约束方式设置默认约束
    Bookstatus varchar(50));
```

执行以上语句,结果如图 4-4 所示。

图 4-4　列级完整性约束方式设置默认约束

6.非空约束

空值表示值未知。空值不同于空白或零值。比较两个空值或将空值与其他任何值相比均返回未知,这是因为每个空值均为未知。

空值一般表示数据未知、不适用或将在以后添加数据。例如,客户的年龄在客户下订单时可能不知道。

下列是有关空值的信息:

- 若要在查询中检测是否为空值,请在 WHERE 子句中使用 IS NULL 或 IS NOT NULL。
- 在查看查询结果时,空值在结果集中显示为(NULL)。

用语句创建非空(NOT NULL)约束,语法如下:

```
NOT NULL
```

【例 4-6】 创建书籍表 BookInfo,设置书籍名称 Bookname 和 ISBN 不能为空值。

```
CREATE TABLE BookInfo(
    Bookid varchar(30) NOT NULL PRIMARY KEY,
    ISBN varchar(50) NOT NULL,    #设置非空约束
    Bookname varchar(50) NOT NULL,
```

```
    Author varchar(30),
    Publisher varchar(30),
    Booktype varchar(20),
    Price double default 0,
    Orderdate datetime,
    Bookstatus varchar(50));
```

执行以上语句,结果如图 4-5 所示。

图 4-5　设置非空约束

【最佳实践】

可以通过很多种方法对数据质量进行控制,数据库通过约束进行完整性控制只是其中的一种方法,具体情况具体分析,灵活运用。

【练习】

分别创建以下两张表:

学生表 S(SNO,SNAME,SSEX)和学生课程关系表 SC(SNO,CNO,SCORE)。

建表要求如图 4-6 所示。

表名	字段名	字段含义	数据类型	长度	是否主键	是否唯一	是否为空	是否外键	默认约束
S	SNO	学号	字符型	8	主键		不能为空		
	SNANE	姓名	字符型	10		唯一			
	SSEX	性别	字符型	2					男
SC	SNO	学号	字符型	8	主键		不能为空	外键	
	CNO	课程号	字符型	8			不能为空		
	SCORE	分数	整型						

图 4-6　建表要求

实验 5 数据查询

检索数据是使用数据库的最基本的方式,也是最重要的方式。在 MySQL 中,可以使用 SELECT 语句执行数据检索的操作,查看表中的数据。该语句可以在单表上完成简单的数据查询,也可以在多表上完成复杂的连接查询和嵌套查询。

案例场景

图书管理系统中,书籍管理员经常需要查询学生和教师借阅图书的信息,学生和教师也经常需要查询书籍信息。在实际应用中,查询操作非常重要。

实验目的

- 掌握检索数据;
- 掌握数据分组和汇总;
- 理解多表连接查询;
- 理解子查询。

相关知识点

1.单表查询

MySQL 使用 SELECT 语句进行数据查询操作,SELECT 语句的基本语法如下:

```
SELECT [ALL|DISTINCT]
    〈列名〉[AS 别名 1][{,〈列名〉[ AS 别名 2]}]
    FROM〈表名 1 或视图名 1〉[[AS] 表 1 别名]
    [WHERE〈检索条件〉]
    [GROUP BY ＜列名 1＞[HAVING ＜条件表达式＞]]
    [ORDER BY ＜列名 2＞[ASC|DESC]]
    [Limit 子句]
```

参数说明:

SELECT 子句:指定要查询的列名称,列与列之间用逗号分开,如需查询所有列可以用 ＊号表示,列名后面还可以加 AS 指定列的别名,显示在输出的结果中。ALL 关键字表示显示所有的行,包括重复行,是系统默认的,通常省略;DISTINCT 表示显示的结果会消除重复的行。

FROM 子句:指定要查询的表或视图,可以有多张表,表和表之间用逗号分隔,也可以为表指定别名。

WHERE 子句:指定要查询的条件。若存在 WHERE 子句,则须按照检索条件指定的条件进行查询,若没有 WHERE 子句,则查询所有记录。

GROUP BY 子句:用于对查询结果进行分组。按照 GROUP BY 子句中指定列的值进行分组,相同的值分为一组。若后面有 HAVING 子句,则须同时提取满足 HAVING 子句中条件表达式的那些组。

　　HAVING 子句：HAVING 子句必须和 GROUP BY 子句配合，且放在 GROUP BY 子句的后面，表示分组后还需按照一定的条件进行筛选。

　　ORDER BY 子句：用于对查询结果进行排序，ASC 代表按升序，DESC 代表按降序，若省略默认为升序。

　　Limit 子句：限制查询的输出结果的行数。

　　以下步骤显示带 WHERE 子句、GROUP BY 子句和 HAVING 子句的 SELECT 语句的处理顺序：

　　FROM 子句返回初始结果集。

　　WHERE 子句排除不满足搜索条件的行。

　　GROUP BY 子句将选定的行收集到 GROUP BY 子句各个唯一值的组中。

　　选择列表中指定的聚合函数可以计算各组的汇总值。

　　此外，HAVING 子句排除不满足搜索条件的行。

　　Limit 限制最终数据输出的行数。

2.多表查询

　　在实际查询应用中，用户所需要的数据并不全部都在一个表或视图中，而在多个表中，这时就要使用多表查询。多表查询用多个表中的数据来组合，再从中获取出所需要的数据信息。多表查询包括连接查询和子查询等。

　　(1)连接查询

　　多表查询实际上是通过各个表之间共同列的关联性来查询数据，数据之间的联系通过表的字段值来体现，该字段称为连接字段，连接查询的结果集或结果表，称为表之间的连接。

　　当进行表的连接操作时，MySQL 将逐行比较所指定的列的值，然后根据比较后的结果把满足条件的数据组合成新的行。

　　表的连接方式有以下两种：

　　表之间满足一定条件的行进行连接时，FROM 子句指明进行连接的表名，WHERE 子句指明连接的列名及其连接条件。

　　利用关键字 JOIN 进行连接。关键字 JOIN 指定要连接的表以及这些表的连接方式，关键字 ON 指定这些表共同拥有的列。MySQL 中经常使用这种方式。

　　其语法格式如下：

```
SELECT [ALL|DISTINCT]
    〈列名〉[AS 别名 1][{,〈列名〉[ AS 别名 2]}]
    [INTO 新表名]
    FROM〈表名 1 或视图名 1〉[[AS] 表 1 别名][{,〈表名 2 或视图名 2〉[[AS] 表 2 别名]}]
    [WHERE〈检索条件〉]
    [GROUP BY <列名 1>[HAVING <条件表达式>]]
    [ORDER BY <列名 2>[ASC|DESC]]
```

或

```
SELECT column_name [,column_name...]
    FROM {<table_source>} [,...,n]
    <joim_type> : :=
```

```
[INNER |{ { LEFT | RIGHT |FULL } [OUTER]}]
[<join_hint>]
JOIN
<joined_table>: :=
<table_source> <join_type> <table_source> ON <search_condition>
| <table_source>   CROSS JOIN <table_source>
|<joined_table>
[WHERE<检索条件>]
[GROUP BY <列名 1>[HAVING <条件表达式>]]
[ORDER BY <列名 2>[ASC|DESC]]
```

连接包括三种类型:内连接、外连接和交叉连接。

①内连接

内连接是比较常用的一种数据连接查询方式。它使用比较运算符进行多个基本表间数据的比较操作,并列出这些基本表中与连接条件相匹配的所有的数据行。一般用 INNER JOIN 或 JOIN 关键字来指定内连接,它是连接查询默认的连接方式。

常用的内连接方式有等值连接、非等值连接和自连接。

a.等值连接

等值连接就是在连接条件中使用比较运算符等于号(=)来比较连接列的列值,其他情况为非等值连接。

通过 JOIN 进行等值连接的语法如下:

```
SELECT select_list FROM table1 JOIN table2 ON join_conditions ...
```

b.自连接

对同一个表同样也可以进行连接查询,这种连接查询方式就称为自连接。对一个表使用自连接方式时,需要为该表定义一个别名,其他内容与两个表的连接操作完全相似,只是在每次列出这个表时便为它命名一个别名。

②外连接

外连接在查询时所用的基本表有主从表之分。使用外连接时,以主表中每行数据去匹配从表中的数据行,如果符合连接条件则返回到结果集中;如果没有找到匹配行,则主表的行仍然保留,并且返回到结果集中,相应的从表中的数据行被填上 NULL 值后也返回到结果集中。

根据返回行的主从表形式不同,外连接可以分为三种类型:左外连接、右外连接和完全外连接。分别通过语句 LEFT、RIGHT、FULL OUTER JOIN 实现,OUTER 可以省略。

a.左外连接

左外连接是指返回所有的匹配行并从关键字 JOIN 左边的表中返回所有不匹配行。一般语法结构为:

```
SELECT select_list FROM table1 LEFT OUTER JOIN table2 ON join_conditions...
```

b.右外连接

右外连接中 JOIN 关键字右边的表为主表,而关键字左边的表为从表。

c.完全外连接

完全外连接,该连接查询方式返回连接表中所有行的数据。如果不满足匹配条件时,同样返回数据只不过在相应列中填入 NULL 值。在整个全外连接返回结果中,包含了两个完全连接表的所有数据。MySQL 不支持完全外连接。

③交叉连接

交叉连接将从被连接的表中返回所有可能的行的组合。使用交叉连接时不要求连接的表一定拥有相同的列。尽管在一个规范化的数据库中很少使用交叉连接,但可以利用它为数据库生成测试数据,或为核心业务模板生成所有可能组合的清单。在使用交叉连接时,MySQL 将生成一个笛卡尔积,其结果集的行数等于两个表的行数的乘积。如果交叉连接带有 WHERE 子句时,则返回结果为连接两个表的笛卡尔积减去 WHERE 子句所限定而省略的行数。现实意义不大。

(2)子查询

当查询条件比较复杂或者一个查询结果依赖另一个查询结果时,可以使用子查询。在MySQL 中,一个 SELECT...FROM...WHERE...语句称为一个查询块,将一个查询块嵌套在另一个查询块的 WHERE 子句中或 HAVING 短语的条件中的查询称为嵌套查询,也称为子查询。在子查询中可以使用 IN 关键字、EXISTS 关键字和比较运算符来连接表。

注意:连接允许通过扩展 SELECT 语句和 FROM 子句,从多个表中选择列。在FROM 子句中增加了两个关键字:JOIN 和 ON。关键字 JOIN 指定要连接的表以及连接方式,关键字 ON 指定这些表共同拥有的列。通常情况下,使用键码列建立连接,即一个基本表中的主键与第二个基本表中的外键保持一致,以保持整个数据库的参照完整性。如果所要连接的表的列名相同,则在引用这些列的时候同时要引用表名。

实验 5.1 单表查询

【实验内容】

(1)使用 SELECT 子句进行简单查询;

(2)带 WHERE 子句的查询;

(3)带 GROUP BY 子句的查询;

(4)带 ORDER BY 子句的查询。

后续所有实验均是以 LittleLibrary 数据库中的书籍表、读者表和借阅表为例。书籍表结构见表 5-1,读者表结构见表 5-2,借阅表结构见表 5-3。

表 5-1   书籍表 BookInfo 表结构

列名	数据类型	长度	能否为空	字段说明
Bookid	varchar	30	否	图书编号,主键
ISBN	varchar	50	是	ISBN
Bookname	varchar	30	是	书名
Author	varchar	30	是	作者
Publisher	varchar	30	是	出版社
Price	double	—	是	单价

(续表)

列名	数据类型	长度	能否为空	字段说明
Booktype	varchar	20	是	类型
Orderdate	datetime	—	是	购买日期
Bookstatus	varchar	50	是	状态

表 5-2   **读者表 Reader 表结构**

列名	数据类型	长度	能否为空	字段说明
Readerid	char	10	否	借书证号，主键
Readername	varchar	10	是	姓名
tel	varchar	11	是	电话
sf	varchar	4	是	学生或教师
sno	varchar	10	是	学号或教师号
num	int	—	是	借书数量
sex	char	2	是	性别
birth	datetime	—	是	出生日期
dept	varchar	50	是	所在系别

表 5-3   **借阅表 BookLended 表结构**

列名	数据类型	长度	能否为空	字段说明
Bookid	varchar	30	否	图书编号，主键为（图书编号，借书证号，借出日期）也为外键，和书籍表关联
Readerid	char	10	否	借书证号，外键，和读者表关联
Lendtime	datetime	—	否	借出日期
Backtime	datetime	—	是	归还日期

1.使用 SELECT 子句进行简单查询

【例 5-1】 查询常用数学函数圆周率常数及其正弦、余弦值。语句如下，结果如图 5-1 所示。

```
select PI(),SIN(PI()),COS(PI());
```

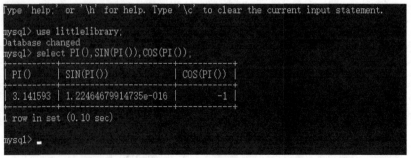

图 5-1　查询常用数学函数

【例 5-2】 查询圆周率常数及其正弦、余弦值，并重新命名列名。语句如下，结果如图 5-2 所示。

select PI() as '圆周率',SIN(PI()) as '圆周率正弦值',COS(PI())as'圆周率余弦值';

其中，关键字 as 可以在查询结果表里给列取别名。

```
mysql> select PI() as '圆周率',SIN(PI()) as '圆周率正弦值',COS(PI())as'圆周率余弦值';
| 圆周率 | 圆周率正弦值      | 圆周率余弦值 |
| 3.141593 | 1.2246467991473532e-16 |           -1 |
1 row in set (0.01 sec)
```

图 5-2　给列定义别名

【例 5-3】 查询书籍表 BookInfo 的所有信息，语句如下，结果如图 5-3 所示。

select * from BookInfo;

其中，该语句中使用 * 代表查询表中所有的列。

```
mysql> select * from BookInfo;
| Bookid           | ISBN              | Bookname          | Author | Publisher    | Booktype | Price | Orderdate           | Bookstatus |
| 19-03-01-012024-8-1 | 978-7-115-25547-1 | 数据库系统原理及应用      | 袁丽娜  | 人民邮电出版社  | 专业基础  | 49 | 2015-08-06 16:47:07 | 在库 |
| 19-03-01-012024-8-2 | 978-7-302-54924-6 | 网站设计与Web应用开发技术  | 张锦祥  | 清华大学出版社  | 编程语言  | 76 | 2020-04-10 16:36:58 | 在库 |
| 19-03-03-012024-8-3 | 978-7-563-54849-1 | 计算机科学导论          | 罗琼   | 北京邮电大学出版社 | 专业基础  | 36 | 2016-08-12 16:38:36 | 在库 |
| 19-03-06-012024-8-4 | 978-7-568-52199-4 | 大数据技术实战教程       | 袁丽娜  | 大连理工大学出版社 | 实践类   | 52 | 2019-09-12 16:40:07 | 借出 |
| 19-03-06-012024-8-5 | 978-7-115-37950-4 | 数据结构            | 严海丽  | 人民邮电出版社  | 编程语言  | 35 | 2016-08-16 16:42:04 | 在库 |
| 19-03-08-012024-8-6 | 978-7-121-24492-6 | 数据仓库与数据挖掘实践     | 李春俊  | 电子工业出版社  | 实践类   | 48 | 2014-11-06 16:44:04 | 借出 |
6 rows in set (0.00 sec)
```

图 5-3　查询表所有记录

【例 5-4】 查询书籍表 BookInfo 中书籍编号、书名、出版社的信息，语句如下，结果如图 5-4 所示。

select Bookid,Bookname,Publisher from BookInfo;

```
mysql> select Bookid,Bookname,Publisher from BookInfo;
| Bookid           | Bookname          | Publisher      |
| 19-03-01-012024-8-1 | 数据库系统原理及应用     | 人民邮电出版社  |
| 19-03-01-012024-8-2 | 网站设计与Web应用开发技术 | 清华大学出版社  |
| 19-03-03-012024-8-3 | 计算机科学导论         | 北京邮电大学出版社 |
| 19-03-06-012024-8-4 | 大数据技术实战教程      | 大连理工大学出版社 |
| 19-03-06-012024-8-5 | 数据结构           | 人民邮电出版社  |
| 19-03-08-012024-8-6 | 数据仓库与数据挖掘实践    | 电子工业出版社  |
6 rows in set (0.00 sec)
```

图 5-4　查询表中某几个列的信息

【例 5-5】 查询借阅表 Reader 中的读者 birth 字段的年份，语句如下，结果如图 5-5 所示。

SELECT Readername,YEAR(birth),now() FROM Reader;

其中，函数 YEAR()用于获取某个时间的年份；now()用于获取当前日期。

```
mysql> SELECT Readername,YEAR(birth),now() FROM Reader;
| Readername | YEAR(birth) | now()              |
| 李庆      |        2001 | 2020-06-16 17:11:10 |
| 陈晨      |        2000 | 2020-06-16 17:11:10 |
| 刘柳      |        1999 | 2020-06-16 17:11:10 |
| 王建      |        1983 | 2020-06-16 17:11:10 |
4 rows in set (0.00 sec)
```

图 5-5　使用日期函数

【例 5-6】 查询读者所在的系列，语句如下。

```
Select dept from Reader;
```

执行结果如图 5-6(a)所示。

```
Select distinct dept from Reader;
```

执行结果如图 5-6(b)所示。

其中，关键字"distinct"可以去掉查询结果中重复的行。

(a)不使用 distinct　　　　　　　(b)使用 distinct

图 5-6　查询读者所在系别

【例 5-7】 查询书籍表 BookInfo 中书籍的价格，并计算书籍打 8 折后的单价，语句如下，结果如图 5-7 所示。

```
select Bookid,price,price * 0.8 as '打折价' from BookInfo;
```

```
mysql> select Bookid,price,price*0.8 as '打折价' from BookInfo;
+-------------------+-------+---------------------+
| Bookid            | price | 打折价              |
+-------------------+-------+---------------------+
| 19-03-01-012024-8-1 |    49 |                39.2 |
| 19-03-01-012024-8-2 |    76 |   60.800000000000004 |
| 19-03-03-012024-8-3 |    36 |                28.8 |
| 19-03-06-012024-8-4 |    52 |                41.6 |
| 19-03-06-012024-8-5 |    35 |                  28 |
| 19-03-08-012024-8-6 |    48 |   38.400000000000006 |
+-------------------+-------+---------------------+
6 rows in set (0.00 sec)
```

图 5-7　包含计算列的查询

2.带 WHERE 子句的查询

MySQL 数据库中查询数据时，有时需要定义严格的查询条件，只查询所需要的数据，而并非是数据表中的所有数据，那么就可以使用 SELECT 语句中的 WHERE 子句来实现。它类似一个筛选器，通过用户定义的查询条件，来保留从 FROM 子句中返回并满足条件的数据。

在 SELECT 查询语句中，使用 WHERE 子句时一般语法结构为：

```
SELECT column_name FROM table_name WHERE search_condition
```

其中，search_conditions 为用户选取所需查询的数据行的条件，即查询返回行记录的满足条件。

WHERE 子句一般使用的条件见表 5-4。

表 5-4　　　　　　　　　　　　WHERE 子句使用的条件

类别	运算符	说明
比较运算符	=、>、<、>=、<=、<>	比较两个表达式
逻辑运算符	AND、OR、NOT	组合两个表达式的运算结果或取反

(续表)

类别	运算符	说明
范围运算符	BETWEEN、NOT BETWEEN	搜索值是否在范围内
列表运算符	IN、NOT IN	查询值是否属于列表值之一
字符匹配符	LIKE、NOT LIKE	字符串是否匹配
未知值	IS NULL、IS NOT NULL	查询值是否为 NULL

（1）使用比较运算符的查询

【例 5-8】 查询"软件工程系"的读者编号、姓名，语句如下，结果如图 5-8 所示。

select Readerid,Readername from Reader where dept＝'软件工程系';

```
mysql> select Readerid,Readername from Reader where dept='软件工程系';
+------------+------------+
| Readerid   | Readername |
+------------+------------+
| 1000001112 | 陈晨       |
| 1000002113 | 王建       |
+------------+------------+
2 rows in set (0.00 sec)
```

图 5-8　确定查询

【例 5-9】 查询"软件工程系"以外的读者编号、姓名，语句如下，结果如图 5-9 所示。

select Readerid,Readername from Reader where dept<>'软件工程系';

```
mysql> select Readerid,Readername from Reader where dept<>'软件工程系';
+------------+------------+
| Readerid   | Readername |
+------------+------------+
| 1000001111 | 李庆       |
| 1000001114 | 刘柳       |
+------------+------------+
2 rows in set (0.00 sec)
```

图 5-9　不等于查询

【例 5-10】 查询价格在 50 元以下的书籍名称、书籍价格及书籍状态，语句如下，结果如图 5-10 所示。

select bookname,price,bookstatus from BookInfo where price<50;

```
mysql> select bookname,price,bookstatus from BookInfo where price<50;
+-------------------------+-------+------------+
| bookname                | price | bookstatus |
+-------------------------+-------+------------+
| 数据库系统原理及应用    |    49 | 在库       |
| 计算机科学导论          |    36 | 在库       |
| 数据结构                |    35 | 在库       |
| 数据仓库与数据挖掘实践  |    48 | 借出       |
+-------------------------+-------+------------+
4 rows in set (0.00 sec)
```

图 5-10　比较大小查询

【例 5-11】 查询价格在 40 元以上的书籍名称、书籍价格及书籍状态，语句如下，结果如图 5-11 所示。

```
select bookname,price,bookstatus from BookInfo Where price>40;
```

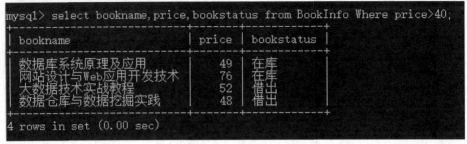

图 5-11　比较大小查询

（2）带查找范围的查询

【例 5-12】　查询价格在 50 元至 80 元之间的书籍名称、书籍出版社、书籍价格和书籍状态，语句如下，结果如图 5-12 所示。

```
select bookname,Publisher,price,bookstatus from BookInfo where price>=50 and price<=80;
```

等价：

```
select bookname,Publisher,price,bookstatus from BookInfo where price between 50 and 80;
```

```
mysql> select bookname,Publisher,price,bookstatus from BookInfo where price>=50 and price<=80;
+---------------------------+----------------------+-------+------------+
| bookname                  | Publisher            | price | bookstatus |
+---------------------------+----------------------+-------+------------+
| 网站设计与Web应用开发技术   | 清华大学出版社        |    76 | 在库        |
| 大数据技术实战教程          | 大连理工大学出版社     |    52 | 借出        |
+---------------------------+----------------------+-------+------------+
2 rows in set (0.00 sec)

mysql> select bookname,Publisher,price,bookstatus from BookInfo where price between 50 and 80;
+---------------------------+----------------------+-------+------------+
| bookname                  | Publisher            | price | bookstatus |
+---------------------------+----------------------+-------+------------+
| 网站设计与Web应用开发技术   | 清华大学出版社        |    76 | 在库        |
| 大数据技术实战教程          | 大连理工大学出版社     |    52 | 借出        |
+---------------------------+----------------------+-------+------------+
2 rows in set (0.00 sec)
```

图 5-12　范围查询

不等价：

```
select bookname,Publisher,price,bookstatus from BookInfo where price in(50,80);
```

注意：当查询条件列的数据类型为数值型时，in 表示取值，不能表示区间。

（3）多重条件查询

【例 5-13】　查询价格小于 50 元的《数据结构》的书籍名称、出版社、书籍价格和书籍状态，语句如下，结果如图 5-13 所示。

```
select bookname, Publisher, price, bookstatus from BookInfo where price < 50 and
Bookname='数据结构';
```

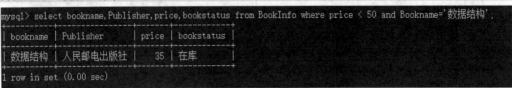

图 5-13　按书籍名称多重条件查询

【例 5-14】 查询书籍类型为"计算机应用"的书籍或者人民邮电出版社的书籍名称、出版社、书籍价格,语句如下,结果如图 5-14 所示。

```
select bookname,Publisher,price from BookInfo where Booktype='计算机应用' or publisher='人民邮电出版社';
```

图 5-14　按书籍类型多重条件查询

（4）确定集合查询

【例 5-15】 查询出版社为"人民邮电出版社"或"清华大学出版社"的书籍名称和书籍价格。语句如下,结果如图 5-15 所示。

```
select bookname,price from BookInfo where publisher in ('人民邮电出版社','清华大学出版社');
```

等价:

```
select bookname,price from BookInfo where (publisher ='清华大学出版社' or publisher ='人民邮电出版社');
```

```
mysql> select bookname,price from BookInfo where publisher in ('人民邮电出版社','清华大学出版社');
+-----------------+-------+
| bookname        | price |
+-----------------+-------+
| 数据库系统原理及应用 |    49 |
| 数据结构          |    35 |
+-----------------+-------+
2 rows in set (0.00 sec)

mysql> select bookname,price from BookInfo where (publisher ='清华大学出版社' or publisher ='人民邮电出版社');
+-----------------+-------+
| bookname        | price |
+-----------------+-------+
| 数据库系统原理及应用 |    49 |
| 数据结构          |    35 |
+-----------------+-------+
2 rows in set (0.00 sec)
```

图 5-15　确定集合查询

（5）空值查询

【例 5-16】 查询读者的出生日期不为空的读者信息,语句如下,结果如图 5-16 所示。

```
select * from Reader where birth is not null;
```

```
mysql> select * from Reader where birth is not null;
+------------+------------+-------------+------+------------+-----+-----+---------------------+------------+
| Readerid   | Readername | tel         | sf   | sno        | num | cox | birth               | dept       |
+------------+------------+-------------+------+------------+-----+-----+---------------------+------------+
| 1000001111 | 李庆        | 13785696235 | 学生 | 1904112234 |   2 | 男  | 2001-06-16 17:05:12 | 网络系     |
| 1000001112 | 陈晨        | 13825263695 | 学生 | 1804123695 |   3 | 男  | 2000-07-21 17:06:43 | 软件工程系 |
| 1000001114 | 刘柳        | 13623659465 | 学生 | 1704133695 |   1 | 女  | 1999-12-16 17:09:40 | 数码系     |
| 1000002113 | 王建        | 13925063698 | 教师 | NULL       |   5 | 男  | 1983-03-10 17:07:57 | 软件工程系 |
+------------+------------+-------------+------+------------+-----+-----+---------------------+------------+
4 rows in set (0.00 sec)
```

图 5-16　空值查询

（6）模糊查询

LIKE 关键字用于模糊查询。通常查询条件不是十分准确,如查询仅仅包含或类似某种样式的字符,这种查询成为模糊查询。在 WHERE 子句中用关键字 LIKE 实现。LIKE 子句中的通配符见表 5-5。

表 5-5 通配符

通配符	说明	示例
%	任意多个字符	H% 表示查询以 H 开头的任意字符串,如 Hello %h 表示查询以 h 结尾的任意字符串,如 Growth %h% 表示查询在任何位置包含字母 h 的所有字符串,如 hui、zhi
_	单个字符	H_ 表示查询以 H 开头,后面跟任意一个字符的两位字符串,如 Hi、He

注意:带有通配符的字符串要用单引号引起来。

实例:

LIKE 'AB%':返回以 AB 开头的任意字符串。

LIKE '%AB':返回以 AB 结尾的任意字符串。

LIKE '%AB%':返回含有 AB 字符的任意字符串。

LIKE '_A':返回第二个字符为 A 并只有两个字符的字符串。

LIKE '_A%':返回第二个字符是 A 的任意字符串。

【例 5-17】 查询所有数据库方面的书籍名称和出版社,语句如下,结果如图 5-17 所示。

```
select bookname,Publisher from BookInfo where Bookname like '%数据库%';
```

图 5-17 模糊查询 1

【例 5-18】 查询姓"李"并且名字只有 2 个汉字的读者的信息,语句如下,结果如图 5-18 所示。

```
select * from Reader where Readername like '李_';
```

图 5-18 模糊查询 2

【例 5-19】 查询不姓"李"的读者的信息,语句如下,结果如图 5-19 所示。

```
select * from Reader where Readername not like '李%';
```

图 5-19 模糊查询 3

【例 5-20】 查询作者姓名以"娜"结尾的书籍名称、作者、出版社及出版时间，语句如下，结果如图 5-20 所示。

```
select bookname,Author,Publisher,orderdate from BookInfo where author like '%娜';
```

```
mysql> select bookname,Author,Publisher,orderdate from BookInfo where author like '%娜';
+----------------------+--------+------------------+---------------------+
| bookname             | Author | Publisher        | orderdate           |
+----------------------+--------+------------------+---------------------+
| 数据库系统原理及应用 | 袁丽娜 | 人民邮电出版社   | 2015-08-06 16:47:07 |
| 大数据技术实战教程   | 袁丽娜 | 大连理工大学出版社 | 2019-09-12 16:40:07 |
+----------------------+--------+------------------+---------------------+
2 rows in set (0.00 sec)
```

图 5-20 模糊查询 4

3.带 GROUP BY 子句的查询

GROUP BY 子句用来为结果集中的每一行产生聚合值。如果聚合函数没有使用 GROUP BY 子句，则只为 SELECT 语句显示一个聚合值。

GROUP BY 关键字后面几个列的列表，称为组合列。GROUP BY 子句限制结果集中的行数，每个不同的值在组合列中只占一行。每个结果集行都包含与其组合列中的特定值相关的汇总数据。

当 SELECT 语句中包含 GROUP BY 关键字时，对可以在选择列表中指定的项目有一些限制。选择列表中允许的项目是：

- 组合列。
- 为组合列中的每个值只返回一个值的表达式，如将列名作为其参数之一的聚合函数。

聚合函数对一组值执行计算，并返回单个值。除 COUNT 以外，聚合函数都会忽略空值。聚合函数经常与 SELECT 语句的 GROUP BY 子句一起使用。聚合函数及功能见表 5-6。

表 5-6   聚合函数及功能

函数名	功能
COUNT	求组中项数，返回整数，返回指定表达式的所有非空值的计数
SUM	求和，返回表达式中所有值的和
AVG	求均值，返回表达式中所有值得平均值
MAX	求最大值，返回表达式中所有值得最大值
MIN	求最小值，返回表达式中所有值的最小值

【例 5-21】 查询读者表中的所有读者个数，语句如下，结果如图 5-21 所示。

```
select COUNT(*) as '读者个数' from Reader;
```

```
mysql> select COUNT(*) as '读者个数' from Reader;
+----------+
| 读者个数 |
+----------+
|        4 |
+----------+
1 row in set (0.00 sec)
```

图 5-21 聚合函数查询

【例 5-22】 查询书籍表中各个出版社图书的数量,语句如下,结果如图 5-22 所示。

```
select Publisher,COUNT( * ) as '图书数量' from BookInfo
group by Publisher;
```

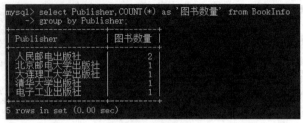

```
mysql> select Publisher,COUNT(*) as '图书数量' from BookInfo
    -> group by Publisher;
+------------------------+----------+
| Publisher              | 图书数量 |
+------------------------+----------+
| 人民邮电出版社         |        2 |
| 北京邮电大学出版社     |        1 |
| 大连理工大学出版社     |        1 |
| 清华大学出版社         |        1 |
| 电子工业出版社         |        1 |
+------------------------+----------+
5 rows in set (0.00 sec)
```

图 5-22　分组查询 1

【例 5-23】 查询各个出版社价格最高和价格最低的图书信息,语句如下,结果如图 5-23 所示。

```
select Publisher,MIN(Price) as '最低价格',MAX(Price) as '最高价格'
from BookInfo group by Publisher;
```

```
mysql> select Publisher,MIN(Price) as '最低价格',MAX(Price) as '最高价格'
    -> from BookInfo group by Publisher;
+------------------------+----------+----------+
| Publisher              | 最低价格 | 最高价格 |
+------------------------+----------+----------+
| 人民邮电出版社         |       35 |       49 |
| 北京邮电大学出版社     |       36 |       36 |
| 大连理工大学出版社     |       52 |       52 |
| 清华大学出版社         |       76 |       76 |
| 电子工业出版社         |       48 |       48 |
+------------------------+----------+----------+
5 rows in set (0.00 sec)
```

图 5-23　分组查询

注意:从上面的例子,可以看出:使用聚合函数时,SELECT 子句的后面如果需要显示列名,须与 GROUP BY 一起使用,否则会查询出错误数据,如图 5-24 所示。

```
mysql> select Publisher,MIN(Price) as '最低价格',MAX(Price) as '最高价格'
    -> from BookInfo;
+------------------------+----------+----------+
| Publisher              | 最低价格 | 最高价格 |
+------------------------+----------+----------+
| 人民邮电出版社         |       35 |       76 |
+------------------------+----------+----------+
1 row in set (0.00 sec)
```

图 5-24　错误示例

在实际使用中,往往还要对分组后的结果按某种条件再进行筛选,只输出满足用户指定条件的记录。在 SQL 中,HAVING 子句能完成此功能。

【例 5-24】 查询书籍表中各个出版社图书的数量,且只显示图书数量大于或等于 2 本的出版社及其图书数量,语句如下,结果如图 5-25 所示。

```
select Publisher,COUNT( * ) as '图书数量' from BookInfo
group by Publisher Having COUNT( * )>=2;
```

图 5-25　带条件的分组

HAVING 子句必须和 GROUP BY 子句配合，且放在 GROUP BY 子句的后面，表示分组后的数据过滤条件。

【例 5-25】：查询书籍表中各个出版社图书的数量，且只显示出版社名称包含"大学"两个字的，图书数量大于或等于 1 本的出版社及其图书数量，语句如下，结果如图 5-26 所示。

```
select Publisher,COUNT( * ) as '图书数量' from BookInfo
where Publisher like '%大学%'
group by Publisher Having COUNT( * )>=1;
```

图 5-26　带条件的分组

WHERE 子句与 HAVING 子句的区别在于作用对象不同：

● WHERE 子句的作用对象是表，是从表中选择出满足筛选条件的记录。

● HAVING 子句的作用对象是组，是从组中选择出满足筛选条件的记录，通常是对聚集函数的条件进行过滤。

4. 带 ORDER BY 子句的查询

在 SELECT 语句中，使用"ORDER BY"子句可以对查询结果进行升序或降序的排列。基本语法格式如下：

```
SELECT   <字段名 1,…>   FROM   <表名>
[WHERE   <条件表达式>]
[ORDER   BY   <子句表达式 1>  [ASC|DESC],…]
```

说明："子句表达式 1"可以是一个列名、列的别名、表达式或非零的整数值，而非零的整数值则表示字段、别名或表达式在选择列表中的位置。ASC 表示升序，为默认值；DESC 表示降序，排序时空值（NULL）被认为是最小值。

【例 5-26】：查询所有的图书名称、出版社、价格和图书状态，并按价格降序排列，语句如下，结果如图 5-27 所示。

```
select bookname,publisher,price,bookstatus from BookInfo order by price desc;
```

```
mysql> select bookname,publisher,price,bookstatus from BookInfo order by price desc;
+----------------------------+--------------------+-------+------------+
| bookname                   | publisher          | price | bookstatus |
+----------------------------+--------------------+-------+------------+
| 网站设计与Web应用开发技术   | 清华大学出版社      |    76 | 在库       |
| 大数据技术实战教程          | 大连理工大学出版社  |    52 | 借出       |
| 数据库系统原理及应用        | 人民邮电出版社      |    49 | 在库       |
| 数据仓库与数据挖掘实践      | 电子工业出版社      |    48 | 借出       |
| 计算机科学导论              | 北京邮电大学出版社  |    35 | 在库       |
| 数据结构                    | 人民邮电出版社      |    35 | 在库       |
+----------------------------+--------------------+-------+------------+
6 rows in set (0.00 sec)
```

图 5-27　排序

【例 5-27】 查询价格最高的 3 本图书的图书名称、出版社、价格和图书状态。语句如下，结果如图 5-28 所示。

```
select  bookname,publisher,price,bookstatus from BookInfo order by price desc LIMIT 3;
```

```
mysql> select  bookname,publisher,price,bookstatus from BookInfo order by price desc LIMIT 3;
+----------------------------+--------------------+-------+------------+
| bookname                   | publisher          | price | bookstatus |
+----------------------------+--------------------+-------+------------+
| 网站设计与Web应用开发技术   | 清华大学出版社      |    76 | 在库       |
| 大数据技术实战教程          | 大连理工大学出版社  |    52 | 借出       |
| 数据库系统原理及应用        | 人民邮电出版社      |    49 | 在库       |
+----------------------------+--------------------+-------+------------+
3 rows in set (0.00 sec)
```

图 5-28　排序后取位于前三的数据

【例 5-28】 查询读者信息，查询结果按读者所在系的系名升序排列，同系的按年龄降序排列。语句如下，结果如图 5-29 所示。

```
select * from Reader order by dept,birth desc;
```

```
mysql> select * from Reader order by dept,birth desc;
+------------+------------+-------------+------+------------+-----+-----+---------------------+------------+
| Readerid   | Readername | tel         | sf   | sno        | num | sex | birth               | dept       |
+------------+------------+-------------+------+------------+-----+-----+---------------------+------------+
| 1000001114 | 刘柳       | 13623659465 | 学生 | 1704133695 |   1 | 女  | 1999-12-16 17:09:40 | 数码系     |
| 1000001111 | 李庆       | 13785696235 | 学生 | 1904112234 |   2 | 男  | 2001-06-16 17:05:12 | 网络系     |
| 1000001112 | 陈晨       | 13825263695 | 学生 | 1804123695 |   3 | 男  | 2000-07-21 17:06:43 | 软件工程系 |
| 1000002113 | 王建       | 13925063698 | 教师 | NULL       |   5 | 男  | 1983-03-10 17:07:57 | 软件工程系 |
+------------+------------+-------------+------+------------+-----+-----+---------------------+------------+
4 rows in set (0.00 sec)
```

图 5-29　对多个字段进行排序

说明：order by 进行排序时，关键字“ASC”可以省略，也就是说，默认情况下按升序排列。

【例 5-29】 查询书籍表中各个出版社图书的数量，且只显示图书数量大于或等于 1 本的出版社及其图书数量，并按数量从大到小进行排序。语句如下，结果如图 5-30 所示。

```
select Publisher,COUNT( * ) as '图书数量'
from BookInfo
group by Publisher
Having COUNT( * )>=1
order by COUNT( * ) desc;
```

图 5-30　带条件的分组及排序查询

实验 5.2　多表查询

【实验内容】

(1)内连接查询；

(2)外连接查询；

(3)交叉连接查询；

(4)子查询；

(5)集合运算。

【实验步骤】

1.内连接查询

内连接查询是比较常用的一种数据连接查询方式。它使用比较运算符进行多个基本表间数据的比较操作,并列出这些基本表中与连接条件相匹配的所有的数据行。一般用INNER JOIN 或 JOIN 关键字来指定内连接,它是连接查询默认的连接方式。

常用的内连接方式有等值连接、非等值连接和自连接。

(1)等值连接

等值连接就是在连接条件中使用比较运算符(=)来比较连接列的列值,其他情况为非等值连接。等值查询结果中列出被连接表中的所有列,并且包括重复列。它是从关系 R 与 S 的广义笛卡尔积中选取 A、B 属性值相等的那些元组。等值连接要求相等的分量,不一定是公共属性,并且不要求相等属性值的属性名相同。

【例 5-30】 查询有借阅书籍的每个读者的借阅情况,显示读者借书证号、读者姓名、电话、所在系、生日、借阅书籍编号、借阅时间和归还时间。语句如下,结果如图 5-31 所示。

Select Reader.Readerid,Readername,tel,dept,birth,Bookid,Lendtime,
Backtime
from Reader inner join BookLended
on Reader.Readerid=BookLended.Readerid;

或

Select Reader.Readerid,Readername,tel,dept,birth,Bookid,Lendtime,
Backtime
from Reader,BookLended
where Reader.Readerid=BookLended.Readerid;

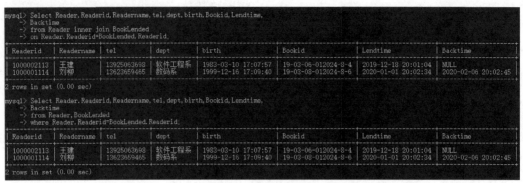

图 5-31　内连接查询

说明:如果查询涉及多张表,查询语句一定要加上连接条件。Reader.Readerid = BookLended.Readerid 则是连接条件。

【例 5-31】　查询"王建"的借阅记录,显示读者借书证号、读者姓名、电话、所在系、生日、借阅书籍编号、借阅时间和归还时间。语句如下,结果如图 5-32 所示。

```
select a.Readerid,Readername,tel,dept,birth,Bookid,Lendtime,
Backtime from Reader a inner join BookLended b
on a.Readerid=b.Readerid
where Readername='王建';
```

```
mysql> select a.Readerid,Readername,tel,dept,birth,Bookid,Lendtime,
    -> Backtime from Reader a inner join BookLended b
    -> on a.Readerid=b.Readerid
    -> where Readername='王建';
+------------+------------+-------------+-----------+---------------------+----------------------+---------------------+----------+
| Readerid   | Readername | tel         | dept      | birth               | Bookid               | Lendtime            | Backtime |
+------------+------------+-------------+-----------+---------------------+----------------------+---------------------+----------+
| 1000002113 | 王建       | 13925063698 | 软件工程系 | 1983-03-10 17:07:57 | 19-03-06-012024-8-4  | 2019-12-18 20:01:04 | NULL     |
+------------+------------+-------------+-----------+---------------------+----------------------+---------------------+----------+
1 row in set (0.00 sec)
```

图 5-32　带条件的内连接

说明:多表查询中,可以使用别名简化语句,此语句中,a 和 b 分别是表 Reader 和 BookLended 的别名。如果还需通过条件过滤,则在后面加上 where 子句即可。

【例 5-32】　查询书籍《数据仓库与数据挖掘实践》的借阅情况,显示读者借书证号、读者姓名、电话、所在系、借阅书籍名称、借阅时间和归还时间。语句如下,结果如图 5-33 所示。

```
select a.Readerid,Readername,tel,dept,
Bookname,Lendtime,Backtime
from Reader a inner join BookLended b
on a.Readerid=b.Readerid join BookInfo c
on b.Bookid=c.Bookid
where Bookname='数据仓库与数据挖掘实践';
```

图 5-33　带条件的三表连接

说明:此查询操作涉及三张表,三张表一定包含两个连接条件。

（2）自连接

对同一个表同样也可以进行连接查询,这种连接查询方式就称为自连接。对一个表使用自连接方式时,需要为该表定义一个别名,其他内容与两个表的连接操作完全相似,只是在每次列出这个表时便为它命名一个别名。

【例 5-33】 查询价格相同的各个出版社的图书信息,语句如下,结果如图 5-34 所示。

```
select a.Bookid,a.Bookname,b.publisher,b.price
from BookInfo as a join BookInfo as b
on a.price=b.price and a.publisher<>b.publisher;
```

图 5-34　自连接

2.外连接查询

若要创建一个查询,以返回一个或多个表中的所有行(无论在另外的表中是否含有匹配的行),则需要使用外连接查询。

外连接与内连接不同,在查询时所用的基本表有主从表之分。使用外连接时,以主表中每行数据去匹配从表中的数据行,如果符合连接条件则返回到结果集中;如果没有找到匹配行,则主表的行仍然保留,并且返回到结果集中,相应的从表中的数据行被填上 NULL 值后也返回到结果集中。

根据返回行的主从表形式不同,外连接可以分为三种类型:左外连接、右外连接和完全外连接。对应 SQL:LEFT、RIGHT、FULLOUTER JOIN,但 MySQL 不支持完全外连接。

（1）左外连接

左外连接是指返回所有的匹配行并从关键字 JOIN 左边的表中返回所有不匹配行。由此可知,即使不匹配,JOIN 关键字左边的表中数据也将被保留,所以在左外连接中 JOIN 关键字左边的表为主表,右边的表为从表。使用左边连接的一般语法结构为:

```
SELECT select_list
FROM table1 LEFT OUTER JOIN table2 ON join_conditions
```

【例 5-34】 查询所有读者的借阅情况,包括有借阅信息的和无借阅信息的。语句如下,结果如图 5-35 所示。

```
Select Reader.Readerid,Readername,tel,dept,birth,Bookid,Lendtime,
Backtime from Reader left join BookLended
on Reader.Readerid=BookLended.Readerid;
```

图 5-35　左外连接和内连接的比对

说明:在查询结果中,上半部分包含了借阅记录和没有借阅记录的读者信息,是符合题目要求的查询结果。在这个查询结果中,主表是关键字 LEFT JOIN 左边的表 Reader,从表是关键字 JOIN 右边的 BookLended 表。

(2)右外连接

与左外连接相反,右外连接返回所有的匹配行并从关键字 JOIN 右边的表中返回所有不匹配的行。因此,在右外连接中 JOIN 关键字右边的为主表,而关键字左边的为从表,右外连接返回结果与左外连接相同,即不满足匹配的结果集在相应列中添加 NULL 值。

使用右外连接的语句结构为:

```
SELECT select_list
FROM   table1 RIGHT OUTER JOIN table2 ON join_conditions
```

【例 5-35】 查询所有图书的被借阅情况,显示书籍名称、出版社、图书状态及借阅读者编号、借出时间和归还时间。语句如下,结果如图 5-36 所示。

```
Select b.Bookname,b.publisher,b.price,b.Bookstatus,a.readerid from BookLended a right join
BookInfo b on a.Bookid=b.Bookid
order by a.Lendtime desc;
```

```
mysql> Select b.Bookname,b.publisher,b.price,b.Bookstatus,a.readerid from BookLended a right join BookInfo b on a.Bookid=b.Bookid
    -> order by a.Lendtime desc;
+------------------------------+--------------------+-------+------------+------------+
| Bookname                     | publisher          | price | Bookstatus | readerid   |
+------------------------------+--------------------+-------+------------+------------+
| 数据仓库与数据挖掘实践       | 电子工业出版社     |    48 | 借出       | 1000001114 |
| 大数据技术实战教程           | 大连理工大学出版社 |    52 | 借出       | 1000002113 |
| 网站设计与Web应用开发技术    | 清华大学出版社     |    76 | 在库       | NULL       |
| 数据结构                     | 人民邮电出版社     |    35 | 在库       | NULL       |
| 数据库系统原理及应用         | 人民邮电出版社     |    49 | 在库       | NULL       |
| 计算机科学导论               | 北京邮电大学出版社 |    35 | 在库       | NULL       |
+------------------------------+--------------------+-------+------------+------------+
6 rows in set (0.00 sec)
```

图 5-36　右外连接和内连接的比对

说明:在查询结果中主表是关键字 JOIN 右边的 BookInfo 表,从表是关键字 RIGHT JOIN 左边的 BookLended 表。

3.交叉连接查询

交叉连接将从被连接的表中返回所有可能的行的组合。使用交叉连接时不要求连接的表一定拥有相同的列。尽管在一个规范化的数据库中很少使用交叉连接,但可以利用它为数据库生成测试数据,或为核心业务模板生成所有可能组合的清单。在使用交叉连接时,MySQL 将生成一个笛卡尔积,其结果集的行数等于两个表的行数的乘积。当交叉连接带有 WHERE 子句时,则返回结果为连接两个表的笛卡尔积减去 WHERE 子句所限定而省略的行数。现实意义不大。

交叉连接的语法格式为:

```
SELECT select_list
FROM table1 CROSS JOIN table2
[WHERE search_conditions]
```

【例 5-36】 组合所有读者可能的借书记录,显示读者编号,读者姓名,书籍名称。语句如下,结果如图 5-37 所示。

```
select a.Readerid,a.Readername,b.Bookname from Reader a cross join BookInfo b;
```

图 5-37　交叉连接

4.子查询

在 MySQL 中,一个 SELECT...FROM...WHERE...语句称为一个查询块,将一个查询块嵌套在另一个查询块的 WHERE 子句中或 HAVING 短语的条件中的查询称为嵌套查询,也称为子查询。

当查询条件比较复杂或者一个查询结果依赖另一个查询结果时,可以使用子查询。

在子查询中可以使用 IN 关键字、EXISTS 关键字和比较运算符来连接表。

(1)使用 IN 关键字

语法格式如下:

```
SELECT select_list

FROM table_sourcde

WHERE expression IN|NOT IN (subquery)
```

说明:subquery 表示子查询,括号外围的查询将子查询结果作为限定条件,进而进行查询。

【例 5-37】　查询所有"软件工程系"有借阅记录的读者信息。语句如下,结果如图 5-38 所示。

```
select * from Reader where dept='软件工程系' and

Readerid in

(select Readerid from BookLended);
```

图 5-38　带"in"的子查询

注意:where 后面的条件列名与子查询中的结果集需要匹配。也就是说,包含 IN 或

NOT IN 的子查询只能返回一列数据。错误实例如图 5-39 所示。

```
mysql> select * from Reader where dept='软件工程系' and
    -> Readerid in
    -> (select * from BookLended);
ERROR 1241 (21000): Operand should contain 1 column(s)
mysql>
```

图 5-39　错误示例

【例 5-38】　查询借阅了大数据方面书籍的读者的姓名和读者号。语句如下,结果如图 5-40 所示。

```
select Readerid,Readername from Reader where Readerid in
(select Readerid from BookLended where Bookid in
(select Bookid from BookInfo where Bookname like '%大数据%'));
```

```
mysql> select Readerid,Readername from Reader where Readerid in
    -> (select Readerid from BookLended where Bookid in
    -> (select Bookid from BookInfo where Bookname like '%大数据%'));
+------------+------------+
| Readerid   | Readername |
+------------+------------+
| 1000002113 | 王建       |
+------------+------------+
1 row in set (0.00 sec)
```

图 5-40　多重嵌套子查询

当查询涉及多个表时,用嵌套查询层次清楚、易于理解,但效率不及连接查询高。

(2) 比较运算符

带有比较运算符的子查询是指主查询与子查询之间用比较运算符进行比较。当内层子查询返回结果为单值时,可以使用=、>、<、>=、<=、!=或<>等运算符。当内层子查询返回的结果为多指时,可以使用带 ANY 或 ALL 的比较运算符。

比较运算符测试两个表达式是否相同。除了 text、ntext 或 image 数据类型的表达式外,比较运算符可以用于所有的表达式。表 5-7 列出了 Transact-SQL 比较运算符。

表 5-7　　　　　　　　　　　　　　比较运算符

运算符	说明
>ANY	大于子查询结果中的某个值
>ALL	大于子查询结果中的所有值
<ANY	小于子查询结果中的某个值
<ALL	小于子查询结果中的所有值
>=ANY	大于或等于子查询结果中的某个值
>=ALL	大于或等于子查询结果中的所有值
<=ANY	小于或等于子查询结果中的某个值
<=ALL	小于或等于子查询结果中的所有值
=ANY IN 等效	等于子查询结果中的某个值
=ALL	等于子查询结果中的所有值

（续表）

运算符	说明
！＝（或＜＞）ANY	不等于子查询结果中的某个值
！＝（或＜＞）与 NOT IN 相同	不等于子查询结果中的任何一个值

【例 5-39】 查询读者"王建"的借阅记录。语句如下，结果如图 5-41 所示。

```
select * from BookLended where
Readerid ＝(select Readerid from Reader where readername ＝'王建');
```

图 5-41   带比较运算符的子查询

【例 5-40】 查询比"电子工业出版社"的图书贵的图书名称、出版社和价格。语句如下，结果如图 5-42 所示。

```
select Bookname,Publisher,Price from BookInfo where price＞all
(select price from BookInfo where publisher＝'电子工业出版社');
```

等价：

```
select Bookname,Publisher,Price from BookInfo where price ＞
(select max(price) from BookInfo where publisher＝'电子工业出版社');
```

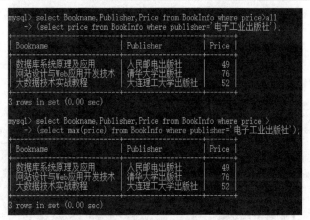

图 5-42   带比较运算符的子查询

（3）使用关键字 EXISTS

EXISTS 谓词的查询不返回任何数据，只产生逻辑值"true"或"false"。若内层子查询的结果非空，则外层的 where 子句返回真值；否则，返回假值。

引入 EXISTS 运算符时，SQL Server 将检查是否存在于子查询相匹配的数据。检索所有的行，当检索到至少一行满足子查询的 WHERE 条件时，就终止对行的检索。

语法格式如下：

```
WHERE [NOT] EXISTS (subquery)
```

【例 5-41】 查询所有借阅过图书编号为“19-03-06-012024-8-4”的读者姓名。语句如下，结果如图 5-43 所示。

```
select Readername from Reader
where exists(select * from BookLended
where Reader.Readerid=BookLended.Readerid
and Bookid='19-03-06-012024-8-4');
```

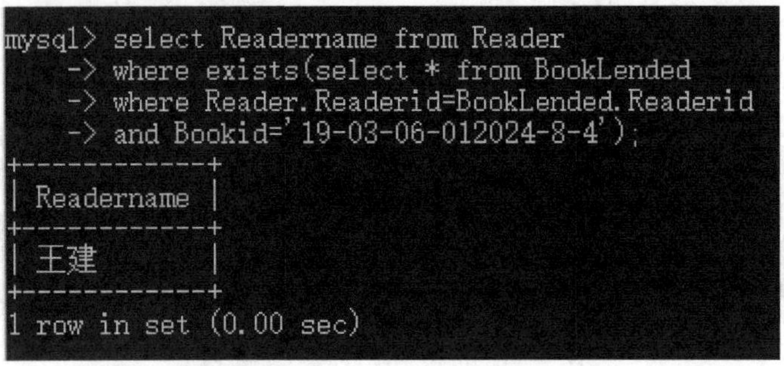

```
mysql> select Readername from Reader
    -> where exists(select * from BookLended
    -> where Reader.Readerid=BookLended.Readerid
    -> and Bookid='19-03-06-012024-8-4');
+------------+
| Readername |
+------------+
| 王建       |
+------------+
1 row in set (0.00 sec)
```

图 5-43　带 EXISTS 的子查询

注意：在使用 EXISTS 关键字的进行子查询时，在子查询的 WHERE 条件中不要忘记表间的连接条件。

【例 5-42】 查询没有借阅过图书编号为“19-03-06-012024-8-4”的读者姓名。语句如下，结果如图 5-44 所示。

```
select Readername from Reader
where not exists(select * from BookLended
where Reader.Readerid=BookLended.Readerid
and Bookid='19-03-06-012024-8-4');
```

等价于：

```
select Readername from Reader
where Readerid not in
(select Readerid from BookLended where Bookid='19-03-06-012024-8-4');
```

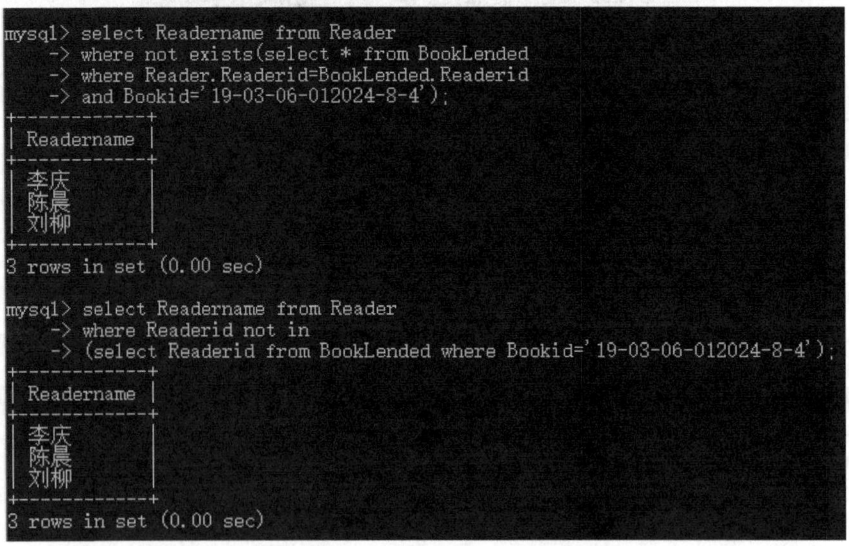

```
mysql> select Readername from Reader
    -> where not exists(select * from BookLended
    -> where Reader.Readerid=BookLended.Readerid
    -> and Bookid='19-03-06-012024-8-4');
+------------+
| Readername |
+------------+
| 李庆       |
| 陈晨       |
| 刘柳       |
+------------+
3 rows in set (0.00 sec)

mysql> select Readername from Reader
    -> where Readerid not in
    -> (select Readerid from BookLended where Bookid='19-03-06-012024-8-4');
+------------+
| Readername |
+------------+
| 李庆       |
| 陈晨       |
| 刘柳       |
+------------+
3 rows in set (0.00 sec)
```

图 5-44　EXISTS 子查询和 IN 子查询的比对

说明：有些 EXISTS 子查询可以与 IN 子查询等价，但不是所有的 EXISTS 或 NOT EXISTS 的都能与其他形式的子查询等价替换，但所有带 IN 或比较运算符的子查询都能被 EXISTS 的子查询等价替换。

5.集合运算

集合运算符是对两个输入的行进行整体比较(集合中认为不同的 NULL 值是相等的)。SQL 作用在关系上的 UNION、INTERSECT 和 EXCEPT 运算对应于数学集合论中的交、并、差运算。

UNION ALL:返回两个输入中所有行的结果集。

UNION:去除 UNION ALL 中重复的行。

EXCEPT:返回在第一个输入中出现，但没有在第二个输入中出现的不重复的行。

INTERSECT:返回在两个输入中都出现的不重复的行。

但 MySQL 不支持 EXCEPT 和 INTERSECT。

(1)并运算 UNION

【例 5-43】 查询借阅过图书编号为“19-03-06-012024-8-4”，或者借阅过图书编号为“19-03-08-012024-8-6”的读者的读者号。语句如下，操作如图 5-45 所示。

```
select Readerid from BookLended where Bookid='19-03-06-012024-8-4'
union
select Readerid from BookLended where Bookid='19-03-08-012024-8-6';
```

```
mysql> select Readerid from BookLended where Bookid='19-03-06-012024-8-4'
    -> union
    -> select Readerid from BookLended where Bookid='19-03-08-012024-8-6';
+------------+
| Readerid   |
+------------+
| 1000002113 |
| 1000001114 |
+------------+
2 rows in set (0.00 sec)
```

图 5-45 UNION 合并查询

说明：UNION 运算自动去除重复数据，而 UNION ALL 不去除重复数据，UNION ALL 效率更高。UNION 前后的 SELECT 语句所查询的列的数量必须一致，且对应每列的数据类型也应该一致。

【最佳实践】

在实际运用过程中，一些小的习惯可以提高 MySQL 的查询性能。

- 对查询进行优化，应尽量避免全表扫描，首先应考虑在 WHERE 及 ORDER BY 涉及的列上建立索引。
- 以下做法会进行全表扫描，从而降低查询性能，应尽量避免：在 WHERE 子句中对字段进行 NULL 值判断；在 WHERE 子句中使用！=或<>操作符；在 WHERE 子句中使用 OR 来连接条件，IN 和 NOT IN 也要慎用；在 WHERE 子句中使用 LIKE'%abc%'；在 WHERE 子句中使用参数；在 WHERE 子句中对字段进行表达式操作；在 WHERE 子句中对字段进行函数操作；在 WHERE 子句中的“=”左边进行函数、算术运算或其他表达式运算。
- WHERE 子句中对于连续的数值，能用 BETWEEN 不能用 IN。

- 很多时候用 EXISTS 代替 IN 是一个好的选择。
- 尽量不要使用 SELECT ＊ FROM t,用具体的字段列表代替"＊",不要返回用不到的任何字段。
- 如果需要进行优化,可以查看优化器选择的执行计划,如果对优化器选择的执行计划不满意,可以使用优化器提供的几个提示(HINT)来控制最终的执行计划。

【练习】

1.查询借阅过图书的读者编号(取消重复值)。

2.查询网络系的所有读者的信息。

3.查询书籍名称中包含"邮电"字样的所有图书信息。

4.查询所有读者借书信息并按照借书多少排序。

5.查询至少借阅过 1 本图书的读者姓名。

6.查询还没有归还图书的读者姓名和图书名称。

实验 6 数据增删改操作

在数据库中创建表之后,就可以根据需要向数据库表中插入数据、修改数据和删除数据。

案例场景

图书管理系统数据库中的各个表创建好后,需要录入图书信息、读者信息,读者借书也需要录入借阅信息,偶尔读者信息也需要修改,老师辞职后需要删除其图书资料。因此数据库经常需要进行一些增加、修改和删除等数据操作。

实验目的

- 掌握 INSERT、DELETE 和 UPDATE 的使用。

相关知识点

1.数据插入操作

(1)单行数据插入

```
INSERT INTO <表名> [(<列名>[,<列名>…])]
    VALUES(<常量>[,<常量>…])
```

注意:VALUES 子句中的各个值之间要用","分开,并且要与表名后面的括号中所指出的属性的排列顺序一致。当要插入的新纪录包含表中的所有属性值时,表名后面可以省略列名。

(2)多行数据插入

①INSERT INTO <表名>[(<字段名 1>[,<字段名 2>,…])]

```
VALUES (<表达式 1>[,<表达式 2>,…]),
    (<表达式 1>[,<表达式 2>,…]);
              ……
```

②INSERT INTO <表名> [(<字段名 1>[,<字段名 2>,…])] ♯子查询

即把子查询的查询结果插入<表名>指定的表中。

注意:字段一定要一一对应。若多行插入中的子查询带有"SELECT *",则子查询中的表与目标表的表结构需一致,且字段顺序都应该一样。若两表结构不一致,子查询中可分别选出与目标表相同的列进行插入。

2.数据修改

按查询条件找到表中满足条件的行并进行数据的修改。

```
UPDATE <表名>
SET <列名>=<表达式>[,<列名>=<表达式>]…
[WHERE <查询条件>]
```

3.数据删除

删除表中满足条件的行。

```
DELETE  FROM<表名>  WHERE<删除条件>
```

MySQL 中还可以通过 truncate 命令清空表中所有数据，其语法如下所示：

```
truncate table table_name;
```

注意：truncate 命令是一次性删除表中的所有数据，后面不能加 WHERE 条件。数据修改和使用 DELETE 语句进行数据删除操作时，如果是对整个表的数据操作可以不写 WHERE 条件，但一般情况下都需要根据 WHERE 条件进行数据过滤。

 实验示例

实验 6.1 插入数据

【实验内容】

(1)使用 INSERT 语句向书籍表 BookInfo 中插入单条数据

(2)使用 INSERT 语句向读者表 Reader 中插入多条数据

【实验步骤】

1.使用 INSERT 语句插入单条数据

具体语法如下：

```
INSERT INTO <表名> [(<列名>[,<列名>…])]
    VALUES(<常量>[,<常量>]…)
```

【例 6-1】 向 BookInfo 表中插入一条数据，bookid 赋值为'7-03-01-012024-8-1'，isbn 赋值为'978-7-115-25547-1'，bookname 赋值为'数据库系统原理及应用'。

```
insert into BookInfo(bookid,isbn,bookname)
values('7-03-01-012024-8-1','978-7-115-25547-1','数据库系统原理及应用);
```

执行以上语句，再使用查询语句验证数据是否已经正确插入，如图 6-1、图 6-2 所示。

图 6-1　插入单条数据

图 6-2　验证数据是否正确插入

2.使用 INSERT 语句插入多条数据

其语法形式如下所示：

①INSERT INTO <表名>[(<字段名 1>[,<字段名 2>,…])]

```
VALUES(<表达式 1>[,<表达式 2>,…]),
    (<表达式 1>[,<表达式 2>,…]);
```

……

②INSERT INTO <表名> [(<字段名 1>[,<字段名 2>,…])]   #子查询

【例 6-2】 向 Reader 表中插入两条数据。

```
INSERT INTO Reader VALUES
('1000006898','annie','02087818888','学生','1340112266',NULL,'女','2013-4-5','电子系'),
('1000006899','toyed','02087818889','学生','1340112267',3,'男',NULL,'软件工程系');
```

执行以上语句,再使用查询语句验证数据是否已经正确插入,如图 6-3、图 6-4 所示。

```
mysql> INSERT INTO Reader VALUES
    -> ('1000006898','annie','02087818888','学生','1340112266',NULL,'女','2013-4-5','电子系'),
    -> ('1000006899','toyed','02087818889','学生','1340112267',3,'男',NULL,'软件工程系');
Query OK, 2 rows affected (0.00 sec)
Records: 2  Duplicates: 0  Warnings: 0
```

图 6-3 插入两条数据

```
mysql> select * from Reader;
+------------+------------+-------------+------+------------+------+-----+---------------------+------------+
| Readerid   | Readername | tel         | sf   | sno        | num  | sex | birth               | dept       |
+------------+------------+-------------+------+------------+------+-----+---------------------+------------+
| 1000006898 | annie      | 02087818888 | 学生 | 1340112266 | NULL | 女  | 2013-04-05 00:00:00 | 电子系     |
| 1000006899 | toyed      | 02087818889 | 学生 | 1340112267 | 3    | 男  | NULL                | 软件工程系 |
+------------+------------+-------------+------+------------+------+-----+---------------------+------------+
2 rows in set (0.00 sec)
```

图 6-4 验证数据是否正确插入

【例 6-3】 Reader_bak 和 Reader 表结构完全一样,向 Reader_bak 表中一次性插入 Reader 表的所有数据。

```
INSERT INTO Reader_bak select * from Reader;
```

执行以上语句,再使用查询语句验证数据是否已经正确插入,如图 6-5 所示。

```
mysql> INSERT INTO Reader_bak select * from Reader;
Query OK, 2 rows affected (0.00 sec)
Records: 2  Duplicates: 0  Warnings: 0

mysql> select * from Reader_bak;
+------------+------------+-------------+------+------------+------+-----+---------------------+------------+
| Readerid   | Readername | tel         | sf   | sno        | num  | sex | birth               | dept       |
+------------+------------+-------------+------+------------+------+-----+---------------------+------------+
| 1000006898 | annie      | 02087818888 | 学生 | 1340112266 | NULL | 女  | 2013-04-05 00:00:00 | 电子系     |
| 1000006899 | toyed      | 02087818889 | 学生 | 1340112267 | 3    | 男  | NULL                | 软件工程系 |
+------------+------------+-------------+------+------------+------+-----+---------------------+------------+
2 rows in set (0.00 sec)
```

图 6-5 一次性插入多条数据并验证

实验 6.2 修改数据

【实验内容】

使用 UPDATE 语句对读者表 Reader 修改数据。

【实验步骤】

使用 UPDATE 语句修改数据具体语法如下:

```
UPDATE <表名>
SET <列名>=<表达式>[,<列名>=<表达式>]…
[WHERE <查询条件>]
```

【例 6-4】 将读者表 Reader 中读者编号为'1000006899'的读者的电话号码更新为'02087818556',所在的系更新为'软件系'。

```
update Reader set tel='02087818556',dept='软件系'
where readerid='1000006899';
```

执行以上语句,再使用查询语句验证数据是否已经正确修改,如图 6-6 所示。

```
mysql> update Reader set tel='02087818556',dept='软件系'
    -> where readerid='1000006899';
Query OK, 1 row affected (0.00 sec)
Rows matched: 1  Changed: 1  Warnings: 0

mysql> select * from reader where readerid='1000006899';
+------------+------------+-------------+------+------------+-----+-----+-------+--------+
| Readerid   | Readername | tel         | sf   | sno        | num | sex | birth | dept   |
+------------+------------+-------------+------+------------+-----+-----+-------+--------+
| 1000006899 | toyed      | 02087818556 | 学生 | 1340112267 |   3 | 男  | NULL  | 软件系 |
+------------+------------+-------------+------+------------+-----+-----+-------+--------+
1 row in set (0.00 sec)
```

图 6-6　执行更新语句

实验 6.3　删除数据

【实验内容】

(1)使用 DELETE 语句删除 Reader 读者表的数据;

(2)使用 TRUNCATE 语句删除 Reader 读者表的数据。

【实验步骤】

1.使用 DELETE 语句删除数据

具体语法如下:

DELETE FROM ＜表名＞ WHERE ＜删除条件＞

【例 6-5】 删除 Reader 读者表中读者编号为'1000006899'的读者信息。

delete from Reader where Readerid='1000006899';

执行以上语句,再使用查询语句验证数据是否已经删除,如图 6-7 所示。

```
mysql> delete from Reader where Readerid='1000006899';
Query OK, 1 row affected (0.00 sec)

mysql> select * from Reader where readerid='1000006899';
Empty set (0.00 sec)
```

图 6-7　执行删除语句

2.使用 TRUNCATE 语句删除数据

具体语法如下:

TRUNCATE TABLE FROM ＜表名＞

【例 6-6】 清空 Reader 读者表中的所有数据。

truncate table Reader;

执行以上语句,再使用查询语句验证数据是否已经清空,如图 6-8 所示。

```
mysql> select * from Reader;
+------------+------------+-------------+------+------------+------+-----+---------------------+--------+
| Readerid   | Readername | tel         | sf   | sno        | num  | sex | birth               | dept   |
+------------+------------+-------------+------+------------+------+-----+---------------------+--------+
| 1000006898 | annie      | 02087818888 | 学生 | 1340112266 | NULL | 女  | 2013-04-05 00:00:00 | 电子系 |
+------------+------------+-------------+------+------------+------+-----+---------------------+--------+
1 row in set (0.00 sec)

mysql> truncate table Reader;
Query OK, 0 rows affected (0.02 sec)

mysql> select * from Reader;
Empty set (0.00 sec)
```

图 6-8　清空 Reader 表中所有数据

【最佳实践】

数据修改和数据删除操作需特别谨慎,一般情况都需要使用到 WHERE 条件。

【练习】

1.分别向读者表、书籍表、借阅表中插入多条数据。

2.根据书籍借阅情况修改借阅表中的归还时间。

3.删除某个读者信息。

实验 7　索引

随着数据库中数据量的不断增多,查询数据的时间越来越长,使用索引可以对查询速度进行优化。

案例场景

图书管理系统数据库中所存放的数据随着时间的推移越来越多,而读者经常使用图书的名称对图书进行查询,发现查询速度越来越慢。此时图书管理系统管理者可以通过对图书表中的图书名称字段创建索引,来提高读者通过图书名称查询书籍的速度。

实验目的

- 理解索引的作用;
- 掌握创建索引的语句。

相关知识点

1.索引的概念及作用。

MySQL 访问数据可以通过全表扫描的方式,也可以通过索引的方式。索引是从数据库中获取数据的最高效方式之一。索引的作用相当于图书的目录,可以根据目录中的页码快速找到所需的内容。索引实际上就是记录的关键字与其相应地址的对应表。也就是说,数据库中的索引是一个表中所包含的值的列表,其中注明了表中包含各个值的行所在的存储位置。通过索引可大大提高查询速度。在基本表上可以建立一个或多个索引。

只有在 SELECT 查询语句中,当 WHERE 查询条件或者排序或者查询所涉及的字段创建了索引,才能使用该索引提高查询速度。如果存在查询提速质疑,可以通过 EXPLAIN 命令查看优化器选择的执行计划,看是否使用到索引,如果对优化器选择的执行计划不满意,可以使用优化器提供的提示(hint)来控制最终的执行计划,强制使用索引。

MySQL 的索引主要包括普通索引、唯一性索引、主键索引、全文索引、复合索引、空间索引等。

带索引的表在数据库中会占据更多的空间。经常有插入和删除操作的数据量少的小型表最好不要创建索引,对这些插入和删除操作的索引维护可能比扫描表空间消耗更多的时间。而且不要对大型字段进行索引,这样占用的空间比较大。

当数据表中进行插入、更新数据等操作时,会使索引产生碎片,查询速度降低,因而需要对索引进行维护。

2.通过 MySQL 语句创建索引

创建索引其语法格式如下:

```
CREATE [UNIQUE | FULLTEXT | SPATIAL]
INDEX 索引名 [索引类型] ON 表名 ( 列名 [(长度)] [ASC | DESC])
```

UNIQUE 表示唯一索引,可选;FULLTEXT 表示全文索引,可选;SPATIAL 表示空间索引,可选;以上三种都不写,代表创建普通索引。当经常需要多个字段同时作为查询条件时,也可以将这几个字段创建一个复合索引,依次写在列名的括号中。升序 ASC 也可以省略不写,但降序 DESC 必须要写。

3.通过 MySQL 语句删除索引

索引的增多,会增加系统在数据更新时花费在维护索引的时间。这时,应该删除一些不必要的索引。删除索引的语法格式如下:

Drop index < 索引名> on 数据表名

 **实验示例**

7.1 创建索引

【实验内容】

(1)使用 MySQL 语句为书籍表 BookInfo 的书名 Bookname 字段创建普通索引。

(2)使用 MySQL 语句为读者表 Reader 的读者姓名 Readername 字段创建唯一性索引。

【实验步骤】创建索引

1.使用 MySQL 语句创建索引

【例 7-1】 为书籍表 BookInfo 的书名 Bookname 字段创建普通索引 IDX_BOOKNAME,按升序排序。语句如下,结果如图 7-1 所示。

create index IDX_BOOKNAME on BookInfo(Bookname asc);

注意:创建索引默认是升序排序,asc 可以省略不写,但降序 desc 不能省略。

```
mysql> create index IDX_BOOKNAME on BookInfo(Bookname asc);
Query OK, 0 rows affected (0.02 sec)
Records: 0  Duplicates: 0  Warnings: 0
```

图 7-1 创建索引 IDX_BOOKNAME

【例 7-2】 为读者表 Reader 的读者姓名 Readername 字段创建唯一性索引 IDX_RNAME,按降序排序。语句如下,结果如图 7-2 所示。

create unique index IDX_RNAME on Reader(Readername desc);

```
mysql> create unique index IDX_RNAME on Reader(Readername desc);
Query OK, 0 rows affected (0.02 sec)
Records: 0  Duplicates: 0  Warnings: 0
```

图 7-2 创建索引 IDX_RNAME

实验 7.2 查看索引

【实验内容】

(1)使用 MySQL 语句查看表中所有的索引。

(2)使用 EXPLAIN 命令查看执行计划。

【实验步骤】查看索引

1.使用 MySQL 语句查看表中所有的索引

MySQL 中查看表中所有索引的语句语法如下:

```
show index from table_name [from db_name];
```

其中，table_name 是要查询索引的表名，db_name 是数据库名。

【例 7-3】 查询 BookInfo 表中创建的索引情况，语句如下，结果如图 7-3 所示。

```
show index from BookInfo;
```

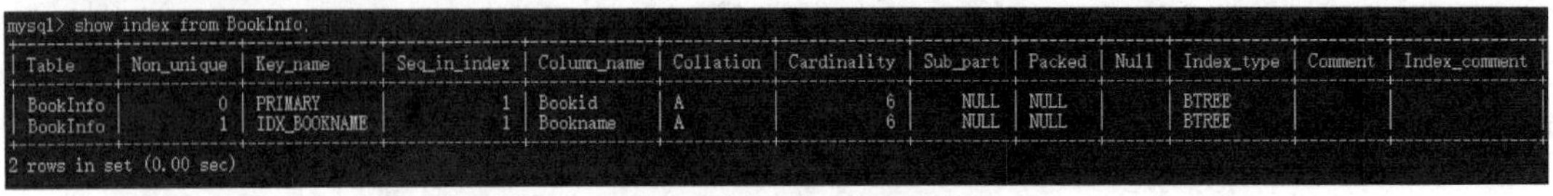
mysql> show index from BookInfo;

Table	Non_unique	Key_name	Seq_in_index	Column_name	Collation	Cardinality	Sub_part	Packed	Null	Index_type	Comment	Index_comment
BookInfo	0	PRIMARY	1	Bookid	A	6	NULL	NULL		BTREE		
BookInfo	1	IDX_BOOKNAME	1	Bookname	A	6	NULL	NULL		BTREE		

2 rows in set (0.00 sec)

图 7-3　查看 BookInfo 表中所有索引

show index 语句会返回表索引信息，包含以下字段：

(1)Table：表名。

(2)Non_unique：索引能不能包括重复值，不能则为 0；能则为 1。

(3)Key_name：索引名称，如果名字相同则表明是同一个索引，而并不是重复，有可能是复合索引。

(4)Seq_in_index：索引中的列序列号，从 1 开始。

(5)Column_name：创建索引的列名。

(6)Collation：列以什么方式存储在索引中。在 MySQL 的 Show index 语法中，有值 'A'(升序)或 NULL(无分类)。

(7)Cardinality：基数的意思，表示索引中唯一值的数目的估计值。基数根据被存储为整数的统计数据来计数，所以即使对于小型表，该值也没有必要是精确的。基数越大，当进行联合时，MySQL 使用该索引的机会就越大。

(8)Sub_part：前置索引的意思，如果列只是被部分地编入索引，则为被编入索引的字符的数目。如果整列被编入索引，则为 NULL。

(9)Packed：指示关键字如何被压缩。如果没有被压缩，则为 NULL。压缩一般包括压缩传输协议、压缩列解决方案和压缩表解决方案。

(10)Null：如果列中含有 NULL，则含有 YES。如果没有，则该列含有 NO。

(11)Index_type：索引类型，MySQL 常用的索引类型包括：FULLTEXT、HASH、BTREE、RTREE。

①FULLTEXT

即为全文索引，目前只有 MyISAM 引擎支持。其可以在 CREATE TABLE、ALTER TABLE、CREATE INDEX 使用，不过目前只有 CHAR、VARCHAR、TEXT 列上可以创建全文索引。全文索引并不是和 MyISAM 一起诞生的，它的出现是为了解决 WHERE name LIKE "%word%"这类针对文本的模糊查询效率较低的问题。

②HASH

由于 HASH 的唯一(几乎 100%的唯一)及类似键值对的形式很适合作为索引，所以 HASH 索引可以一次定位，不需要像树形索引那样逐层查找，因此具有极高的效率。但是，这种高效是有条件的，即只在"="和"IN"条件下高效，对于范围查询、排序及组合索引仍然效率不高。

③BTREE

BTREE 索引就是一种将索引值按一定的算法，存入一个树形的数据结构中(二叉树)，每次查询都是从树的入口开始,依次遍历节点,获取叶子。这是 MySQL 中默认的最常用的索引类型。

④RTREE

RTREE 在 MySQL 很少使用,仅支持 geometry 数据类型,支持该类型的存储引擎只有 MyISAM、BDb、InnoDb、NDb、Archive 几种。相对于 BTREE,RTREE 的优势在于范围查找。

(12)Comment、Index_comment:注释的意思。

2.使用 EXPLAIN 命令查看执行计划

MySQL 分为 Server 层和存储引擎层两部分。Server 层包括连接器、分析器、优化器、执行器等,而存储引擎层负责数据的存储和读取。

SQL 执行时,会通过连接器建立连接、获取权限;连接器会维持和管理连接。

然后,MySQL 会通过分析器对 SQL 语句进行解析,分析语句各部分含义,然后按照语法规则判断 SQL 是否符合 MySQL 的语法。

经过分析器分析后,MySQL 会对 SQL 请求进行优化器的处理,优化器对语句索引、连接顺序等情况判断,决定使用哪种执行方案最合适。

最后,就到了执行器的阶段,执行器根据表的引擎定义,去调用引擎接口,执行 SQL 语句。

MySQL 内置 EXPLAIN 命令来查看 SQL 语句的执行计划,EXPLAIN 支持 SELECT、DELETE、INSERT、REPLACE 和 UPDATE 等语句,也支持对分区表的解析。通过 EXPLAIN 展示的信息可以了解到表查询的顺序、表连接的方式等,并根据这些信息判断语句执行效率,决定是否添加索引或改写 SQL 语句优化表连接方式以提高执行效率。

MySQL 中查看执行计划的语句语法如下:

```
{EXPLAIN | DESCRIBE | DESC}
    tbl_name [col_name | wild]
{EXPLAIN | DESCRIBE | DESC}
    [explain_type]
    {explainable_stmt | FOR CONNECTION connection_id}
explain_type: {
    FORMAT = format_name
}
format_name: {
    TRADITIONAL
  | JSON
  | TREE
}
explainable_stmt: {
    SELECT statement
  | DELETE statement
  | INSERT statement
  | REPLACE statement
  | UPDATE statement
}
```

DESCRIBE 和 EXPLAIN 语句是同义词,但 DESCRIBE 关键字更常用来获取关于表的信息结构,而 EXPLAIN 用于获取查询执行计划。EXPLAIN 有 TRADITIONAL、JSON 和 TREE 三种格式输出,若省略默认输出格式为 TRADITIONAL。

【例 7-4】 分别查看查询语句 select * from BooInfo 和 select * from BookInfo where bookname='数据结构'的执行计划。结果如图 7-4 所示。

```
mysql> explain select * from bookinfo;
+----+-------------+----------+------------+------+---------------+------+---------+------+------+----------+-------+
| id | select_type | table    | partitions | type | possible_keys | key  | key_len | ref  | rows | filtered | Extra |
+----+-------------+----------+------------+------+---------------+------+---------+------+------+----------+-------+
| 1  | SIMPLE      | bookinfo | NULL       | ALL  | NULL          | NULL | NULL    | NULL | 6    | 100.00   | NULL  |
+----+-------------+----------+------------+------+---------------+------+---------+------+------+----------+-------+
1 row in set, 1 warning (0.01 sec)
mysql> explain select * from bookinfo where bookname='数据结构';
+----+-------------+----------+------------+------+---------------+--------------+---------+-------+------+----------+-------+
| id | select_type | table    | partitions | type | possible_keys | key          | key_len | ref   | rows | filtered | Extra |
+----+-------------+----------+------------+------+---------------+--------------+---------+-------+------+----------+-------+
| 1  | SIMPLE      | bookinfo | NULL       | ref  | IDX_BOOKNAME  | IDX_BOOKNAME | 152     | const | 1    | 100.00   | NULL  |
+----+-------------+----------+------------+------+---------------+--------------+---------+-------+------+----------+-------+
1 row in set, 1 warning (0.00 sec)
```

图 7-4　查看执行计划

执行 EXPLAIN 命令可以查看语句执行的执行计划,返回包含以下字段:

(1)id:select 查询的序列号,包含一组数字,表示查询中执行 select 子句或操作表的顺序。

(2)select_type:查询的类型,主要是用于区分普通查询、联合查询、子查询等复杂的查询。以下介绍主要的查询类型:

①SIMPLE:简单的 select 查询,查询中不包含子查询或者 union 语句。

②PRIMARY:位于最外部的查询被标记为 primary。

③SUBQUERY:子查询当中第一个 select 查询。

④DERIVED:在 from 列表中包含的子查询被标记为 derived(衍生),MySQL 或递归执行这些子查询,把结果放在临时表中。

⑤UNION:若第二个 select 语句出现在 union 语句之后,则被标记为 union;若 union 包含在 from 子句的子查询中,外层 select 将被标记为 derived。

⑥UNION RESULT:union 查询的结果集。

⑦DEPENDENT UNION:当出现 union 查询时,第二个或之后的查询取决于外部查询。

⑧DEPENDENT SUBQUERY:子查询当中第一个 select 查询,取决于外部的查询。

⑨MATERIALIZED:物化子查询。

(3)table:表名。

(4)partitions:该列显示的为分区表命中的分区情况。非分区表该字段为空(NULL)。

(5)tpye:访问类型,SQL 查询优化中一个很重要的指标,结果值从好到坏依次是:
system ＞ const ＞ eq_ref ＞ ref ＞ fulltext ＞ ref_or_null ＞ index_merge ＞ unique_subquery ＞ index_subquery ＞ range ＞ index ＞ ALL

①system:表中只有一行数据或者是空表,这是 const 类型的一个特例,且只能用于 myisam 和 memory 表。如果是 InnoDB 引擎表,type 列在这个情况通常都是 ALL 或者 index。

②const:表示通过索引一次就找到了,const 用于比较 primary key 或者 unique 索引。

因为只需匹配一行数据，所有很快。如果将主键置于 where 列表中，MySQL 就能将该查询转换为一个 const。

③eq_ref：对于每个索引键，表中只有一条记录与之匹配。eq_ref 可用于使用运算符比较的索引列。

④ref：非唯一性索引扫描，返回匹配某个单独值的所有行。本质也是一种索引访问，它返回所有匹配某个单独值的行，然而它可能会找到多个符合条件的行，所以它应该属于查找和扫描的混合体。ref_or_null：与 ref 类型类似，只是增加了 NULL 值的比较。实际用得不多。

⑤index_merge：表示查询使用了两个以上的索引，最后取交集或者并集，常见 and、or 的条件使用了不同的索引，官方将这个排在 ref_or_null 之后，但是实际上由于要读取多个索引，性能可能不如 range。

⑥unique_subquery：用于 where 中的 IN 形式子查询，子查询返回不重复值唯一值，可以完全替换子查询，效率更高。

⑦range：只检索给定范围的行，使用一个索引来选择行。key 列显示使用了那个索引。一般就是在 where 语句中出现了 bettween、<、>、in、is null 等查询时使用。

⑧index：索引全表扫描，index 与 ALL 区别为 index 类型只遍历索引树，因为索引文件通常比数据文件小，所以比全表扫描要快。

⑨ALL：全表扫描，遍历全表以找到匹配的行，性能最差。

(6)possible_keys：显示了 MySQL 在查找当前表中数据的时候可能使用到的索引，实际意义不大。

(7)key：实际使用的索引，如果为 NULL，则没有使用索引。查询中如果使用了覆盖索引，则该索引仅出现在 key 列表中。

(8)key_len：表示索引中使用的字节数，查询中使用的索引的长度（最大可能长度），并非实际使用长度。可以通过 key_len 的大小判断评估复合索引使用了哪些部分。

(9)ref：如果是使用的常数等值查询，这里会显示 const；如果是连接查询，被驱动表的执行计划这里会显示驱动表的关联字段；如果是条件使用了表达式或者函数，或者条件列发生了内部隐式转换，这里可能显示为 func。

(10)rows：这是 MySQL 估算的需要扫描的行数（不是精确值）。这个值非常直观地显示 SQL 的效率好坏，原则上 rows 越少越好。

(11)filtered：这个字段表示存储引擎返回的数据在 server 层过滤后，剩下多少满足查询的记录数量的比例，注意是百分比，不是具体记录数。

(12)Extra：EXPLAIN 中的很多额外的信息会在 Extra 字段显示，常见的有以下几种内容：

①Using index：仅查询索引树就可以获取到所需要的数据行，而不需要读取表中实际的数据行。通常适用于 select 字段就是查询使用索引的一部分，即使用了覆盖索引。

②Using index condition：显示采用了 Index Condition Pushdown(ICP)特性通过索引去表中获取数据。如果开启 ICP 特性，部分 where 条件可以下推到存储引擎通过索引进行过滤，ICP 可以减少存储引擎访问基本表的次数；如果没有开启 ICP 特性，则存储引擎根据索引需要直接访问基本表获取数据，并返回给 server 层进行 where 条件的过滤。

③Using where：显示 MySQL 通过索引条件定位之后还需要返回表中获得所需要的数据。

④Impossible where：where 子句的条件永远都不可能为真。

⑤Using join buffer (Block Nested Loop)、Using join buffer (Batched Key Access)：在表连接过程当中，将先前表的部分数据读取到 join buffer 缓冲区中，然后从缓冲区中读取数据与当前表进行连接。主要算法的 Block Nested Loop 和 Batched Key Access 两种。

⑥Using MRR：读取数据采用多范围读(Multi-Range Read)的优化策略。

⑦Using temporary：MySQL 需要创建临时表来存放查询结果集。通常发生在有 GROUP BY 或 ORDER BY 子句的语句当中。

⑧Using filesort：MySQL 需要对获取的数据进行额外的一次排序操作，无法通过索引的排序完成。通常发生在有 ORDER BY 子句的语句当中。

如果对优化器选择的执行计划不满意，可以使用优化器提供的提示(hint)来控制最终的执行计划，强制使用索引。

实验 7.3　删除索引

【实验内容】

使用 MySQL 语句删除读者表 Reader 中的索引 IDX_RNAME。

【实验步骤】删除索引

使用 MySQL 语句删除索引，具体语法如下：

```
Drop index index_name on table_name;
```

其中，index_name 为需要删除的索引名称，table_name 为索引所在的表，其余均为关键字。

【例 7-5】　删除读者表 Reader 中的索引 IDX_RNAME。

```
drop index IDX_RNAME on Reader;
```

```
mysql> drop index IDX_RNAME on Reader;
Query OK, 0 rows affected (0.01 sec)
Records: 0  Duplicates: 0  Warnings: 0
```

图 7-5　执行删除索引语句

【最佳实践】

索引能够极大地提高数据库性能，但并不是越多越好，因为索引需要占据存储空间且需要维护。数据量太小的表不需要创建索引，数据的增、删、改操作非常频繁的表不宜创建太多索引。需要根据需求权衡利弊，具体情况具体分析。

【练习】

1．书籍表 BookInfo 中经常使用 Publisher 出版社字段作为查询条件，通过 MySQL 语句给 Publisher 字段创建一个普通索引，用以提高查询性能。

2．查看语句 select Bookname，author，price from BookInfo where Publisher＝'大连理工大学出版社'的查询计划。

3．删除第 1 题创建的普通索引。

实验8 视图

从用户角度来看,一个视图是从一个特定的角度来查看数据库中的数据。视图只存储其定义而不真正存储数据,当引用视图时会动态生成数据,这些数据都是来源于一个或多个表中一个或多个字段的数据。通常在实际应用中,在物理表的基础上,会创建一些视图,基于一些安全上的考虑,可以将视图的查询权限进行单独授权。

案例场景

图书管理系统中,书籍管理员经常需要查询学生和教师借阅图书的信息,学生借阅信息包括学生的读者编号、学号、姓名、手机号码、借阅的书籍编号、书籍借阅时间和归还时间。教师借阅信息包括教师的读者编号、姓名、借阅的书籍编号、书籍借阅时间和归还时间。而这些信息不是来自一个表,而是来自读者表和借阅表两个表,所以可以通过创建一个满足需求的视图并将此视图的查询权限授予书籍管理员,书籍管理员就可以直接通过查询此视图来查询生借阅图书的信息。

实验目的

- 理解视图的作用;
- 掌握视图的创建、修改和删除语句,并使用查询语句查询视图。

相关知识点

1.视图的概念及作用

视图是由基于一个或多个表或其他视图上的一个查询所定义的虚拟表,视图仅仅保存该查询的具体定义,而不包含任何数据。视图就像一个窗口,通过这个窗口,视图提供了一种访问基本表数据的方法,可以按照不同的要求从数据表中提取数据。

视图是一种虚拟的表。视图从数据库中的一个或多个表导出来的表。数据库中只存放了视图的定义,而并没有存放视图中的数据。视图中的数据是依赖于原来的表中的数据的。一旦表中的数据发生改变,显示在视图中的数据也会发生改变。视图可以嵌套。

视图的使用主要出于以下原因:

(1)安全原因。视图可以屏蔽表结构,可以隐藏一些数据,如读者表,可以用视图只显示读者编号和姓名,而不显示电话等,还可以为不同的用户设定不同的视图,授予不同的权限,增强数据的安全访问控制。

(2)简化查询操作。经常使用的复杂查询语句可以创建成视图,通过视图的查询可以简化复杂的查询操作。

(3)提高数据的逻辑独立性。如果没有视图,应用程序都是建立在物理表上,有了视图之后,应用程序可以建立在视图之上,从而使应用程序和数据库表结构在一定程度上实现了逻辑分离。

2.通过 MySQL 语句创建视图、修改视图和删除视图

创建视图是通过 SQL 语句 CREATE VIEW 实现的。其语法形式如下：

```
CREATE [OR REPLACE][ALGORITHM={UNDEFINED|MERGE|TEMPTABLE}]
    VIEW view_name[(column_list)]
    AS SELECT_statement
    [WITH [CASCADED|LOCAL] CHECK OPTION];
```

其中，各个含义如下：

(1)CREATE：表示创建视图的关键字。

(2)OR REPLACE：如果给定了此子句，表示该语句能够替换已有视图。

(3)ALGORIGHM：可选参数，表示视图选择的算法。

(4)UNDEFIEND：表示 MySQL 将自动选择所有使用的算法。

(5)MERGE：表示将使用视图的语句，与视图定义合并起来，使得视图定义的某一部分，取代语句的对应部分。

(6)TEMPTABLE：表示将视图的结果存入临时表，然后使用临时表执行语句。

(7)view_name：表示要创建的视图名称。

(8)column_list：可选参数，表示属性清单，指定了视图中各个属性的名称，如省略则与 SELECT 语句中查询的属性相同。

(9)AS：表示指定视图要执行的操作。

(10)SELECT_statement：是一个完整的查询语句，表示从某个表或视图中查出某些满足条件的记录，将这些记录导入视图中。

(11)WITH CHECK OPTION：可选参数，表示创建视图时，要保证在该视图的权限范围之内 。

(12)CASCADED：可选参数，表示创建视图时，需要满足跟该视图有关的，所有相关视图和表的条件，该参数为默认值。

(13)LOCAL：可选参数，表示创建视图时，只要满足该视图本身定义的条件即可。

注意：column_list 指定在视图中包含的列名，可以省略。如果省略，则视图的列名与 select 子句中的列名相同。视图由多个表连接得到，在不同的表中存在同名列，则需指定列名；当视图的列名为表达式或库函数的计算结果时，而不是单纯的属性名时，也需指明列名。

修改视图可以使用 Alter view 语句，也可以使用 create or replace 语句实现。

删除视图语法如下：

```
drop view <视图名>
```

视图可以进行插入、修改、删除及查询操作，但其插入、修改、删除操作主要是针对定义中的物理表进行操作，视图大部分情况是用于查询操作，可以像基本表一样对视图进行查询。

实验示例

实验 8.1　视图创建及使用

【实验内容】

(1)使用 MySQL 语句创建视图 v_book，包括人民邮电出版社出版的书籍名称、作者和

价格。

（2）使用 MySQL 语句创建视图 v_teacher_booklened，为教师借阅图书的信息，包括教师的读者编号、姓名、借阅的书籍编号、书籍借阅时间和归还时间。

【实验步骤】创建视图

1.使用 MySQL 语句创建视图及查询视图

视图创建后，可以像基本表一样对视图进行查询操作，视图大部分情况就是用于查询操作。

【例 8-1】 创建视图 v_book，包括人民邮电出版社出版的书籍名称、作者和价格。创建视图及查询视图的语句如下，结果如图 8-1 所示。

```
create or replace view v_book(bookname,author,price)
as select bookname,author,price from BookInfo where publisher='人民邮电出版社';
```

```
mysql> create or replace view v_book(bookname, author, price)
    -> as select bookname,author,price from BookInfo where publisher='人民邮电出版社';
Query OK, 0 rows affected (0.00 sec)

mysql> select * from v_book;
+--------------------+----------+-------+
| bookname           | author   | price |
+--------------------+----------+-------+
| 数据库系统原理及应用 | 袁丽娜   |    49 |
| 数据结构            | 严蔚敏   |    35 |
+--------------------+----------+-------+
2 rows in set (0.00 sec)
```

图 8-1　创建并查询视图 v_book

【例 8-2】 创建视图 v_teacher_booklened，为教师借阅图书的信息，包括教师的读者编号、姓名、借阅的书籍编号、书籍借阅时间和归还时间。创建视图及查询视图的语句如下，结果如图 8-2 所示。

```
create or replace view v_teacher_booklened
(readerid,readername,bookid,lendtime,backtime)
as select a.readerid,a.readername,b.bookid,b.lendtime,b.backtime
    from Reader a join BookLended b on a.readerid=b.readerid
    where a.sf='教师';
```

```
mysql> create or replace view v_teacher_booklened
    -> (readerid,readername,bookid,lendtime,backtime)
    -> as select a.readerid,a.readername,b.bookid,b.lendtime,b.backtime
    ->     from Reader a join BookLended b on a.readerid=b.readerid
    -> where a.sf='教师';
Query OK, 0 rows affected (0.01 sec)

mysql> select * from v_teacher_booklened;
+------------+------------+-------------------+---------------------+----------+
| readerid   | readername | bookid            | lendtime            | backtime |
+------------+------------+-------------------+---------------------+----------+
| 1000002113 | 王建       | 19-03-06-012024-8-4 | 2019-12-18 20:01:04 | NULL     |
+------------+------------+-------------------+---------------------+----------+
1 row in set (0.00 sec)
```

图 8-2　创建并查询视图 v_teacher_booklened

2.使用 MySQL 语句修改视图

修改视图可以使用 Alter view 语句,也可以使用 create or replace 语句实现。

【例 8-3】 修改视图 v_book,包括人民邮电出版社出版的书籍名称、作者、价格和书籍类型。修改视图语句如下,查看视图定义及修改视图语句结果如图 8-3 所示。

```
create or replace view v_book
(bookname,author,price,booktype)
as select bookname,author,price,booktype from BookInfo
where publisher='人民邮电出版社';
```

```
mysql> show create view v_book;
+--------+------------------------------------------------------------------------
--------------------------------------------------------------------------------
------------------------------+----------------------+----------------------+
| View   | Create View

                              | character_set_client | collation_connection |
+--------+------------------------------------------------------------------------
--------------------------------------------------------------------------------
------------------------------+----------------------+----------------------+
| v_book | CREATE ALGORITHM=UNDEFINED DEFINER=`root`@`localhost` SQL SECURITY DEFINER VIEW `v_book` AS select `bookinfo`
.`Bookname` AS `bookname`,`BookInfo`.`Author` AS `author`,`bookinfo`.`Price` AS `price` from `bookinfo` where (`bookinfo`
.`Publisher` = '人民邮电出版社') | gbk                  | gbk_chinese_ci       |
+--------+------------------------------------------------------------------------
--------------------------------------------------------------------------------
------------------------------+----------------------+----------------------+
1 row in set (0.00 sec)

mysql> create or replace view v_book
    -> (bookname,author,price,booktype)
    -> as select bookname,author,price,booktype from bookinfo
    -> where publisher='人民邮电出版社';
Query OK, 0 rows affected (0.01 sec)

mysql> show create view v_book;
+--------+------------------------------------------------------------------------
--------------------------------------------------------------------------------
------------------------------------------------------------+----------------------+----------------------+
| View   | Create View

                                                            | character_set_client | collation_connection |
+--------+------------------------------------------------------------------------
--------------------------------------------------------------------------------
------------------------------------------------------------+----------------------+----------------------+
| v_book | CREATE ALGORITHM=UNDEFINED DEFINER=`root`@`localhost` SQL SECURITY DEFINER VIEW `v_book` AS select `bookinfo`
.`Bookname` AS `bookname`,`bookinfo`.`Author` AS `author`,`bookinfo`.`Price` AS `price`,`bookinfo`.`Booktype` AS `bookty
pe` from `bookinfo` where (`bookinfo`.`Publisher` = '人民邮电出版社') | gbk                  | gbk_chinese_ci       |
+--------+------------------------------------------------------------------------
--------------------------------------------------------------------------------
------------------------------------------------------------+----------------------+----------------------+
1 row in set (0.00 sec)
```

图 8-3 修改视图 v_book

【例 8-4】 修改视图 v_teacher_booklened,包括教师的读者姓名、借阅的书籍编号、书籍借阅时间和归还时间。修改视图语句如下,查看视图定义及修改视图语句,结果如图 8-4 所示。

```
alter view v_teacher_booklened
(readername,bookid,lendtime,backtime)
as select a.readername,b.bookid,b.lendtime,b.backtime
from Reader a join BookLended b on a.readerid=b.readerid
where a.sf='教师';
```

可以通过语句 show create view v_teacher_booklened 查看视图定义。在修改视图前后都进行视图定义查看可以对视图的定义进行对比。

图 8-4　修改视图 v_teacher_booklened

实验 8.2　删除视图

【实验内容】

使用 MySQL 语句删除 v_book。

【实验步骤】

使用 MySQL 语句删除视图，具体语法如下：

```
DROP VIEW view_name
```

其中，view_name 为需要删除的视图名称，其余均为关键字。

【例 8-5】　删除视图 v_book。删除视图语句如下，查看所有视图及删除视图语句，结果如图 8-5 所示。

```
drop view v_book;
```

可以通过语句 show table status where comment＝′view′查看所有视图，在删除视图前后都进行所有视图查看可以验证视图是否被删除。

```
mysql> show table status where comment='view';
+--------------------+--------+---------+------------+------+----------------+-------------+-----------------+--------------
+-----------+----------------+-------------+-------------+------------+-----------+----------+----------------+---------+
| Name               | Engine | Version | Row_format | Rows | Avg_row_length | Data_length | Max_data_length | Index_length
| Data_free | Auto_increment | Create_time | Update_time | Check_time | Collation | Checksum | Create_options | Comment |
+--------------------+--------+---------+------------+------+----------------+-------------+-----------------+--------------
+-----------+----------------+-------------+-------------+------------+-----------+----------+----------------+---------+
| v_book             | NULL   |    NULL | NULL       | NULL |           NULL |        NULL |            NULL |         NULL
|      NULL |           NULL | NULL        | NULL        | NULL       | NULL      |     NULL | NULL           | VIEW    |
| v_teacher_booklened | NULL  |    NULL | NULL       | NULL |           NULL |        NULL |            NULL |         NULL
|      NULL |           NULL | NULL        | NULL        | NULL       | NULL      |     NULL | NULL           | VIEW    |
+--------------------+--------+---------+------------+------+----------------+-------------+-----------------+--------------
+-----------+----------------+-------------+-------------+------------+-----------+----------+----------------+---------+
2 rows in set (0.01 sec)

mysql> drop view v_book;
Query OK, 0 rows affected (0.00 sec)

mysql> show table status where comment='view';
+--------------------+--------+---------+------------+------+----------------+-------------+-----------------+--------------
+-----------+----------------+-------------+-------------+------------+-----------+----------+----------------+---------+
| Name               | Engine | Version | Row_format | Rows | Avg_row_length | Data_length | Max_data_length | Index_length
| Data_free | Auto_increment | Create_time | Update_time | Check_time | Collation | Checksum | Create_options | Comment |
+--------------------+--------+---------+------------+------+----------------+-------------+-----------------+--------------
+-----------+----------------+-------------+-------------+------------+-----------+----------+----------------+---------+
| v_teacher_booklened | NULL  |    NULL | NULL       | NULL |           NULL |        NULL |            NULL |         NULL
|      NULL |           NULL | NULL        | NULL        | NULL       | NULL      |     NULL | NULL           | VIEW    |
+--------------------+--------+---------+------------+------+----------------+-------------+-----------------+--------------
+-----------+----------------+-------------+-------------+------------+-----------+----------+----------------+---------+
1 row in set (0.00 sec)
```

图 8-5　删除视图 v_book

【最佳实践】

视图经常用于查询操作，主要应用于安全性控制，使复杂查询简单化，提高数据的逻辑独立性。

【练习】

1.创建一个视图 v_fbl，为女性读者借阅图书的信息，包括读者编号、姓名、借阅的书籍名称、书籍借阅时间和归还时间。

2.创建一个视图 v_pbl，为借阅了“人民邮电出版社”的图书的读者及借阅信息，包括读者编号、姓名、借阅的书籍名称、书籍出版社、书籍借阅时间和归还时间。

实验 9　数据库设计

数据库设计是数据库应用系统设计与开发的关键性工作,是指根据用户需求研制数据库结构的过程,构造最有效的数据库模式,使其能高效地存储数据,满足用户的信息处理要求,再利用选用的 DBMS 来建立能够实现系统目标的数据库结构。

案例场景

图书管理系统数据库的创建开发过程中,设计其中各个表的结构是非常重要且关键性的一个步骤。创建好 LittleLibrary 数据库之后,需要根据图书管理系统的数据需求,根据数据依赖和规范化要求来设计关系模式,确定系统中所有实体、属性及联系。经分析,图书管理系统主要需要存储图书信息、读者信息、借阅信息等主要信息,另外还需要存储书籍类型信息、书籍丢失信息等相关信息。

实验目的

- 用规范化方法,设计合适的关系数据库模式;
- 熟悉数据库设计的基本方法和过程。

相关知识点

1.数据库设计的步骤

（1）需求分析

需求分析是整个数据库设计过程的基础,此过程需要收集数据库所有用户的信息内容和处理要求,并加以规范化和分析 。需求分析的主要方法有自顶向下和自底向上两种,其中自顶向下的常用方法包括数据流图和数据字典。

（2）概念结构设计

概念结构设计是通过对用户需求进行综合、归纳与抽象,产生一个独立于具体 DBMS 的概念模型,一般用 E-R 模型表示概念模型,即主要从现实世界抽象出所有相关的实体、属性及联系。

E-R 模型图例如图 9-1 所示,包括:

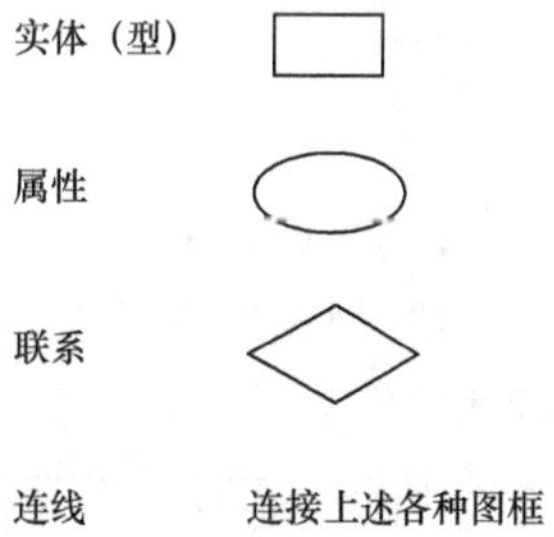

实体（Entity）:表示客观存在并可相互区分的事物。可以用实体表示具体的人、事、物,例如:一名职工,一个车间,一件商品。也可以表示抽象的概念,如一门课程等。属性联系（Relationship）:实体集之间实体（值）的相互对应关系。

（3）逻辑结构设计

把概念结构转换为所选择的 DBMS 支持的数据模型,并对其进行优化。目前,绝大多数概念结构模型是转换成关系数据模型。一般的逻辑结构设计分为三步:初始关系模式设计、关系模

图 9-1　E-R 模型图例

式规范化和模式的评价与改进。

在初始关系模式设计中，需要将 E-R 模型转换为关系模型，其转换主要遵循以下规则：

①一个实体转换为一个关系模式。实体的属性就是关系的属性，实体的键就是关系的键。

②实体间的联系按以下规则转换：

一个 1∶n 的联系表示为：在"多方"关系中插入"一方"关系的关键字。

一个 1∶1 的联系参照 1∶n 联系的转换规则处理。

一个 m∶n 联系要转换为一个独立关系，关系要包含两方的关键字和可能存在的联系属性。

关系模式规范化的基本思想是消除关系模式中的数据冗余，消除数据依赖中不合适的部分，解决数据插入、删除时发生的异常问题。我们把关系模式规范化过程中为不同程度的规范化要求设立的不同标准称为范式。大致包括第一范式、第二范式、第三范式等。

第一范式（1NF）：如果关系模式 R 对应关系的每个元组的每个分量都是不可分的"原子"数据项，则 R∈1NF。

第二范式（2NF）：若关系模式 R∈1NF，并且每一个非主属性都完全函数依赖于 R 的键码，则 R∈2NF。（消除非主属性对码的部分函数依赖）

第三范式（3NF）：如果关系模式 R 中不存在非主属性对码的部分函数依赖和传递函数依赖，则 R∈3NF。

（4）物理结构设计

对于给定的逻辑数据模型，选取一个最适合应用环境的物理结构的过程，称为数据库物理结构设计。物理结构设计是结合具体 DBMS 的特点与存储设备特性进行设计，选定数据库在物理设备上的存储结构和存取方法的设计方法。

（5）数据库实施

数据库实施是指根据逻辑设计和物理设计的结果，在计算机上建立起实际的数据库结构、装入数据、进行测试和试运行的过程。

（6）数据库运行和维护

数据库运行和维护主要包括系统正常运行期间，维护数据库的安全性与完整性；监测并改善数据库性能；重新组织和构造数据库。

 实验示例

实验 9.1　数据库设计

【实验内容】

（1）根据案例场景，图书管理系统需包括图书信息查询，学生及教师可以借书/还书，读者信息管理等功能，需设计一个图书管理系统数据库。每个读者都可以借阅多本图书，而每本图书在不同时间也可以被多个读者进行借阅。在图书实体中，主要包括图书的图书编号（主键）、ISBN、书名、作者、出版社、价格、订购日期、图书类型、图书状态等属性。读者实体中，主要包括读者编号（主键）、姓名、性别、电话、身份、手机号码、学号或者教师号等属性。在借阅联系中，还需要记录图书的借阅时间和归还时间。

要求:1.画出 E-R 图,并指出其联系类别是 1:1、1:n,还是 $m:n$;

2.将 E-R 图转换为关系模型(必须满足 3NF),并给出各关系模式中的关键字。

【实验步骤】

1.概念结构设计:根据需求画出 E-R 模型。

经需求分析,此数据库主要包括图书和读者两个实体,读者借阅书籍的联系。在分析过程中,首先把所有实体及其属性抽象出来,实体用矩形表示,属性用椭圆形表示,再将实体与实体之间的联系抽象出来,用菱形表示,再把联系所属的属性列出来,最后用直线连接起来,并且把实体与实体之间的联系类别标出来。

通过需求分析得到以下 E-R 模型,如图 9-2 所示。

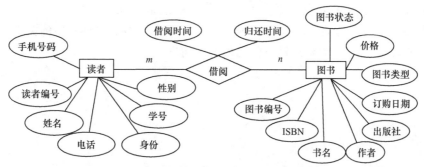

图 9-2　图书管理系统 E-R 模型

2.逻辑结构设计:将已画的 E-R 模型转换成规范化的关系模式。

读者和图书两个实体是 $m:n$ 的联系,根据转换原则,需转换成一个独立的关系,因此可以转换成以下关系模式。

读者(<u>读者编号</u>,姓名,学号,电话,性别,身份,手机号码)

图书(<u>图书编号</u>,ISBN,书名,作者,出版社,价格,图书类型,订购日期,图书状态)

借阅(<u>读者编号</u>,<u>图书编号</u>,借阅时间,归还时间)

其中,加下划线的属性为主键。

3.将设计好的关系模式转换成所选 DBMS 所支持的 SQL 语句,用于在数据库中实施。

建表 SQL 语句已在实验 3 中详细介绍,在此省略。

【最佳实践】

数据库设计没有标准答案,通常设计者的经验不同,设计出来的表结构也会有所差别,但设计原理及遵循的理论知识是一致的。设计中可以使用一些具有标志性的字段,可以加一些备用字段来提高灵活性。

【练习】

1.某大学科研管理系统情况如下:

系:包括系号、系名。每个系有多名教师。

教师:包括教师号、姓名、性别、职称。

简历:包括起始时间、终止时间、工作单位、职务。

项目:包括项目号、项目名称、来源、经费、负责人。每名教师可参加多个项目,每个项目也可由多名教师参加。

根据上面叙述,解答下列问题:

(1)设计 E-R 模型,并指出其联系类别是 $1:1$、$1:n$,还是 $m:n$;

(2)将 E-R 模型转换成关系数据模型,并指出每一个关系的主码和外码(如果存在)。

(3)用 SQL 语言写出创建教师信息表的语句。

2.运动员参加比赛情况如下:

设有运动员实体集,属性包括运动员号、运动员姓名、运动员性别和队名。还有参赛项目实体集,属性包括项目号、项目名称、比赛时间和比赛场地。每一名运动员可能参加多个项目,每一个项目可能有多名运动员参加,因此存在运动员参赛联系,而且每一名运动员所参加的每一个项目都有一项成绩。

根据上面叙述,解答下列问题:

(1)画出 E-R 图,并指出其联系类别是 $1:1$、$1:n$,还是 $m:n$;

(2)将 E-R 图转换为关系模型(必须满足 3NF),并给出各关系模式中的关键字。

(3)用 SQL 语言写出创建运动员信息表的语句。

第二部分 数据库开发实践

实验 10 存储过程

存储过程是一组为了完成特定功能的 SQL 语句集,可以由 SQL 语句和一些特殊的控制语句组成,提供了一种封装任务的方法,并具有强大的编程功能。经编译后存储在数据库中,用户可以根据需要多次调用执行。通过本实验需掌握 MySQL 编程基础,存储过程的创建、执行和删除。另外,还需熟悉 MySQL 存储过程中游标的使用,若需要对多行结果集依次逐行进行数据处理时,则可以通过游标来实现。

实验目的

- 掌握 MySQL 编程基础。
- 掌握通过 MySQL 语句创建、执行和删除存储过程的方法。
- 熟悉 MySQL 游标的使用方法。

相关知识点

1.MySQL 编程基础

MySQL 对标准 SQL 语言也进行了扩充,包含声明和设置变量、分支、循环和检查错误等,主要应用在服务器端的存储过程、函数、触发器的程序设计中。

MySQL 语法要素包括:

(1)注释语句

MySQL 支持三种注释样式:

①"♯"用于单行注释,从♯后字符到行尾都是注释。

②"——"用于单行注释,从——后序列到行尾都是注释,且破折号后至少有一个空格或控制字符(如制表符、换行符等)。

③"/ *"标注放在注释文本的起始处,"* /"标注放在注释文本的结束处,主要用于创建多行的注释语句。

(2)标识符

MySQL 中的所有数据库对象都可以有标识符。数据库对象的名称即为其标识符。

不加引号的标识符主要由系统字符集中的字母和数字,再加上"_"或"＄"组成。不加引号的标识符不允许完全由数字字符构成,因为这样难以和数值区分。第一个字符可以是满足以上条件的任何一个字符(包括数字)。如果使用了保留字或者特殊字符,标识符可以用反引号引起来,如果启用了 SQL 的 ANSI_QUOTES 模式,可以使用双引号将标识符引起来。

(3)变量

在 MySQL 文档中,MySQL 变量可分为两大类,即系统变量和用户变量。

但根据实际应用又被细化为四种类型,即全局变量、会话变量、用户变量和局部变量。

①全局变量。MySQL 服务器启动时会使用其软件内置的变量和配置文件中的变量来初始化整个 MySQL 服务器的运行环境,这些变量通常就是我们所说的全局变量,这些在内存中的全局变量有些是可以修改的,可以由 root 用户通过 SET 命令直接在运行时修改,一旦 MySQL 服务器重新启动,所有修改都被还原。如果修改了配置文件,想恢复最初的设置,只需要将配置文件还原,重新启动 MySQL 服务器,一切都可以恢复成原来的样子。所有全局变量可以通过语句 SHOW GLOBAL VARIABLES 或 SHOW VARIABLES 查看。大多数的全局变量应用于其他 SQL 语句中时,必须在名称前加两个@符号,而为了与其他 SQL 产品保持一致,某些特定的全局变量则省略这两个@符号。

②会话变量。当有客户端连接到 MySQL 服务器的时候,MySQL 服务器会将这些全局变量的大部分复制一份以作为连接客户端的会话变量,这些会话变量与客户端连接绑定,连接的客户端可以修改其中允许修改的变量,但是当连接断开时这些会话变量全部消失,重新连接时会从全局变量中重新复制一份。

③用户变量。用户变量是由用户自定义的变量,可以用来存储各种数据类型的值。用户变量与连接有关。也就是说,一个客户端定义的变量不能被其他客户端看到或使用。当客户端退出时,该客户端连接的所有变量将自动释放。用户变量以@符号开头,定义和初始化一个变量可以使用 SET 和 SELECT INTO 语句,语法格式为:

SET @用户变量=expr1〔,@用户变量 2= expr2,…〕

其中,用户变量名可以由当前字符集的文字、数字字符、".""_"和"$"组成。当变量名中需要包含了一些特殊符号(如空格、♯等)时,可以使用双引号或单引号将整个变量括起来。

EXPR 要给变量赋的值,可以是常量、变量或表达式。

比如把那么 name 变量赋值给 rose,xb 变量赋值给 m,可以使用以下语句:

```
SET @name='王林',@xb='m';
```

比如把 BookInfo 表中 price 小于 50 的书籍的数量赋值为 count 变量,可以使用以下语句:

```
SELECT count(bookid) INTO @count FROM BookInfo WHERE price < 50;
```

④局部变量。局部变量通常出现在存储过程中,用于中间计算结果、交换数据等,当存储过程执行完,变量的生命周期也就相应结束。局部变量通常通过 DECLARE 关键字来定义,通过 SET 和 SELECT INTO 语句赋值。而存储过程的参数也和这种变量非常相似,基本上可以作为同一种变量来对待。

(4)运算符和表达式

MySQL 运算符包括算术运算符、比较运算符、逻辑运算符、位运算符。

MySQL 算术运算符在两个表达式上执行数学运算,这两个表达式可以是任何数字数据类型。算术运算符有+(加)、-(减)、*(乘)、/(除)和%(求模)五种。

　　MySQL 比较运算符(又称关系运算符),用于比较两个表达式的值,其运算结果为逻辑值,可以为三种之一:1(真)、0(假)及 NULL(不确定)。MySQL 中可以使用的比较运算符主要有 =、>、<、>=、<=、<>、! =、<=>(相等或都等于空)。

　　MySQL 逻辑运算符主要包括 NOT、AND、OR 和 XOR。

　　MySQL 位运算符在两个表达式之间执行二进制位操作,这两个表达式的类型可为整型或与整型兼容的数据类型。主要包括 &(位与)、|(位或)、^(位异或)、~(位取反)、>>(位右移)和 <<(位左移)。

　　当一个复杂的表达式有多个运算符时,运算符优先级决定执行运算的先后次序,执行的次序有时会影响所得到的运算结果。MySQL 运算符优先级见表 10-1。

表 10-1　　　　　　　　　　　　　　**MySQL 运算符优先级**

运　算　符	优先级	运　算　符	优先级
+(正)、-(负)、~(位取反)	1	NOT	6
*(乘)、/(除)、%(模)	2	AND	7
+(加)、-(减)	3	ALL、ANY、BETWEEN、IN、LIKE、OR、SOME	8
=,>,<,>=,<=,<>, ! = ,! > ,! <	4	=(赋值)	9
^(位异或)、&(位与)、|(位或)、 >>(位右移)、<<(位左移)	5		

(5)常用函数

- 聚合函数(SUM()、AVG()、MAX()、MIN()、COUNT()等)。
- 日期和时间函数(NOW()、CURTIME()、CURDATE()、YEAR()、MONTH()、MONTHNAME()、DAYOFYEAR()、DAYOFWEEK()、DAYOFMONTH()、DAYNAME()、WEEK()、YEARWEEK()、HOUR()、MINUTE()、SECOND()、DATE_ADD()、DATE_SUB()等)。
- 数学函数(GREATEST()、LEAST()、FLOOR()、CEILING()、ROUND()、TRUNCATE()ABS()、SIGN()、POW()、SIN()、COS()和 TAN()等)。
- 字符串函数(ASCII()、CHAR()、LEFT()、RIGHT()、TRIM()、LTRIM()、RTRIM()、RPAD()、LPAD()、REPLACE()、CONCAT()、SUBSTRING()、STRCMP()等)。
- 加密函数(AES_ENCRYPT()、AES_DECRYPT()、ENCODE()、DECODE()、PASSWORD()等)。
- 控制流函数(IFNULL()、NULLIF()、IF()等)。
- 格式化函数(FORMAT()、DATE_FORMAT()、TIME_FORMAT()、INET_NTOA()、INET_ATON()等)。
- 类型转换函数(CAST())。
- 系统信息函数(DATABASE()、USER()、VERSION()、BENCHMARK()、FOUND_ROWS()等)。
- 用户自定义函数。

(6)流程控制语句

- IF…ELSE:选择条件语句。

  语法格式:

```
IF 条件 THEN 语句
    [ELSEIF 条件 THEN 语句]…
    [ELSE   语句]
END IF
```

- CASE:多个选择条件语句。

  语法格式:

```
CASE [expr]
    WHEN 值1 THEN 语句
    [WHEN 值2 THEN 语句]
    …
    [ELSE 语句]
END CASE
```

- LOOP:简单循环语句。

  语法格式:

```
[begin_label:]
LOOP
    语句
END LOOP [end_label]
```

- REPERAT:有条件控制的循环语句。

  语法格式:

```
[begin_label:]
REPEAT
    语句
    UNTIL 条件
END REPEAT [end_label]
```

- WHILE:有条件控制的循环语句。

  语法格式:

```
[begin_label:]
WHILE 条件   DO
    语句
END WHILE [end_label]
```

- LEAVE:跳出循环语句。
- ITEBATE:跳出本次循环语句。

2.MySQL 语句创建、执行和删除存储过程

(1)存储过程的概念

存储过程是一组为了完成特定功能的 SQL 语句集,可以由 SQL 语句和一些特殊的控制语句组成,提供了一种封装任务的方法,并具有强大的编程功能。存储过程包含数据库中执行操作的语句,能接收输入的参数,经编译后存储在数据库中,用户就可以指定存储过程的名字并给定参数(如果该存储过程有参数)来调用执行该存储过程实现相关功能。

(2)存储过程的应用优点

存储过程在服务器端运行,执行速度非常快。

封装业务功能并创建可重用的应用程序逻辑。存储过程执行一次后,其执行规划就驻留在高速缓冲存储器,在以后的操作中,只需从高速缓冲存储器中调用已编译好的二进制代码执行,这提高了系统性能,并且可以重复调用。

确保数据库安全,可以防止用户暴露数据库表的细节。

(3)存储过程相关语句

①创建存储过程语句

```
CREATE PROCEDURE 存储过程名([参数 ...])
    [特征 ...] 存储过程体
```

其中:

a.参数=:[IN | OUT | INOUT] 参数名 参数类型

说明:

● 系统默认在当前数据库中创建,需要在特定数据库中创建存储过程时,则要在名称前面加上数据库的名称,格式为:数据库名.存储过程名。参数的命名不要与数据表的列名相同。

● 当存储过程有多个参数的时候中间用逗号隔开。MySQL 存储过程支持三种类型的参数:输入参数、输出参数和输入/输出参数,关键字分别是 IN、OUT 和 INOUT。输入参数使数据可以传递给存储过程。当需要返回一个答案或结果的时候,使用输出参数。输入/输出参数既可以充当输入参数也可以充当输出参数。

b.特征=:

```
    LANGUAGE SQL
  | [NOT] DETERMINISTIC
  | { CONTAINS SQL | NO SQL | READS SQL DATA | MODIFIES SQL DATA }
  | SQL SECURITY { DEFINER | INVOKER }
  | COMMENT 'string'
```

说明:

● LANGUAGE SQL:表明编写这个存储过程的语言为 SQL 语言,目前来讲,MySQL 存储过程还不能用外部编程语言来编写,也就是说,这个选项可以不指定,将来可能会对其扩展。

● DETERMINISTIC:设置为 DETERMINISTIC 表示存储过程对同样的输入参数产生相同的结果,设置为 NOT DETERMINISTIC 则表示会产生不确定的结果。默认为 NOT DETERMINISTIC。

● CONTAINS SQL:表示子程序包含 SQL 语句,但不包含读或者写数据的语句,为默认选项。

● NO SQL:表示存储过程不包含 SQL 语句。

● READS SQL DATA:表示存储过程只包含读数据的语句,不包含写数据的语句。

● MODIFIES SQL DATA:表示存储过程只包含写数据的语句。

- SQL SECURITY：可以用来指定存储过程使用创建该存储过程的用户（DEFINER）的许可来执行，还是使用调用者（INVOKER）的许可来执行。默认值是 DEFINER。
- COMMENT ′string′：对存储过程的描述（备注），string 为描述内容。这个信息可以用 SHOW CREATE PROCEDURE 语句来显示。

c.存储过程体：是存储过程的主体部分，包含了在过程调用的时候必须执行的 SQL 语句。以 BEGIN 开始，以 END 结束。如果存储过程体中只有一条 SQL 语句，可以省略BEGIN…END 标志。存储过程体中，每个 SQL 语句都是以分号结尾的，这时服务器处理程序的时候遇到第一个分号就会认为程序结束，这肯定是不可以的。所以需要使用"DELIMITER 结束符号"命令将 MySQL 语句的结束标志修改为其他符号，编译完成后再恢复以分号为结束标志。

②修改存储过程特征

MySQL 只能通过 ALTER 语句修改存储过程的特征，不能修改存储过程体的内容，如需修改存储过程体的内容，需要先删除存储过程再重新创建。

③调用执行存储过程

MySQL 调用执行存储过程的语句如下：

```
CALL sp_name[(传参)];
```

其中，sp_name 为所需调用的存储过程名称，传参表示根据存储过程定义时的参数进行传参。

④删除存储过程

MySQL 删除存储过程的语句如下：

```
DROP PROCEDURE [if exists]存储过程名；
```

（4）异常处理

MySQL 定义异常捕获类型及处理方法的语法如下：

```
DECLARE handler_action HANDLER
        FOR condition_value [, condition_value] ...
        statement
        handler_action:
        CONTINUE
        EXIT
        UNDO
condition_value:
        mysql_error_code
        SQLSTATE [VALUE] sqlstate_value
        condition_name
        SQLWARNING
        NOT FOUND
        SQLEXCEPTION
```

说明：

①handler_action，表示当执行完 statement 后，希望执行怎样的动作，包括CONTINUE（继续）、EXIT（退出）、UNDO（撤销，暂时不支持）。CONTINUE 是

SQLWARNING 和 NOT FOUND 的默认处理方法,而 EXIT 就是 SQLEXCEPTION 的默认处理方法。

②condition_value [,condition_value],表示一个 handler 可以定义成针对多种情况进行相应的操作。condition_value 可以包括的值有 6 种:

● mysql_error_code,这个表示 MySQL 的错误代码,错误代码是一个数字,完全是由 MySQL 自己定义的。

● SQLSTATE [VALUE] sqlstate_value,这个同错误代码类似形成一一对应的关系,它是一个 5 个字符组成的字符串,是从 ANSI SQL 和 ODBC 这些标准中引用过来的,因此更加标准化,这个和第一个类似。

● condtion_name,这个是条件名称,它使用 DECLARE...CONDITION 语句来定义。

● SQLWARNING,表示 SQLSTATE 中的字符串以′01′起始的那些错误,比如 Error:1311 SQLSTATE:01000。

● NOT FOUND,表示 SQLSTATE 中的字符串以′02′起始的那些错误,比如 Error:1329 SQLSTATE:02000。

● SQLEXCEPTION,表示 SQLSTATE 中的字符串不是以′00′、′01′、′02′起始的那些错误,这里以′00′起始的 SQLSTATE 其实表示的是成功执行而不是错误,另外两个就是上面的 SQLWARNING 和 NOT FOUND 的两种情况。

②statement,表示当出现某种条件或错误时,需要执行的语句,可以是简单的如 SET 赋值语句,也可以是复杂的多行语句,多行语句需要使用 BEGIN...END 把语句括起来。

3.游标简介

游标是存放结果集的数据对象,是一种能从包括多条数据记录的结果集中每次提取一条记录操作的机制。存储过程中经常会使用到游标,通过游标可以定位到结果集中的某一行,并对该行数据进行特定操作,为数据的处理过程提供了方便。

MySQL 对游标的使用遵循"声明游标—打开游标—从游标中读取数据—关闭游标"的过程。

①声明游标

存储过程中可以定义多个游标,但每个块中的每一个游标必须有唯一的名字。语句语法如下:

```
DECLARE Cursor_name CURSOR FOR select_statement
```

其中,Cursor_name 为游标名称,select_statement 为查询语句,其余为关键字。

比如:通过以下语句可以声明一个游标。

```
DECLARE my_cursor CURSOR FOR
SELECT bookname,Publisher FROM BookInfo WHERE Publisher ="人民邮电出版社";
```

②打开游标

声明游标后,要使用游标从中提取数据,就必须先打开游标。使用 OPEN 语句打开游标,其语法如下:

```
OPEN Cursor_name
```

其中,Cursor_name 为游标名称,在程序中,一个游标可以打开多次,由于其他的用户或程序可能在期间已经更新了数据表,所以每次打开结果可能会不同。

③从游标中读取数据

游标打开后,就可以使用 FETCH...INTO 语句从中读取数据。其语法如下:

```
FETCH Cursor_name INTO var1,var2[,...]
```

其中,Cursor_name 为游标名称,var1,var2 为变量名称。FETCH...INTO 语句与 SELECT...INTO 语句具有相同的意义,FETCH 语句是将游标指向的一行数据赋给一些变量,子句中变量的数目必须等于声明游标时 SELECT 子句中列的数目,变量名指定存放数据的变量。

④关闭游标

游标使用完以后,要及时关闭。关闭游标使用 CLOSE 语句,其语法如下:

```
CLOSE cursor_name
```

其中,Cursor_name 为游标名称。

◉ 实验示例

实验 10.1 创建存储过程和执行存储过程

【实验内容】

(1)创建一存储过程 p_findb,基于 BookInfo 表,根据传入参数(出版社)查询出相应的书籍信息。

(2)创建一存储过程 p_insertb,通过带参数的存储过程向 BookInfo 表中插入一条数据,传入参数为 bon、bisbn、name、author、publisher、price,如果插入主键重复数据,则将 bno 插入错误记录表 booklog 中,数据插入时间赋为当前日期,操作标志位赋上'INS'。

【实验步骤】

1.创建一存储过程 p_findb,基于 BookInfo 表,根据传入参数(出版社)查询出相应的书籍信息。

创建存储过程语句如下,操作如图 10-1 所示。

```
DROP PROCEDURE IF EXISTS p_findb;
delimiter //
create procedure p_findb(in publish varchar(50))
begin
select bookid, bookname,author,publisher,price
from BookInfo where publisher = publish;
end //
delimiter;
```

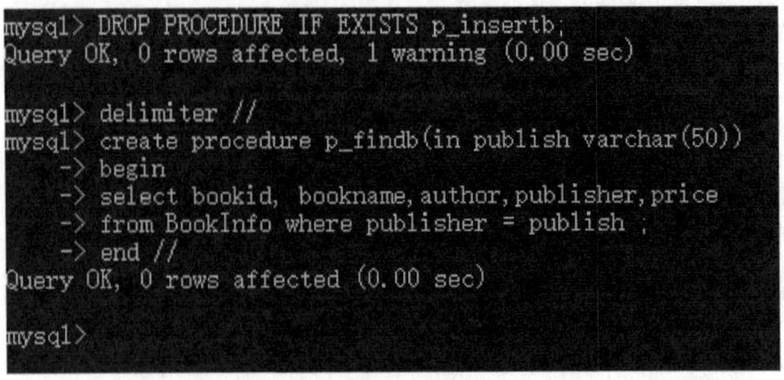

图 10-1 创建存储过程 p_findb

执行存储过程语句如下,结果如图 10-2 所示。

```
call p_findb('清华大学出版社');
```

图 10-2 执行存储过程 p_findb

最后再查看以上数据,发现已经按照要求查询到清华大学出版社的所有书籍,存储过程执行成功。

2.创建一存储过程 p_insertb,通过带参数的存储过程向 BookInfo 表中插入一条数据,传入参数为 bno、bisbn、bname、author、publisher、price,如果插入主键重复数据,则将 bno 插入错误记录表 booklog 中,数据插入时间赋为当前日期,操作标志位赋上'INS'。

创建存储过程语句如下,结果如图 10-3 所示。

```
DROP PROCEDURE IF EXISTS p_insertb;

delimiter //

Create PROCEDURE p_insertb(in bno varchar(30),in bisbn varchar(50),in bname varchar(50),in
author varchar(30), in publisher varchar(30),in price DOUBLE)

BEGIN
    DECLARE t_error INTEGER DEFAULT 0;
    DECLARE CONTINUE HANDLER FOR 1062 SET t_error=1;
    INSERT INTO BookInfo (bookid,ISBN,bookname,author,publisher,price)
    VALUES(bno,bisbn,bname,author,publisher,price);
    IF t_error = 1 THEN
    INSERT INTO booklog(bno,Cztime,Czbz) VALUES (bno,NOW(),'INS');
    ELSE
       COMMIT;
    END IF;
  END //

delimiter;
```

图 10-3 创建存储过程 p_insertb

首先创建 booklog 表,然后查看 BookInfo 和 booklog 这两张表的数据,语句如下,操作如图 10-4 所示。

```
create table booklog
(bno varchar(30),
Cztime datetime,
Czbz varchar(10));
select * from booklog;
select bookid,bookname from BookInfo;
```

```
mysql> create table booklog
    -> (bno varchar(30),
    -> Cztime datetime,
    -> Czbz varchar(10));
Query OK, 0 rows affected (0.04 sec)

mysql> select * from booklog;
Empty set (0.00 sec)

mysql> select bookid,bookname from BookInfo;
+----------------------+------------------------+
| bookid               | bookname               |
+----------------------+------------------------+
| 19-03-06-012024-8-4  | 大数据技术实战教程       |
| 19-03-08-012024-8-6  | 数据仓库与数据挖掘实践   |
| 19-03-01-012024-8-1  | 数据库系统原理及应用     |
| 19-03-06-012024-8-5  | 数据结构                |
| 19-03-01-012024-8-2  | 网站设计与Web应用开发技术 |
| 19-03-03-012024-8-3  | 计算机科学导论           |
+----------------------+------------------------+
6 rows in set (0.00 sec)
```

图 10-4　创建表 booklog 及查看两张表的数据

执行存储过程,语句如下,操作如图 10-5 所示。

```
call p_insertb ('19-03-03-012024-8-6','978-7-302-49624-3','JAVA 程序设计','杨晶晶','清华大学
出版社',59);
call p_insertb ('19-03-03-012024-8-7','978-7-302-40830-7','C++程序设计','谭浩强','清华大学
出版社',49);
```

```
mysql> call p_insertb ('19-03-03-012024-8-6','978-7-302-49624-3','JAVA程序设计','杨晶晶','清华大学出版社',59);
Query OK, 0 rows affected (0.00 sec)

mysql> call p_insertb ('19-03-03-012024-8-7','978-7-302-40830-7','C++程序设计','谭浩强','清华大学出版社',49);
Query OK, 0 rows affected (0.00 sec)
```

图 10-5　执行存储过程 p_insertb

再次查看 BookInfo 和 booklog 这两张表的数据,结果如图 10-6 所示。

```
mysql> select bookid,bookname from BookInfo;
+----------------------+------------------------+
| bookid               | bookname               |
+----------------------+------------------------+
| 19-03-03-012024-8-7  | C++程序设计             |
| 19-03-03-012024-8-6  | JAVA程序设计            |
| 19-03-06-012024-8-4  | 大数据技术实战教程       |
| 19-03-08-012024-8-6  | 数据仓库与数据挖掘实践   |
| 19-03-01-012024-8-1  | 数据库系统原理及应用     |
| 19-03-06-012024-8-5  | 数据结构                |
| 19-03-01-012024-8-2  | 网站设计与Web应用开发技术 |
| 19-03-03-012024-8-3  | 计算机科学导论           |
+----------------------+------------------------+
8 rows in set (0.00 sec)

mysql> select * from booklog;
Empty set (0.00 sec)
```

图 10-6　再次查看两张表中的数据

通过以上操作可以看到,两条数据已经正确插入 BookInfo 表中。

接下来插入条主键重复的数据,验证异常处理是否正确。执行存储过程,语句如下,操作如图 10-7 所示。

```
call p_insertb ('19-03-03-012024-8-6','978-7-302-49624-6','程序设计','杨辞','清华大学出版社',59);
```

```
mysql> call p_insertb ('19-03-03-012024-8-6','978-7-302-49624-6','程序设计','杨辞','清华大学出版社',59);
Query OK, 1 row affected (0.00 sec)
```

图 10-7 执行存储过程 p_insertb 插入主键重复数据

再次查看 BookInfo 和 booklog 这两张表的数据,结果如图 10-8 所示。

```
mysql> select bookid,bookname from BookInfo;
+---------------------+--------------------------+
| bookid              | bookname                 |
+---------------------+--------------------------+
| 19-03-03-012024-8-7 | C++程序设计                |
| 19-03-03-012024-8-6 | JAVA程序设计               |
| 19-03-06-012024-8-4 | 大数据技术实战教程           |
| 19-03-08-012024-8-6 | 数据仓库与数据挖掘实践        |
| 19-03-01-012024-8-1 | 数据库系统原理及应用          |
| 19-03-06-012024-8-5 | 数据结构                    |
| 19-03-01-012024-8-2 | 网站设计与Web应用开发技术     |
| 19-03-03-012024-8-3 | 计算机科学导论               |
+---------------------+--------------------------+
8 rows in set (0.00 sec)

mysql> select * from booklog;
+---------------------+---------------------+------+
| bno                 | Cztime              | Czbz |
+---------------------+---------------------+------+
| 19-03-03-012024-8-6 | 2020-06-22 11:59:12 | INS  |
+---------------------+---------------------+------+
1 row in set (0.00 sec)
```

图 10-8 再次查看两张表中的数据

通过以上操作可以看到,主键重复数据并没有插入 BookInfo 表中,而 booklog 表中则插入一条数据,说明此存储过程异常处理没有问题。

实验 10.2 使用游标

【实验内容】

创建一个存储过程 p_find,其中定义一个游标 my_cursor,返回图书表 BookInfo 中所有出版社为"人民邮电出版社"的书籍编号、书籍名称、作者、出版社信息及书籍类型,并在游标中查找显示书名为"数据库系统原理及应用"的书籍编号、书籍名称、作者、出版社信息及书籍类型。

【实验步骤】

(1)使用 MySQL 语句编写存储过程,且使用到游标。语句如下,结果如图 10-9 所示。

```
delimiter //
CREATE PROCEDURE p_find()              # 定义一个存储过程
BEGIN
        DECLARE bid VARCHAR(30);       # 存储书籍编号的变量
        DECLARE bname VARCHAR(50);     # 存储书籍名称的变量
```

```
        DECLARE auth VARCHAR(30);        ♯ 存储作者的变量
        DECLARE publi VARCHAR(30);        ♯ 存储出版社的变量
        DECLARE btype VARCHAR(20);      ♯ 存储书籍类型的变量
        declare done int DEFAULT false;      ♯ 控制游标跳出循环
        DECLARE my_cursor CURSOR for
        SELECT Bookid,Bookname,Author,Publisher,Booktype FROM bookinfo
WHERE Publisher ="人民邮电出版社";      ♯ 定义一个游标
        declare continue handler for not found SET done=TRUE;
                                        ♯ 当游标中没有数据时设置为 true,即跳出循环
        OPEN my_cursor;                        ♯ 打开游标
        myLoop:LOOP                          ♯ 自定义循环 myLoop
        FETCH my_cursor INTO bid,bname,auth,publi,btype;
    ♯ 使用游标读取数据
        if done THEN
            LEAVE myLoop;
        END IF;                          ♯ 如果游标没有数据则跳出循环
        IF bname="数据库系统原理及应用" THEN
        SELECT Bookid, Bookname, Author,Publisher, Booktype FROM bookinfo
WHERE Bookid=bid;          ♯ 查询显示数据
    END IF;
        END LOOP myLoop;                ♯ 结束循环
        CLOSE my_cursor;                ♯ 关闭游标
    END //
    delimiter;
```

```
mysql> delimiter //
mysql> CREATE PROCEDURE p_find()
    -> BEGIN
    ->    DECLARE bid VARCHAR(30);
    ->    DECLARE bname VARCHAR(50);
    ->    DECLARE auth VARCHAR(30);
    ->    DECLARE publi VARCHAR(30);
    ->    DECLARE btype VARCHAR(20);
    ->    declare done int DEFAULT false;
    ->    DECLARE  my_cursor CURSOR for
    -> SELECT Bookid,Bookname,Author,Publisher,Booktype FROM BookInfo WHERE Publisher ="人民邮电出版社";
    ->    declare continue handler for not found SET done=TRUE;
    ->    OPEN my_cursor;
    ->    myLoop:LOOP
    ->    FETCH my_cursor INTO bid,bname,auth,publi,btype;
    ->    if done THEN
    ->        LEAVE myLoop;
    ->    END IF;
    ->    IF bname="数据库系统原理及应用" THEN
    ->    SELECT  Bookid,Bookname,Author,Publisher,Booktype FROM BookInfo WHERE Bookid=bid;
    ->    END IF;
    ->    END LOOP myLoop;
    ->    CLOSE my_cursor;
    -> END //
Query OK, 0 rows affected (0.00 sec)

mysql> delimiter ;
```

图 10-9　创建存储过程 p_find

(2)执行存储过程

接下来,执行存储过程,真正实现存储过程的功能,语句如下,结果如图 10-10 所示。

```
call p_find();
```

图 10-10   执行存储过程

实验 12.3   删除存储过程

【实验内容】

删除以上 p_findb 存储过程。

【实验步骤】

(1)使用 MySQL 语句查看存储过程

创建好存储过程后,用户可以查看存储过程的状态和定义。查看存储过程的状态和定义语句的语法如下:

```
show PROCEDURE status [like 'pattern'];
```

其中,like 'pattern'为可选参数,用来匹配存储过程的名称,如果不指定该参数,则会查看所有的存储过程。

查看存储过程名称为 p_find 开头的存储过程的状态及定义,语句如下,结果如图 10-11所示。

```
show PROCEDURE status like 'p_find%';
```

图 10-11   查看 p_find 开头的存储过程

(2)使用 MySQL 语句删除存储过程

删除存储过程 p_findb,语句如下,结果如图 10-12 所示。

```
DROP PROCEDURE p_findb;
```

```
mysql> DROP PROCEDURE p_findb;
Query OK, 0 rows affected (0.00 sec)
```

图 10-12   删除存储过程 p_findb

再次查看存储过程名称为 p_find 开头的存储过程的状态及定义,语句如下,结果如图 10-13 所示。

```
show PROCEDURE status like 'p_find%';
```

图 12-13   查看存储过程 p_findb 是否存在

经查看,存储过程 p_findb 已经不存在,存储过程删除成功。

【最佳实践】

存储过程应用非常广泛,它封装了一组 MySQL 语句可以实现非常复杂的业务逻辑,且在服务器端直接执行,所以执行效率高,且能设置在非工作期间自动执行。但存储过程也有其缺点,就是可移植性较差。简单地说,在 MySQL 写的存储过程中如果不做任何修改是不能在 SQL Server 中直接使用的。

【练习】

1.创建一存储过程,基于读者 Reader 表,根据传入参数(系别)查询出指定系别的所有读者信息。

2.创建一存储过程,通过带参数的存储过程向 Reader 表中插入一条数据,分别传入参数为 Readerid、Readname、Tel、Sf、Dept,并且如果插入主键重复数据,则将 Readerid 插入错误记录表中,数据插入时间赋为当前日期,操作标志位赋上′INS′,错误记录表结构和实验10.1 中 booklog 表结构一致。

3.使用游标返回图书表 BookInfo 中所有出版社为"清华大学出版社"的书籍编号、书籍名称及书籍类型,在游标中查找并显示书名为"C++程序设计"的书籍编号、书籍名称及书籍类型。

实验 11　自定义函数

函数是完成特定功能的 SQL 语句,函数分为内部函数和自定义函数。内部函数是 MySQL 开发者定义的,而自定义函数是用户根据需求自定义的。通过本实验,学习和掌握自定义函数的创建、调用和删除操作。

实验目的

- 掌握使用 MySQL 语句创建、调用和删除自定义函数的方法。

相关知识点

1.自定义函数的概念

自定义函数是由一条或多条 SQL 语句组成的程序,可用于封装代码以便进行重用。自定义函数是对 MySQL 扩展的一种途径,其用法和内置函数相同。

自定义函数的两个必要条件:

(1)可以有零或者多个参数;

(2)必须有且只有一个返回值。

2.函数和存储过程的区别

(1)一般来说,存储过程实现的功能要复杂一些,而自定义函数实现的功能针对性比较强。

(2)存储过程的参数可以有 IN、OUT、INOUT 三种类型,而自定义函数只能有输入参数。存储过程可以返回数据集,而自定义函数一般返回某个值。存储过程声明时不需要返回类型,而自定义函数声明时需要描述返回类型,且函数体中必须包含一个有效的 RETURN 语句。

(3)存储过程一般作为一个独立的部分来执行(call 语句执行),而自定义函数通常作为查询语句的一个部分来调用(SELECT 调用)。

3.创建函数的 SQL 语句

MySQL 中创建自定义函数的语法如下:

```
CREATE FUNCTION function_name(parameter_name type, [parameter_name type,...])
    RETURNS type
    [characteristic ...] fun_body
```

其中,function_name 是函数名称,parameter_name type 是输入参数及类型,可以有多个输入参数,type 指定返回值的类型,characteristic 指定函数的特征,和存储过程的特征取值一样,fun_body 指函数体的内容,通常使用 BEGIN...END 来标志开始和结束。函数体中,每个 SQL 语句都是以分号结尾的,和存储过程一样,所以需要使用"DELIMITER 结束符号"命令将 MySQL 语句的结束标志修改为其他符号,编译保存后再恢复以分号为结束标志。MySQL 不能修改函数体的内容,通过 ALTER 语句只能修改函数的特征,如需修改自定义函数的内容,需要先删除该函数再重新创建。

4.调用自定义函数

MySQL 调用自定义函数和内置函数用法一样,语法如下:

```
SELECT function_name[(传参)];
```

其中,function_name 为所需调用的函数名称,传参表示根据函数定义时的参数进行传参。

5.删除自定义函数

删除自定义函数语法如下:

```
DROP FUNCTION [if exists] function_name;
```

其中,function_name 为需删除的函数名称。

实验 11.1　创建自定义函数

【实验内容】

创建一函数 f_tel,基于读者 Reader 表,根据传入参数姓名(假设没有相同名字)查询出其相应的手机号码,如果手机号码为空,则返回′00000000000′。

【实验步骤】

1.创建一函数 f_tel,基于读者 Reader 表,根据传入参数姓名查询出其相应的手机号码,如果手机号码为空,则返回′00000000000′。语句如下,结果如图 11-1 所示。

```
delimiter //
Create function f_tel(rname varchar(10))
returns varchar(11)
begin
    declare Mobph varchar(11);
    select tel INTO Mobph from Reader where readername=rname;
    if Mobph is null THEN
    set Mobph='00000000000';
    END IF;
    return Mobph;
end //
delimiter;
```

```
mysql> delimiter //
mysql> Create function f_tel(rname varchar(10))
    -> returns varchar(11)
    -> begin
    ->     declare Mobph varchar(11);
    ->     select tel INTO Mobph from Reader where readername=rname;
    ->     if Mobph is null THEN
    -> set Mobph='00000000000';
    ->     END IF;
    -> return Mobph;
    -> end //
Query OK, 0 rows affected (0.00 sec)

mysql> delimiter ;
```

图 11-1　创建自定义函数 f_tel

2.调用验证函数,语句如下,结果如图 11-2 所示。

```
SELECT f_tel('李庆');
```

```
mysql> select * from Reader;
+------------+------------+-------------+------+------------+-----+-----+---------------------+------------+
| Readerid   | Readername | tel         | sf   | sno        | num | sex | birth               | dept       |
+------------+------------+-------------+------+------------+-----+-----+---------------------+------------+
| 1000001111 | 李庆       | 13785696235 | 学生 | 1904112234 |   2 | 男  | 2001-06-16 17:05:12 | 网络系     |
| 1000001112 | 陈晨       | 13825263695 | 学生 | 1804123695 |   3 | 男  | 2000-07-21 17:06:43 | 软件工程系 |
| 1000001114 | 刘柳       | 13623659465 | 学生 | 1704133695 |   1 | 女  | 1999-12-16 17:09:40 | 数码系     |
| 1000002113 | 王建       | 13925063698 | 教师 | NULL       |   5 | 男  | 1983-03-10 17:07:57 | 软件工程系 |
+------------+------------+-------------+------+------------+-----+-----+---------------------+------------+
4 rows in set (0.00 sec)

mysql> SELECT f_tel('李庆');
+----------------+
| f_tel('李庆')  |
+----------------+
| 13785696235    |
+----------------+
1 row in set (0.00 sec)
```

图 11-2　执行自定义函数 f_tel

接下来将读者名叫陈晨的电话号码更新为空值,验证函数是否正确,语句如下,结果如图 11-3、图 11-4 所示。

```
mysql> update Reader set tel=null where readername='陈晨';
Query OK, 1 row affected (0.01 sec)
Rows matched: 1  Changed: 1  Warnings: 0

mysql> select * from Reader;
+------------+------------+-------------+------+------------+-----+-----+---------------------+------------+
| Readerid   | Readername | tel         | sf   | sno        | num | sex | birth               | dept       |
+------------+------------+-------------+------+------------+-----+-----+---------------------+------------+
| 1000001111 | 李庆       | 13785696235 | 学生 | 1904112234 |   2 | 男  | 2001-06-16 17:05:12 | 网络系     |
| 1000001112 | 陈晨       | NULL        | 学生 | 1804123695 |   3 | 男  | 2000-07-21 17:06:43 | 软件工程系 |
| 1000001114 | 刘柳       | 13623659465 | 学生 | 1704133695 |   1 | 女  | 1999-12-16 17:09:40 | 数码系     |
| 1000002113 | 王建       | 13925063698 | 教师 | NULL       |   5 | 男  | 1983-03-10 17:07:57 | 软件工程系 |
+------------+------------+-------------+------+------------+-----+-----+---------------------+------------+
4 rows in set (0.00 sec)
```

图 11-3　修改 Reader 表数据

图 11-4　再次执行自定义函数 f_tel

实验 11.2　删除自定义函数

【实验内容】

使用 MySQL 语句删除以上 f_tel 函数。

【实验步骤】

(1)查看自定义函数

用户可以根据需求查看某个数据库的自定义函数情况,语法如下。

```
SHOW function status WHERE db='dbname';
```

其中,dbname 表示需要查看自定义函数的数据库名称。

查看数据库 littlelibrary 中的自定义函数情况,语句如下,操作如图 11-5 所示。

```
show function status where db='littlelibrary';
```

```
mysql> show function status where db='littlelibrary';
+---------------+-------+----------+----------------+---------------------+---------------------+---------------+---------+----------------------+----------------------+--------------------+
| Db            | Name  | Type     | Definer        | Modified            | Created             | Security_type | Comment | character_set_client | collation_connection | Database Collation |
+---------------+-------+----------+----------------+---------------------+---------------------+---------------+---------+----------------------+----------------------+--------------------+
| littlelibrary | f_tel | FUNCTION | root@localhost | 2020-06-22 22:52:47 | 2020-06-22 22:52:47 | DEFINER       |         | gbk                  | gbk_chinese_ci       | utf8_general_ci    |
+---------------+-------+----------+----------------+---------------------+---------------------+---------------+---------+----------------------+----------------------+--------------------+
1 row in set (0.00 sec)
```

图 11-5 查看数据库 littlelibrary 中的自定义函数

另外，用户还可以查看指定的自定义函数的详细信息，语法如下。

```
show create function func_name;
```

其中，func_name 表示需要查看的自定义函数的名称。

查看自定义函数 f_tel 的详细信息，语句如下，结果如图 11-6 所示。

```
show create function f_tel;
```

```
mysql> show create function f_tel;
+----------+------------------------------------------------------------------------------+-------------------------------+
| Function | sql_mode                                                                     | Create Function
              | character_set_client | collation_connection | Database Collation |
+----------+------------------------------------------------------------------------------+-------------------------------+
| f_tel    | STRICT_TRANS_TABLES,NO_AUTO_CREATE_USER,NO_ENGINE_SUBSTITUTION | CREATE DEFINER=`root`@`localhost` FUNCTION
 `f_tel`(rname varchar(10)) RETURNS varchar(11) CHARSET utf8
begin
   declare Mobph varchar(11);
   select tel INTO Mobph from reader where readername=rname;
    if Mobph is null THEN
set Mobph='00000000000';
    END IF;
return Mobph;
end | gbk                  | gbk_chinese_ci       | utf8_general_ci    |
+----------+------------------------------------------------------------------------------+-------------------------------+
1 row in set (0.00 sec)
```

图 11-6 查看自定义函数 f_tel 详细信息

(2)删除自定义函数

删除自定义函数语法如下。

```
DROP FUNCTION function_name;
```

其中，function_name 为需删除的自定义函数的名称。

删除自定义函数 f_tel，语句如下，结果如图 11-7 所示。

```
drop function if exists f_tel;
```

```
mysql> show function status where db='littlelibrary';
+---------------+-------+----------+----------------+---------------------+---------------------+---------------+---------+
| Db            | Name  | Type     | Definer        | Modified            | Created             | Security_type | Comment
 | character_set_client | collation_connection | Database Collation |
+---------------+-------+----------+----------------+---------------------+---------------------+---------------+---------+
| littlelibrary | f_tel | FUNCTION | root@localhost | 2020-06-22 22:52:47 | 2020-06-22 22:52:47 | DEFINER       |
 | gbk                  | gbk_chinese_ci       | utf8_general_ci    |
+---------------+-------+----------+----------------+---------------------+---------------------+---------------+---------+
1 row in set (0.00 sec)

mysql> drop function if exists f_tel;
Query OK, 0 rows affected (0.00 sec)

mysql> show function status where db='littlelibrary';
Empty set (0.00 sec)
```

图 11-7 删除自定义函数 f_tel

经查看，函数 f_tel 已经不存在，函数删除成功。

【最佳实践】

函数是用于封装频繁执行的逻辑的例程,可以根据需要设置参数,但只有输入参数,同时又能根据需求返回程序所需的某个值。函数注重返回值,不注重执行过程。

【练习】

创建一函数,基于借阅 BookLended 表,根据输入参数(书籍编号)查询出其相应的归还日期,如果归还日期为空,则返回借阅日期,若归还日期和借阅日期都为空,则返回空值。

实验 12　触发器

触发器也是一种非常重要的数据库对象,它允许强制实施域、实体和引用数据完整性。通过本实验,学习和掌握触发器的创建、触发和删除操作。

实验目的

- 了解触发器的作用,理解触发器的概念、作用;
- 掌握用 MySQL 语句创建、查看和删除触发器的方法,且能理解 NEW 和 OLD 的用法。

相关知识点

1.触发器的概念

触发器是数据库服务器中发生事件时自动执行的特殊存储过程。触发器主要是通过事件进行触发而被执行的,而存储过程可以通过存储过程名字而被直接调用。

触发器有 4 个要素:

- 名称:触发器有一个符合标识符命名规则的名称。
- 定义的目标:触发器必须定义在表或者视图上。
- 触发事件类型:是 UPDATE、INSERT 还是 DELETE 语句。
- 触发逻辑:触发之后如何处理。

2.触发器的作用

MySQL 触发器经常用于强制执行业务规则和数据完整性。

①强化约束:触发器能够实现比约束更为复杂的业务规则的约束。

②跟踪变化:触发器可以侦测数据库内的操作,从而不允许数据库中未经许可的指定更新和变化,以防止恶意的或不正确的插入、更新和删除操作。

③级联运行:触发器可以侦测数据库内的操作,并自动地级联影响整个数据库的相关内容。

④触发器能够找出某一表在数据修改前后状态发生的差异,并根据这种差异执行一定的处理。

触发器不像存储过程或者自定义函数需要使用 CALL 或者 SELECT 语句才能调用执行。触发器只要满足触发事件即刻自动执行,及时性很强,也不需要人工干预。但其缺点是性能不够高,因为触发器是基于行触发的,所以删除、新增或者修改操作可能都会激活触发器。触发器一般不会太复杂,代码量也不会太大,和存储过程一样可移植性较差。

3.创建触发器

MySQL 创建触发器语句的语法如下:

```
CREATE TRIGGER trigger_name trigger_time trigger_event
ON tb_name FOR EACH ROW trigger_stmt
```

说明:

(1)trigger_name:触发器的名称。

（2）tirgger_time：触发时机，可以为 BEFORE 或者 AFTER，以表示触发器是在激活它的语句之前或之后触发。如果想要在激活触发器的事件执行之后执行触发器语句，通常使用 AFTER 选项；如果在激活触发器的事件执行之前执行触发器语句，则使用 BEFORE 选项。

（3）trigger_event：触发事件类型，可以为 INSERT、DELETE 或者 UPDATE，触发事件类型及激活触发器的语句对应见表 12-1。

表 12-1　　　　　　　　　　触发事件类型及激活触发器的语句对应

触发事件类型	激活触发器的语句
INSERT 型触发器	INSERT，LOAD DATA，REPLACE
UPDATE 型触发器	UPDATE
DELETE 型触发器	DELETE，REPLACE

（4）tb_name：表示建立触发器的表名，就是在哪张表上创建触发器。同一个表不能拥有两个具有相同触发时机和事件的触发器。

（5）FOR EACH ROW：用来指定对于受触发事件影响的每一行，都要激活触发器的动作。例如，使用一条语句向一个表中添加多个行，触发器会对插入的每一行执行相应触发器动作。

（6）trigger_stmt：触发器的程序体，包含触发器激活时将要执行的语句。如果要执行多条语句，可使用 BEGIN … END 语句结构。能使用存储过程中允许的相同语句。触发器的程序体中，每个 SQL 语句都是以分号为结尾的，和存储过程、自定义函数一样，所以需要使用"DELIMITER 结束符号"命令将 MySQL 语句的结束标志修改为其他符号，编译保存后再恢复以分号为结束标志。MySQL 不能修改触发器程序体的内容，如需修改其内容，需要先删除该触发器再重新创建。

MySQL 触发器中有时需要同时表示某个字段更新前的数据和更新后的数据，有时需要表示新增的数据，有时需要表示删除的数据，所以 MySQL 引用"NEW.列名"表示新增数据行的列或更新后的列，用"OLD.列名"表示更新或删除它之前的已有行的列，见表 12-2。

表 12-2　　　　　　　　　　NEW 和 OLD 的使用场景

触发事件类型	NEW 和 OLD 的使用
INSERT 型触发器	NEW 表示将要或者已经新增的数据
UPDATE 型触发器	OLD 用来表示将要或者已经被删除的数据，NEW 表示将要或者已经修改的数据
DELETE 型触发器	OLD 表示将要或者已经被删除的数据

4.查看触发器

MySQL 查看触发器语句的语法如下：

```
SHOW TRIGGERS;
```

以上语句可以查看所有触发器情况，但不能查看指定触发器的情况。

```
SELECT * FROM information_schema.triggers WHERE TRIGGER_NAME=trigger_name;
```

其中,trigger_name 表示要查看的触发器的名称。以上语句可以查看指定触发器的情况。

5.删除触发器

MySQL 删除触发器语句的语法如下:

```
DROP TRIGGER 触发器名;
```

 **实验示例**

实验 12.1　创建触发器

【实验内容】

1.在图书管理系统中,若学生毕业或者因各种意外退学,在读者表中需要删除这些学生,同时也需要删除这些学生所有的借阅信息。现有学号为′1000002113′的学生需要从读者表中删除,且该学生所有的借阅信息也需一并删除。需实现此功能。

分析:触发器能够实现实时级联操作,在本实验中,可通过触发器实现。因为在删除读者信息的同时需删除其相应借阅信息,所以触发器应该创建在读者 Reader 表中,触发时机为触发事件之后,所以选择 AFTER 触发器,触发事件应该是 DELETE 操作,触发器的逻辑业务功能即实现在读者表中删除数据的同时级联删除借阅表中的相关数据,读者表和借阅表可以通过 Readerid 字段进行关联。

2.在"成绩表 grade"中有字段"绩点 jd",该字段的数据是由学生获得课程的总评成绩(grad)再乘以相应的系数来获得的,如果课程的总评成绩不合格(小于 60 分)则该门课程绩点为 0。现假设该系数为 0.03,要求录入成绩后,自动算出绩点。

【实验步骤】

1.在读者 Reader 表中创建触发器 tr_del,需实现在读者 Reader 表中删除学号为′1000002113′的读者后,将该读者所包含的所有借阅信息(在 BookLended 表中)全部删除。

(1)创建触发器,语句如下,结果如图 12-1 所示。

```
delimiter //
create trigger tr_bdel
AFTER delete
on Reader FOR EACH ROW
begin
    delete from BookLended where Readerid=old.Readerid;
End //
delimiter;
```

```
mysql> delimiter //
mysql> create trigger tr_bdel
    -> AFTER delete
    -> on Reader FOR EACH ROW
    -> begin
    ->     delete from BookLended where Readerid=old.Readerid;
    -> End //
Query OK, 0 rows affected (0.01 sec)

mysql> delimiter ;
```

图 12-1　创建触发器 tr_bdel

(2)验证触发器

触发器创建好后，接下来验证触发器。首先查询出表 Reader 和表 BookLended 的所有数据，语句如下，结果如图 12-2 所示。

```
select * from BookLended;
select * from Reader;
```

```
mysql> select * from BookLended;
+---------------------+------------+---------------------+---------------------+
| Bookid              | Readerid   | Lendtime            | Backtime            |
+---------------------+------------+---------------------+---------------------+
| 19-03-06-012024-8-4 | 1000002113 | 2019-12-18 20:01:04 | NULL                |
| 19-03-08-012024-8-6 | 1000001114 | 2020-01-01 20:02:34 | 2020-02-06 20:02:45 |
+---------------------+------------+---------------------+---------------------+
2 rows in set (0.00 sec)

mysql> select * from Reader;
+------------+------------+-------------+------+------------+-----+-----+---------------------+------------+
| Readerid   | Readername | tel         | sf   | sno        | num | sex | birth               | dept       |
+------------+------------+-------------+------+------------+-----+-----+---------------------+------------+
| 1000001111 | 李庆       | 13785696235 | 学生 | 1904112234 |   2 | 男  | 2001-06-16 17:05:12 | 网络系     |
| 1000001112 | 陈晨       | NULL        | 学生 | 1804123695 |   3 | 男  | 2000-07-21 17:06:43 | 软件工程系 |
| 1000001114 | 刘柳       | 13623659465 | 学生 | 1704133695 |   1 | 女  | 1999-12-16 17:09:40 | 数码系     |
| 1000002113 | 王建       | 13925063698 | 教师 | NULL       |   5 | 男  | 1983-03-10 17:07:57 | 软件工程系 |
+------------+------------+-------------+------+------------+-----+-----+---------------------+------------+
4 rows in set (0.00 sec)
```

图 12-2　查询表 Reader 和表 BookLended 的所有数据

因为触发器 tr_bdel 的触发事件类型是 DELETE 操作，且是创建在 Reader 表中，所以删除 Reader 表中的某条数据，看触发器是否会被触发，同时删除 BookLended 表中对应的数据，语句如下，结果如图 12-3 所示。

```
delete from Reader where Readerid='1000002113';
```

```
mysql> delete from Reader where Readerid='1000002113';
Query OK, 1 row affected (0.00 sec)

mysql> select * from BookLended;
+---------------------+------------+---------------------+---------------------+
| Bookid              | Readerid   | Lendtime            | Backtime            |
+---------------------+------------+---------------------+---------------------+
| 19-03-08-012024-8-6 | 1000001114 | 2020-01-01 20:02:34 | 2020-02-06 20:02:45 |
+---------------------+------------+---------------------+---------------------+
1 row in set (0.00 sec)

mysql> select * from Reader;
+------------+------------+-------------+------+------------+-----+-----+---------------------+------------+
| Readerid   | Readername | tel         | sf   | sno        | num | sex | birth               | dept       |
+------------+------------+-------------+------+------------+-----+-----+---------------------+------------+
| 1000001111 | 李庆       | 13785696235 | 学生 | 1904112234 |   2 | 男  | 2001-06-16 17:05:12 | 网络系     |
| 1000001112 | 陈晨       | NULL        | 学生 | 1804123695 |   3 | 男  | 2000-07-21 17:06:43 | 软件工程系 |
| 1000001114 | 刘柳       | 13623659465 | 学生 | 1704133695 |   1 | 女  | 1999-12-16 17:09:40 | 数码系     |
+------------+------------+-------------+------+------------+-----+-----+---------------------+------------+
3 rows in set (0.00 sec)
```

图 12-2　验证触发器

经查验发现，Reader 表中 Readerid='1000002113'的数据已经被删除，且 Reader 表的删除数据操作触发了触发器的执行，除了 Reader 表中的数据被删除了，BookLended 表中 Readerid='1000002113'的数据也被级联删除，触发器自动触发执行成功，且逻辑正确。

2.在“成绩表 grade”中有字段“绩点 jd”，该字段的数据是由学生获得课程的总评成绩(grad)再乘以相应的系数来获得的，如果课程的总评成绩不合格(小于 60 分)则该门课程绩点为 0。现假设该系数为 0.03，要求录入成绩后，自动算出绩点。

(1)创建学生表 student，成绩表 grade，创建触发器 tri_jd，语句分别如下，操作分别如图 12-3、图 12-4 所示。

创建学生表 student：

```
CREATE TABLE student
(sno char(4) NOT NULL PRIMARY KEY,
sname varchar(20) NOT NULL,
sfzh char(18) UNIQUE,
birth datetime,
rxsj datetime,
bz varchar(100))ENGINE = InnoDB default charset=utf8;
```

创建成绩表 grade：

```
CREATE TABLE grade
(sno char(4) NOT NULL REFERENCES student(sno),
cno char(6) NOT NULL,
grad int DEFAULT 0,
jd decimal(5,1) DEFAULT 0,
CONSTRAINT pk_grade PRIMARY KEY(sno,cno)
)ENGINE = InnoDB default charset=utf8;
```

```
mysql> CREATE TABLE student
    -> (sno char(4) NOT NULL PRIMARY KEY,
    -> sname varchar(20) NOT NULL,
    -> sfzh char(18) UNIQUE,
    -> birth datetime,
    -> rxsj datetime,
    -> bz varchar(100))ENGINE = InnoDB default charset=utf8;
Query OK, 0 rows affected (0.03 sec)

mysql> CREATE TABLE grade
    -> (sno char(4) NOT NULL REFERENCES student(sno),
    -> cno char(6) NOT NULL,
    -> grad int DEFAULT 0 ,
    -> jd decimal(5,1)  DEFAULT 0,
    -> CONSTRAINT pk_grade PRIMARY KEY(sno,cno)
    -> )ENGINE = InnoDB default charset=utf8;
Query OK, 0 rows affected (0.02 sec)
```

图 12-3　创建 student 和 grade 表

创建触发器 tri_jd：

```
delimiter //
    CREATE TRIGGER tri_jd
    BEFORE INSERT
    ON grade FOR EACH row
    BEGIN
        DECLARE j decimal(5,1);
        IF new.grad>=60 THEN
        SET j=new.grad * 0.03;
        ELSE SET j=0;
        END if;
    set new.jd = j;
    END //
delimiter;
```

图 12-4　创建触发器 tri_jd

（2）验证触发器

触发器创建好后,接下来验证触发器。因为触发器 tri_jd 的触发事件类型是 INSERT（插入）操作,且是创建在 grade 表中,所以向 grade 表中插入数据,看触发器是否会被触发,同时根据触发器语句的逻辑实现查看 jd 字段的数据是否正确。首先向 student 表插入基础数据,再向 grade 表插入数据,语句如下,结果如图 12-5、图 12-6 所示。

```
    insert into student values ('0001','张三','254367199509081813','1996-09-09','2014-09-09','002');
    insert into student values ('0002','李四','254367199609111813','1996-05-11','2014-09-09','001');
    insert into student values ('0003','王五','234367199609071813','1996-6-11','2014-09-09','003');
    insert into student values ('0004','赵六','234367199606221813','1996-6-22','2014-09-09','004');
    insert into grade(sno,cno,grad) values ('0001','000001',88);
    insert into grade(sno,cno,grad) values ('0002','000002',77);
    insert into grade(sno,cno,grad) values ('0003','000003',66);
    insert into grade(sno,cno,grad) values ('0004','000004',55);
```

图 12-5　向表 student 和表 grade 插入数据

```
mysql> select * from grade;
+------+--------+------+------+
| sno  | cno    | grad | jd   |
+------+--------+------+------+
| 0001 | 000001 |   88 |  2.6 |
| 0002 | 000002 |   77 |  2.3 |
| 0003 | 000003 |   66 |  2.0 |
| 0004 | 000004 |   55 |  0.0 |
+------+--------+------+------+
4 rows in set (0.00 sec)
```

图 12-6 验证 jd 字段的数据是否正确

查看 grade 表中数据，发现 grade 表新插入的四条绩点字段数据已经根据成绩的数据自动计算赋值，触发器自动触发执行成功，且实现逻辑正确。

实验 12.2 删除触发器

【实验内容】

删除以上 tri_jd 触发器，即录入成绩后，不会再自动算出绩点。

【实验步骤】

(1)查看触发器

首先，查看 tri_jd 触发器情况，语句如下，结果如图 12-7 所示。

```
SELECT * FROM information_schema.triggers WHERE TRIGGER_NAME='tri_jd';
```

```
mysql> SELECT * FROM information_schema.triggers WHERE TRIGGER_NAME='tri_jd';
| TRIGGER_CATALOG | TRIGGER_SCHEMA | TRIGGER_NAME | EVENT_MANIPULATION | EVENT_OBJECT_CATALOG | EVENT_OBJECT_SCHEMA | EVENT_OBJECT_TABLE | ACTION_ORDER | ACTION_
CONDITION | ACTION_STATEMENT                                                                                                                              | ACTION
_ORIENTATION | ACTION_TIMING | ACTION_REFERENCE_OLD_TABLE | ACTION_REFERENCE_NEW_TABLE | ACTION_REFERENCE_OLD_ROW | ACTION_REFERENCE_NEW_ROW | CREATED
      | SQL_MODE                                                       | DEFINER        | CHARACTER_SET_CLIENT | COLLATION_CONNECTION | DATABASE_COLLATION |
| def             | littlelibrary  | tri_jd       | INSERT             | def                  | littlelibrary       | grade              |            1 | NULL
          | BEGIN
     DECLARE j decimal(5,1);
  IF new.grad>=60 THEN
     SET j=new.grad*0.03;
     ELSE SET j=0;
     END if;
 set new.jd = j;
END | ROW          | BEFORE        | NULL                       | NULL                       | OLD                      | NEW                      | 2020-0
6-23 22:42:39.38 | STRICT_TRANS_TABLES,NO_AUTO_CREATE_USER,NO_ENGINE_SUBSTITUTION | root@localhost | gbk                  | gbk_chinese_ci       | utf8_general_c
i        |
1 row in set (0.04 sec)
```

图 12-7 查看触发器 tri_jd

(2)删除触发器

删除触发器，语句如下，结果如图 12-8 所示。

```
DROP TRIGGER tri_jd;
```

```
mysql> DROP TRIGGER tri_jd;
Query OK, 0 rows affected (0.00 sec)

mysql> SELECT * FROM information_schema.triggers WHERE TRIGGER_NAME='tri_jd';
Empty set (0.04 sec)
```

图 12-8 删除触发器 tri_jd

接下来，向 grade 表中插入一条数据，看 jd 字段是否还会自动赋值。语句如下，结果如图 12-9 所示。

```
insert into grade(sno,cno,grad) values ('0005','000005',70);
```

```
mysql> insert into grade(sno,cno,grad) values ('0005','000005',70);
Query OK, 1 row affected (0.01 sec)

mysql> select * from grade;
+------+--------+------+------+
| sno  | cno    | grad | jd   |
+------+--------+------+------+
| 0001 | 000001 |   88 | 2.6  |
| 0002 | 000002 |   77 | 2.3  |
| 0003 | 000003 |   66 | 2.0  |
| 0004 | 000004 |   55 | 0.0  |
| 0005 | 000005 |   70 | 0.0  |
+------+--------+------+------+
5 rows in set (0.00 sec)
```

图 12-9　查看 grade 表的 jd 字段数据

查看 grade 表中数据,发现 grade 表中新插入的一条数据 jd 字段数据并没有自动计算赋值,触发器删除成功。

【最佳实践】

触发器是一种非常重要的数据库对象,触发器经常用于强制执行业务规则和数据完整性,能够跟踪重要数据的变化,实现级联操作,具有及时性,且自动执行,无须人工干预,但触发器的缺点是性能通常比较低。

【练习】

在图书管理系统中,若删除书籍信息,需同时删除所有该书籍的借阅信息。创建一个触发器,实现上述功能,且需通过数据进行验证。

实验 13 数据库备份与恢复

备份和还原操作是数据库管理中至关重要的一环,是从故障和灾难中恢复数据必不可少的一部分。通过本实验,学习和掌握使用 MySQL 备份和恢复数据库。

案例场景

在图书管理系统运行过程中,每天都有学生和教师借书还书。而有时由于一些误操作、断电或者硬件损坏等,数据库中的数据往往面临发生错误、丢失的危险。所以在设计图书管理系统的同时,还需要规划好备份策略,来提高数据库的灾难恢复能力。

根据图书馆的工作情况、数据库大小和每天产生的数据量进行估计后,发现其特点:

- 图书馆工作时间是周一到周六,每天上午 9 点到晚上 7 点,每周日休息一天。工作时间数据更新频繁,休息时不产生任何数据。
- 图书管理系统数据量大,如果进行完全备份需要很长的时间。且要求如果发现数据修改有误,可以提供快速的恢复方法。

根据以上特点,可规划备份策略如下:

- 每周日晚 8 点进行完整备份。
- 周一到周六晚 10 点进行增量备份。
- 可以开启日志功能,将日志文件存放在安全的位置,并与数据目录放在不同的磁盘设备上。

实验目的

- 理解数据库备份与还原恢复的重要性;
- 掌握数据库备份的种类与方法;
- 掌握数据库还原恢复的方法。

相关知识点

1.数据库备份及恢复概述

备份是对数据库数据及对象进行复制,数据库备份记录了在进行备份这一操作时数据库中所有数据的状态,如果数据库因意外而损坏,这些备份文件将在数据库还原时用来还原数据库。

还原就是把遭受破坏、丢失的数据或出现错误的数据库还原到原来的正常状态。其恢复的基本原理就是冗余。

MySQL 备份和还原组件为保护存储在 MySQL 数据库中的关键数据提供了基本安全保障。为了最大限度地降低发生灾难时数据丢失的风险,需要定期备份数据库以保留对数据所做的修改。规划良好的备份和还原策略有助于防止数据库因各种故障而造成数据丢失。

2.MySQL 备份类型

MySQL 根据数据库的运行状态,可以将备份分成冷备份、温备份和热备份。

• 冷备份:在数据库停止的情况下进行备份,这种备份最为简单,一般只需要拷贝相关的数据库物理文件即可。

• 温备份:备份同样是在数据库运行时进行,但是会对当前数据库的操作有所影响,备份时读操作可执行,但写操作不可执行。

• 热备份:在数据库运行中直接备份,对正在运行的数据库没有任何影响。即备份时读写操作均可执行。

其中,MyISAM 存储引擎不支持热备份,InnoDB 存储引擎支持所有备份方式。而目前,一般都是 InnoDB 默认存储引擎,且使用热备份。

MySQL 备份从物理和逻辑的角度还可分为物理备份和逻辑备份。物理备份是直接复制数据文件进行备份,与存储引擎有关,占用较多的空间,速度快;逻辑备份是从数据库中导出数据另存而进行的备份,与存储引擎无关,占用空间少,速度相对慢。

MySQL 提供了多种逻辑备份方法,主要备份方法如下:

(1)完全备份。完全备份就是将数据库中的数据及对象全部备份。

(2)增量备份。增量备份就是在某次完全备份的基础上,只备份其后数据变化,可用于定期备份和自动恢复。

(3)表备份。表备份就是仅将一张或多张表中的数据进行备份,可以使用 SELECT INTO...OUTFILE 或 BACKUP TABLE 语句,只提取数据库中的数据,而不备份表的结构和定义。LOAD DATA INFILE 语句能够将 SELECT INTO...OUTFILE 语句备份的数据重新放回到表中。

3.常用的备份和恢复数据库的方法

(1)使用 SQL 语句导出或导入表数据

用户可以使用 SELECT INTO...OUTFILE 语句把表数据导出到一个文本文件中,并用 LOAD DATA...INFILE 语句恢复数据。但是这种方法只能导出或导入数据的内容,不包括表的结构。如果表的结构文件损坏,则必须先恢复原来的表的结构。

①导出表数据

导出表数据语法如下:

```
SELECT * INTO OUTFILE '文件名 1'
[FIELDS
    [TERMINATED BY 'string']
    [[OPTIONALLY] ENCLOSED BY 'char']
    [ESCAPED BY 'char']
]
[LINES  TERMINATED BY 'string']
| DUMPFILE '文件名 2'
FROM table_name
```

说明:

这个语句的作用是将表中 SELECT 语句选中的行写入一个文件中。文件默认在服务器主机上创建,并且原文件将被覆盖。如果要将该文件写入一个特定的位置,则要在文件名前加上具体的路径。在文件中,数据行以一定的形式存放,空值用"\N"表示。

使用 OUTFILE 时,可以加入两个自选的子句,它们的作用是决定数据行在文件中存放的格式:

FIELDS 子句:需要在三个中至少指定一个。

TERMINATED BY:指定字段值之间的符号,例如,"TERMINATED BY ','"指定了逗号作为两个字段值之间的标志。

ENCLOSED BY:指定包裹文件中字符值的符号,例如,"ENCLOSED BY '"'"表示文件中字符值放在双引号之间,若加上关键字 OPTIONALLY 表示所有的值都放在双引号之间。

ESCAPED BY:指定转义字符,例如,"ESCAPED BY '*'"将"*"指定为转义字符,取代"\",如空格将表示为"*N"。

LINES 子句:使用 TERMINATED BY 指定一行结束的标志,如"LINES TERMINATED BY '?'"表示一行以"?"作为结束标志。

如果 FIELDS 和 LINES 子句都不指定,则默认声明以下子句:

```
FIELDS TERMINATED BY '\t' ENCLOSED BY '' ESCAPED BY '\\'
LINES TERMINATED BY '\n'
```

如果使用 DUMPFILE 而不是 OUTFILE,导出的文件里所有的行都彼此紧挨着放置,值和行之间没有任何标记,成了一个长长的值。

table_name:需导出数据的表名。

②导入表数据

导出的一个文件中的数据可导入数据库中。

导入表数据格式:

```
LOAD DATA [LOW_PRIORITY | CONCURRENT] [LOCAL] INFILE '文件名.txt'
[REPLACE | IGNORE]
INTO TABLE 表名
[FIELDS
      [TERMINATED BY 'string']
      [[OPTIONALLY] ENCLOSED BY 'char']
      [ESCAPED BY 'char']
]
[LINES
      [STARTING BY 'string']
      [TERMINATED BY 'string']
]
[IGNORE number LINES]
[(列名或用户变量, ...)]
[SET 列名 = 表达式, ...)]
```

说明:

LOW_PRIORITY | CONCURRENT:若指定 LOW_PRIORITY,则延迟语句的执行。若指定 CONCURRENT,则当 LOAD DATA 正在执行的时候,其他线程可以同时使用该表

的数据。

　　LOCAL：文件会被客户端读取，并被发送到服务器。文件包含完整的路径名称，以指定确切的位置。如果给定的是一个相对的路径名称，则相对于启动客户端时所在的目录。若未指定 LOCAL，则文件必须位于服务器主机上，并且被服务器直接读取。

　　文件名.txt：该文件中保存了待存入数据库的数据行，它由 SELECT INTO…OUTFILE 命令导出产生。载入文件时可以指定文件的绝对路径，如"D：/file/myfile.txt"，则服务器根据该路径搜索文件。若不指定路径，则服务器在数据库默认目录中读取。若文件为"./myfile.txt"，则服务器直接在数据目录下读取，即 MySQL 的 data 目录。注意，这里使用正斜杠指定 Windows 路径名称，而不是使用反斜杠。

　　表名：该表在数据库中必须存在，表结构必须与导入文件的数据行一致。

　　REPLACE | IGNORE：如果指定了 REPLACE，则当文件中出现与原有行相同的唯一关键字值时，输入行会替换原有行。如果指定了 IGNORE，则把与原有行有相同的唯一关键字值的输入行跳过。

　　FIELDS 子句：和 SELECT INTO…OUTFILE 语句中类似。用于判断字段之间和数据行之间的符号。

　　LINES 子句：TERMINATED BY 指定一行结束的标志。STARTING BY 指定一个前缀，导入数据行时，忽略行中的该前缀和前缀之前的内容。如果某行不包括该前缀，则整个行被跳过。

　　IGNORE number LINES：这个选项可以用于忽略文件的前几行。例如，可以使用 IGNORE 1 LINES 来跳过第一行。

　　列名或用户变量：如果需要载入一个表的部分列或文件中字段值顺序与表中列的顺序不同，就必须指定一个列清单。如以下语句：

```
LOAD DATA INFILE 'myfile.txt'
INTO TABLE myfile  (学号,姓名,性别);
```

　　SET 子句：SET 子句可以在导入数据时修改表中列的值。

　　(2)使用客户端工具备份和恢复数据库

　　①使用 mysqldump 备份数据

　　mysqldump 客户端也可用于备份数据，它比 SQL 语句多做的工作是可以在导出的文件中包含表结构的 SQL 语句，因此可以备份数据库表的结构，而且可以备份一个数据库，甚至整个数据库系统。

　　· 备份表

　　语法如下：

```
mysqldump［OPTIONS］数据库名［表名…］> 备份的文件名
```

　　其中，OPTIONS 是 mysqldump 命令支持的选项，可以通过执行 mysqldump -help 命令得到 mysqldump 选项表及帮助信息，这里不详细列出。

　　同其他客户端程序一样，备份数据时需要使用一个用户账号连接到服务器，这需要用户手工提供参数或在选项文件中修改有关值。参数格式为：

```
-h［主机名］-u［用户名］-p［密码］
```

　　注意，-p 选项和密码之间不能有空格。

【例 13-1】 使用 mysqldump 备份 LittleLibrary 数据库中的 BookInfo 表和 Reader 表。

```
mysqldump -hlocalhost -uroot -pmaster littlelibrary bookinfo reader > twotables.sql
```

说明:如果是本地服务器,-h 选项可以省略。执行命令后,在 MySQL 的 bin 目录下可以看到,已经保存了一个.sql 格式的文件,文件中存储了创建 bookinfo 表和 reader 表的一系列 SQL 语句。

- 备份数据库

mysqldump 程序还可以将一个或多个数据库备份到一个文件中。

语法如下:

```
mysqldump [OPTIONS] --databases [OPTIONS] 数据库名...] > filename
```

【例 13-2】 备份 littlelibrary 数据库和 orderdb 到 D 盘 file 文件夹下。

```
mysqldump -uroot -pmaster --databases littlelibrary orderdb >D:/file/data.sql
```

说明:命令执行完后,在 file 文件夹下创建了 data.sql 文件,其中存储了 littlelibrary 数据库和 orderdb 数据库的全部 SQL 语句。

MySQL 还能备份整个数据库系统,即系统中的所有数据库。

【例 13-3】 备份 MySQL 服务器上的所有数据库。使用如下命令:

```
mysqldump -uroot -pmaster --all-databases>all.sql
```

虽然用 mysqldump 导出表的结构很有用,但是在恢复数据时,如果数据量很大,大量 SQL 语句将使恢复的效率降低。可以通过使用--tab=选项,分开数据和创建表的 SQL 语句。--tab=选项会在选项中"="后面指定的目录里,分别创建存储数据内容的.txt 格式文件和包含创建表结构的 SQL 语句的.sql 格式文件。该选项不能与--databases 或--all-databases 同时使用,并且 mysqldump 必须运行在服务器主机上。

【例 13-4】 将 littlelibrary 数据库中所有表的表结构和数据都分别备份到 D 盘 file 文件夹下。

```
mysqldump -uroot -pmaster --tab=D:/file/littlelibrary
```

其效果是在 file 文件夹生成 littlelibrary 数据库中每个表所对应的.sql 文件和.txt 文件。

以上都属于完全备份,但因有时数据量太大,完全备份时间太长,所以两次完全备份中间可以使用增量备份,增量备份的语法如下:

```
mysqldump -u 用户名 -p[密码] flush-logs
```

- 还原恢复数据库

mysqldump 程序备份的文件中存储的是 SQL 语句的集合,用户可以将这些语句还原到服务器中以恢复一个损坏的数据库。

【例 13-5】 假设 littlelibrary 数据库损坏,用备份文件将其恢复。

备份 littlelibrary 数据库的命令:

```
mysqldump -uroot -pmaster littlelibrary >littlelibrary.sql
```

恢复命令:

```
mysql -uroot -pmaster littlelibrary <littlelibrary.sql
```

如果表的结构损坏,也可以恢复,但是表中原有的数据将全部被清空。

【例 13-6】：假设 bookinfo 表结构损坏，备份文件在 D 盘 file 目录下，现将包含 bookinfo 表结构的.sql 文件恢复到服务器中。

```
mysql -uroot -pmaster littlelibrary <D:/file/bookinfo.sql
```

如果只恢复表中的数据，就要使用 mysqlimport 客户端。

②使用 mysqlimport 恢复数据

mysqlimport 客户端可以用来恢复表中的数据，它提供了 LOAD DATA INFILE 语句的一个命令行接口，发送一个 LOAD DATA INFILE 命令到服务器来运作。它大多数选项直接对应 LOAD DATA INFILE 语句。

命令格式：

```
mysqlimport [OPTIONS] db_name filename ...
```

说明：OPTIONS 是 mysqlimport 命令的选项，使用 mysqlimport -help 即可查看这些选项的内容和作用。常用的选项为：

-d,--delete：在导入文本文件前清空表格。

--lock-tables：在处理任何文本文件前锁定所有的表。这保证所有的表在服务器上同步。而对于 InnoDB 类型的表则不必进行锁定。

--low-priority,--local,--replace,--ignore：分别对应 LOAD DATA INFILE 语句的 LOW_PRIORITY,LOCAL,REPLACE,IGNORE 关键字。

对于在命令行上命名的每个文本文件，mysqlimport 剥去文件名的扩展名，并使用它决定向哪个表导入文件的内容。例如，"bookinfo.txt"、"bookinfo.sql"和"bookinfo"都会被导入名为 bookinfo 的表中。所以备份的文件名应根据需要恢复表命名。

【例 13-7】：恢复 littlelibrary 数据库中表 bookinfo 的数据，保存数据的文件为 bookinfo.txt,命令如下：

```
mysqlimport -uroot -pmaster --low-priority --replace littlelibrary bookinfo.txt
```

mysqlimport 也需要提供-u、-p 选项来连接服务器。值得注意的是，mysqlimport 是通过执行 LOAD DATA INFILE 语句来恢复数据库的，所以上例中备份文件未指定位置，默认是在 MySQL 的 DATA 目录中，如果不在则要指定文件的具体路径。

(3)直接复制

根据前面的介绍，由于 MySQL 数据库和表是直接通过目录和表文件实现的，因此可以通过直接复制文件的方法来备份数据库。不过，直接复制文件不能够移植到其他机器上，除非要复制的表使用 MyISAM 存储格式。如果要把 MyISAM 类型的表直接复制到另一个服务器使用，首先要求两个服务器必须使用相同的 MySQL 版本，而且硬件结构必须相同或相似。在复制之前要保证数据表不被使用，保证复制完整性的最好方法是关闭服务器，复制数据库下的所有表文件(*.frm、*.MYD 和 *.MYI 文件)，这些文件通常是在 MySQL 的 DATA 目录中的相应数据库目录下。查看 DATA 目录位置，可以使用以下语句：

```
show variables like '% datadir %';
```

然后重启服务器。文件复制出来以后，可以将文件放到另外一个服务器的数据库目录下，这样另外一个服务器就可以正常使用这张表了。

💡 实验示例

实验 13.1 表数据的导出和导入

【实验内容】

使用 SELECT...INTO 语句导出表 BookLended 的数据,然后模拟误删 BookLended 表中的数据,再通过 load data 语句导入表 BookLended 的数据。

【实验步骤】

使用 SELECT...INTO 语句导出表 BookLended 的数据,然后模拟误删 BookLended 表中的数据,再通过 load data 语句导入表数据。

(1)使用 SELECT...INTO 语句导出表 BookLended,语句如下,结果如图 13-1 所示。

因为导出的数据放在 D:/file 目录下,所以需要先在 D 盘创建 file 目录,再执行以下语句。

```
select * into outfile 'd:/file/myfile1.txt' fields terminated by ','
optionally enclosed by '"' lines terminated by '?'
from BookLended;
```

```
mysql> select * from BookLended;
+------------------+------------+---------------------+---------------------+
| Bookid           | Readerid   | Lendtime            | Backtime            |
+------------------+------------+---------------------+---------------------+
| 19-03-06-012024-8-4 | 1000002113 | 2019-12-18 00:00:00 | NULL                |
| 19-03-08-012024-8-6 | 1000001114 | 2020-01-01 20:02:34 | 2020-02-06 20:02:45 |
+------------------+------------+---------------------+---------------------+
2 rows in set (0.01 sec)

mysql> select * into outfile 'd:/file/myfile1.txt' fields  terminated by ',' optionally enclosed by '"'
lines terminated by '?' from BookLended;
Query OK, 2 rows affected (0.04 sec)
```

图 13-1 导出表 BookLended 的数据

(2)检查 D:/file 目录,看是否已经存在 myfile1.txt 文件。

经检查,D:/file 目录下已经存在 myfile1.txt 文件,打开文件后,数据格式如图 13-2 所示。

```
myfile1.txt - 记事本                                    —    □    ×
文件(F)  编辑(E)  格式(O)  查看(V)  帮助(H)
"19-03-06-012024-8-4","1000002113","2019-12-18 00:00:00",\N?"19-03-08-012024-8-
6","1000001114","2020-01-01 20:02:34","2020-02-06 20:02:45"?
```

图 13-2 创建的 myfile1.txt 文件数据格式

(3)模拟删除表 BookLended 的所有数据,语句如下,结果如图 13-3 所示。

```
delete from BookLended;
```

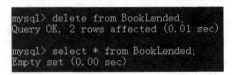

```
mysql> delete from BookLended;
Query OK, 2 rows affected (0.01 sec)

mysql> select * from BookLended;
Empty set (0.00 sec)
```

图 13-3 删除表 BookLended 的所有数据

(4)使用 load data 语句导入表 BookLended 的数据,语句如下,结果如图 13-4 所示。

```
load data infile 'd:/file/myfile1.txt'
into table BookLended
fields terminated by ','
optionally enclosed by '"'
lines terminated by '?';
```

```
mysql> select * from BookLended;
Empty set (0.00 sec)

mysql> load data infile 'd:/file/myfile1.txt'
    -> into table booklended
    -> fields  terminated by ','
    -> optionally enclosed by '"'
    -> lines terminated by '?';
Query OK, 2 rows affected (0.00 sec)
Records: 2  Deleted: 0  Skipped: 0  Warnings: 0

mysql> select * from BookLended;
+----------------------+------------+---------------------+---------------------+
| Bookid               | Readerid   | Lendtime            | Backtime            |
+----------------------+------------+---------------------+---------------------+
| 19-03-06-012024-8-4  | 1000002113 | 2019-12-18 00:00:00 | NULL                |
| 19-03-08-012024-8-6  | 1000001114 | 2020-01-01 20:02:34 | 2020-02-06 20:02:45 |
+----------------------+------------+---------------------+---------------------+
2 rows in set (0.00 sec)
```

图 13-4　导入表 booklended 的数据

实验 13.2　数据库的备份还原

【实验内容】

使用客户端工具 mysqldump 备份和还原数据库。

【实验步骤】

使用客户端工具 mysqldump 备份和还原 littlelibrary 数据库

（1）使用客户端工具 mysqldump 备份 littlelibrary 数据库，命令如下。

```
mysqldump -uroot -pmaster littlelibrary > D:/
littlelibrary.sql
```

注意：是在客户端执行以上命令，即和登录 MySQL 的方式一致。如果没有指定保存备份文件的地址，则默认保存在客户端执行命令的当前目录下。

（2）检查 D 盘目录，是否存在 littlelibrary. sql 文件。

经检查，D 盘目录下已经存在 littlelibrary. sql 文件，打开文件后，数据格式如图 13-5 所示。

（3）模拟删除 littlelibrary 数据库，语句如下，结果如图 13-6 所示。

图 13-5　littlelibrary.sql 文件数据格式

drop database if exists littleLibrary;

```
mysql> drop database if exists littleLibrary;
Query OK, 12 rows affected (0.12 sec)
```

图 13-6　删除 littlelibrary 数据库

（4）利用 D 盘目录下的 littlelibrary.sql 文件进行 littlelibrary 数据库的还原，命令如下。

```
mysql -uroot -pmaster littlelibrary < D:/littlelibrary.sql
```

注意：需要在 MySQL 中先创建 littlelibrary 数据库，然后在客户端执行以上命令，即和登录 MySQL 的方式一致，命令最后不要加"；"。

（5）最后检查 MySQL 中的 littlelibrary 数据库是否还原相关表及数据，结果如图 13-7所示。

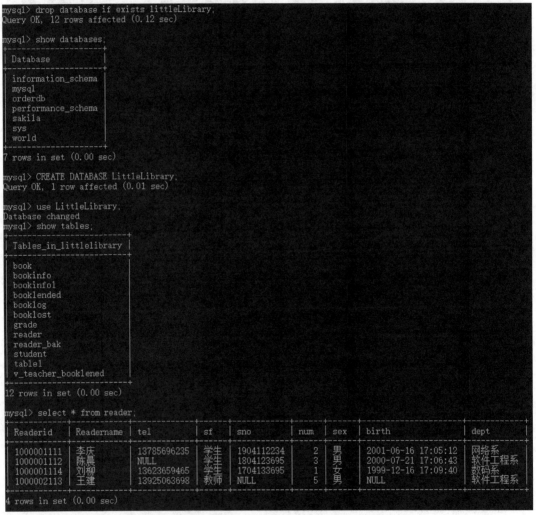

图 13-7　检查 littlelibrary 数据库是否还原相关表及数据

可以看到，littlelibrary 数据库已经还原相关表及数据。

【最佳实践】

数据库的灾难恢复策略在实际应用当中非常重要，需根据实际情况认真规划。

【练习】

1.先将 littlelibrary 数据库的 BookInfo 表中的数据进行导出,然后模拟删除 BookInfo 表中的所有数据,再通过导入数据的方式进行 BookInfo 表数据的还原。

2.备份 littlelibrary 数据库的 Reader 表(包括结构),然后模拟删除 Reader 表,通过备份文件进行 Reader 表修复。

实验 14　综合案例——艺术类学校管理信息系统的设计与开发

实验目的

- 了解学校管理信息系统的总体设计；
- 掌握系统数据库设计；
- 熟悉数据库连接访问；
- 熟悉系统功能模块设计。

实验示例

一、系统总体设计

随着学校规模的不断扩大，学生不断增多，这可能会造成课程、学生、教师、课室安排不合理，造成资源利用率小，对于一些文档资料也不能进行很好的管理。因此，随着网络的发展，系统化网上教学和管理已经成为一种新趋势，近年来国内校园信息系统的发展也非常迅速。本案例专门针对艺术类学校来完成其管理信息系统的设计及实现。

本节将介绍艺术类学校管理信息系统的总体设计，包括系统功能模块设计、系统数据库设计和数据库连接访问。

1.系统功能需求

（1）学生模块

拥有学生角色的用户进入该功能模块。学生模块主要包括信息查询、艺术考级申请、表演申请和选课等功能。信息查询包括个人信息查询、培训成绩查询、课程查询以及缴费查询；对于艺术考试申请管理的操作，如添加艺术等级考试申请、删除艺术等级考试申请、查询艺术考试申请；对于表演申请管理的操作，包括添加表演申请、删除表演申请、查询表演申请、修改表演申请；对于选课管理，包括添加选课申请、删除选课申请（退课）、查询选课申请。

（2）教师模块

拥有教师角色的用户进入该功能模块。教师模块主要包括排课管理、学生成绩管理和教学保障申请等功能。课程管理主要由行政人员设定课程基本信息，如上课时间、地点等；排课管理根据校方开设课程对教师进行排课，动态生成课程表；学生成绩管理，教师可以查看、修改所教课程的学生的成绩；教学保障申请，教师可针对一些教学保障向校方提出申请；

学生成绩统计报表,可由在线 Excel 组件获取数据,在页面生成自定义的数据显示模式,可直观地显示学生成绩和艺术成绩总体信息。

（3）行政模块

拥有管理员或行政角色的用户进入该功能模块。行政模块主要包括员工管理、学生管理和财务管理等功能。员工管理主要针对学校员工进行信息的增加、修改、删除和查询操作。学生管理主要包括学生才艺等级考试管理和学生演出的管理。财务管理主要包括学生缴费、杂费、教师工资和财务统计报表等。

本案例针对学习模块进行重点分析。

2.数据库需求分析

（1）学生信息管理数据流图

学生信息管理主要以查询为主,有个人信息查询,缴费查询,培训成绩查询,课表查询,艺术等级考试成绩查询,还有就是修改密码。其中个人信息查询和修改密码主要是通过对学生信息表进行操作;缴费查询是对财务表进行操作;培训成绩查询主要是对学生教师课程表进行操作;而艺术等级考试成绩查询主要是对学生艺术申请表操作。而行政人员能对学生信息表以及财务表进行添加、查询、删除、修改的操作,教师能对学生教师课程表信息进行添加、查询、删除、修改操作,以及能对学生艺术表进行添加、查询、修改操作。学生信息管理数据流图如图 14-1 所示。

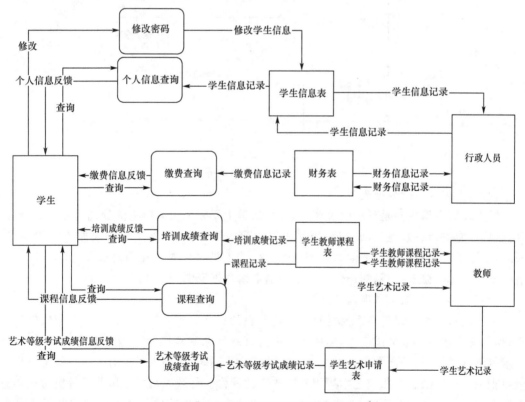

图 14-1 学生信息管理数据流图

（2）学生选课数据流图

学生选课主要是对学生教师课程表的操作,学生要完成选课流程,需要查询教师课程表,然后才能进行有效地选课;当学生选课后,自动向学生教师课程表插入相关信息。同时,也为学生提供对课程查询操作。同时,教师可以对教师课程表以及学生教师课程表进行添加、查询、修改、删除的操作。学生选课数据流图如图 14-2 所示。

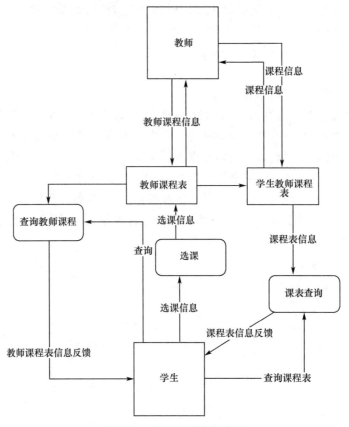

图 14-2　学生选课数据流图

（3）学生表演申请数据流图

学生表演申请主要是对学生表演表的操作,学生要完成表演申请流程,需要查询表演信息,然后才能进行有效地表演申请;当学生申请表演后,自动向学生表演表插入相关信息。同时,也提供学生对表演申请信息查询操作。行政人员可以对表演信息表以及学生表演表进行添加、查询、修改、删除的操作。学生表演申请数据流图如图 14-3 所示。

（4）学生艺术等级考试申请数据流图

学生艺术等级考试申请主要是对学生艺术表的操作,学生要完成艺术等级考试申请流程,需要查询艺术等级考试信息,然后才能进行有效地艺术等级考试报名申请;当学生申请艺术等级考试后,自动向学生艺术表插入相关信息。同时,也提供学生对艺术等级考试申请信息查询操作以及查询相应艺术等级考试成绩的操作。行政人员可以对艺术等级考试信息表以及学生艺术表进行添加、查询、修改、删除的操作。学生艺术等级考试申请数据流图如图 14-4 所示。

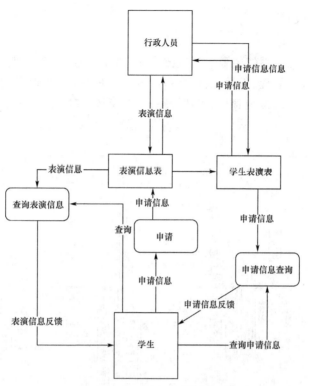

图 14-3　学生表演申请数据流图

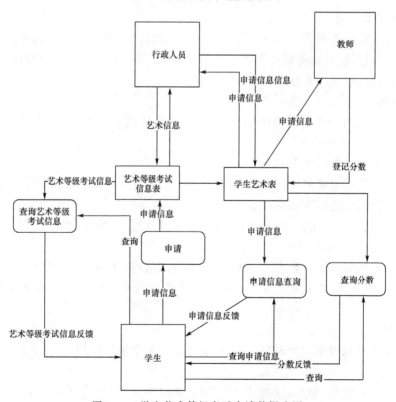

图 14-4　学生艺术等级考试申请数据流图

二、系统总体设计

1.系统功能模块设计

艺术类学校管理信息系统主要包括行政模块(员工管理、学生管理、财务管理)、教师模块(排课管理、学生成绩管理、教学保障申请)以及学生模块(选课管理、表演申请管理、艺术考试申请管理、费用管理、课表管理、成绩管理)三个模块,如图 14-5 所示。

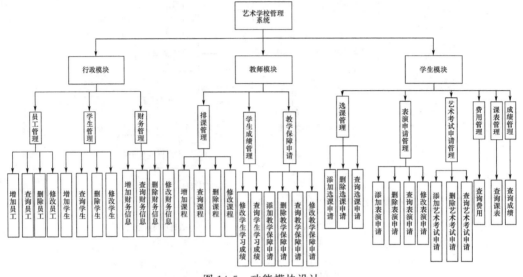

图 14-5　功能模块设计

2.系统数据库设计

根据系统的功能需求,要对数据库进行合理的设计。本系统遵循数据库设计的六个基本步骤进行分析设计,首先要对数据库进行需求分析,然后进行概念结构设计、逻辑结构设计、物理结构设计、数据库实施等操作。

(1)E-R 图

概念结构设计中,经分析得到以下各个局部 E-R 图,因功能模块较多,在此只列出部分。

①学生与艺术等级考试 E-R 图

同一个学生可以申请多个艺术等级考试,一个艺术等级考试可以由多个学生申请,所以学生和艺术等级考试之间存在多对多的联系。

学生实体包括学号、密码、姓名、民族、性别、家庭住址、家庭电话以及父母信息等属性,其中学号是主键。

艺术等级考试实体包括艺术考试编号、艺术考试名称、考试类型、考试地点、考试时间、考试费用等属性,其中艺术考试编号是主键。学生与艺术等级考试局部 E-R 图如图 14-6 所示。

②学生与表演 E-R 图

同一个学生可以申请多个表演,一个表演可以由多个学生申请,所以学生和表演之间存在多对多的联系。

学生实体包括学号、密码、姓名、民族、性别、家庭住址、家庭电话以及父母信息等属性,其中学号是主键。

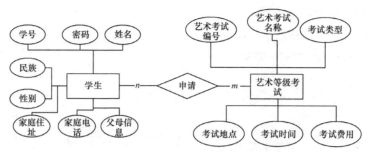

图 14-6　学生与艺术等级考试 E-R 图

表演实体包括表演编号、表演主题、表演类型、表演地点、表演时间、表演费用等属性,其中表演编号是主键。学生与表演局部 E-R 图如图 14-7 所示。

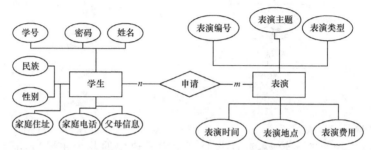

图 14-7　学生与表演 E-R 图

③学生与课程 E-R 图

一个学生可以选修多门课程,一门课程可以由多个学生选修,所以学生和课程之间存在多对多的联系。

一个教师可以讲授多门课程,一门课程也可以由多个老师讲授,所以教师和课程之间存在多对多的联系。

学生实体包括学号、密码、姓名、民族、性别、家庭住址、家庭电话以及父母信息等属性,其中学号是主键。

课程实体包括课程 ID、教师课程 ID、职工号、授课形式、课程地点、课程时间、课程、授课金额、班级人数、已选人数、教师已选课程、教师账户、节数、课程状态。其中教师课程 ID 为主键。

教师实体包括教师 ID、职工号、姓名、性别、民族、家庭地址、家庭电话、学历、工资(月)。学生与课程局部 E-R 图如图 14-8 所示。

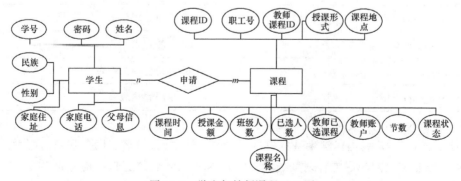

图 14-8　学生与教师课程 E-R 图

④合成学生模块整体 E-R 图

学生模块整体 E-R 图如图 14-9 所示。

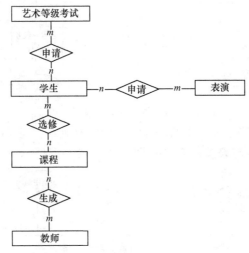

图 15-9　学生模块整体 E-R 图

(2)数据表设计

由于该数据库涉及的表较多,在此只介绍学生模块中的几个主要表,其整体描述见表 14-1。

表 14-1　　　　　　　　　　　　　　　各数据表描述

数据表	描述
stu_info	学生表
art_info	学生艺术表
stu_art	艺术等级考试申请表
show_info	表演信息表
stu_show	学生表演表
tea_course	教师课程表
stu_tea_course	学生教师课程表
money	财务表
tea_info	教师表
user_role_relate	教师和角色的关系表
mg_popedom	权限管理表

接下来,分别对各个数据表进行描述。

①stu_info 表:该表描述学生基本信息,包括学号、密码、姓名、性别、民族、家庭住址、家庭电话、父母信息、操作人、操作时间、操作类型。stu_info 表的逻辑结构见表 14-2。

表 14-2　　　　　　　　　　　　　　**学生表 stu_info**

序号	字段名	标识	类型	长度	精度	允许空	主键
1	stu_id	学号	int				✓
2	password	密码	varchar	100			
3	stu_name	姓名	varchar	50			
4	stu_sex	性别	varchar	4		✓	
5	stu_nation	民族	varchar	20		✓	
6	stu_address	家庭地址	varchar	100		✓	
7	stu_phone	家庭电话	varchar	100		✓	
8	stu_parents	父母信息	varchar	100		✓	
9	standy1	备用字段 1	varchar	100			
10	standy2	备用字段 2	varchar	100			
11	standy3	备用字段 3	varchar	100			
12	standy4	备用字段 4	varchar	100			
13	operate_time	操作时间	datetime				
14	operate_person	操作人	varchar	100			
15	operate_type	操作类型	varchar	100			

创建上表的语句如下：

```
CREATE TABLE stu_info(
    stu_id int IDENTITY(1,1) NOT NULL PRIMARY KEY,
    password varchar(100),
    stu_name varchar(50),
    stu_sex varchar(4),
    stu_nation varchar(20),
    stu_address varchar(100),
    stu_phone varchar(100),
    stu_parents varchar(100),
    standy1 varchar(100),
    standy2 varchar(100),
    standy3 varchar(100),
    standy4 varchar(100),
    operate_time datetime,
    operate_person varchar(100),
    operate_type varchar(100) NULL)ENGINE = InnoDB default charset=utf8;
```

②art_info 表：该表描述艺术等级考试基本信息，包括艺术考试编号、艺术考试名称、考试类型、考试地点、考试时间、考试费用。art_info 表的逻辑结构见表 14-3。

表 14-3   学生艺术表 art_info

序号	字段名	标识	类型	长度	精度	允许空	主键
1	art_id	艺术考试编号	int				√
2	art_name	艺术考试名称	varchar	100			
3	art_type	考试类型	varchar	100			
4	art_place	考试地点	varchar	100		√	
5	art_time	考试时间	datetime			√	
6	art_fee	考试费用	double			√	
7	Standy1	备用字段 1	varchar	100			
8	Standy2	备用字段 2	varchar	100			
9	Standy3	备用字段 3	varchar	100			
10	Standy4	备用字段 4	varchar	100			

创建上表的语句如下：

```
CREATE TABLE art_info(
    art_id int IDENTITY(1,1) NOT NULL PRIMARY KEY,
    art_name varchar(100),
    art_type varchar(100),
    art_place varchar(100),
    art_time datetime,
    art_fee double,
    standy1 varchar(100),
    standy2 varchar(100),
    standy3 varchar(100),
    standy4 varchar(100))ENGINE = InnoDB default charset=utf8;
```

（3）stu_art 表：该表描述学生申请艺术等级考试的记录信息，用来记录学生对艺术等级考试申请情况，包括编号、学生艺术考试编号、艺术考试编号、学号、考试成绩。stu_art 表的逻辑结构见表 14-4。

表 14-4   学生艺术等级表 stu_art

序号	字段名	标识	类型	长度	精度	允许空	主键
1	id	编号	int				√
2	Sart_id	学生艺术考试编号	varchar	100			
3	art_id	艺术考试编号	int				
4	stu_id	学号	int				
5	Sart_score	考试成绩	int			√	
6	standy1	备用字段 1	varchar	100			
7	standy2	备用字段 2	varchar	100			

(续表)

序号	字段名	标识	类型	长度	精度	允许空	主键
8	standy3	备用字段 3	varchar	100			
9	standy4	备用字段 4	varchar	100			

创建上表的语句如下：

```
CREATE TABLE stu_art(
    id int IDENTITY(1,1) NOT NULL PRIMARY KEY,
    Sart_id varchar(100) NOT NULL,
    art_id int,
    stu_id int,
    Sart_score int,
    standy1 varchar(100),
    standy2 varchar(100),
    standy3 varchar(100),
    standy4 varchar(100))ENGINE = InnoDB default charset=utf8;
```

（4）show_info 表：该表描述表演基本信息，包括表演编号、表演主题、表演类型、表演地点、表演时间、表演费用。show_info 表的逻辑结构见表 14-5。

表 14-5　　　　　　　　　　表演信息表 show_info

序号	字段名	标识	类型	长度	精度	允许空	主键
1	show_id	表演编号	int				√
2	show_theme	表演主题	varchar	100			
3	show_type	表演类型	varchar	100			
4	show_place	表演地点	varchar	100		√	
5	show_time	表演时间	datetime			√	
6	show_fee	表演费用	double			√	
7	standy1	备用字段 1	varchar	100			
8	standy2	备用字段 2	varchar	100			
9	standy3	备用字段 3	varchar	100			
10	standy4	备用字段 4	varchar	100			

创建上表的语句如下：

```
CREATE TABLE show_info(
    show_id int IDENTITY(1,1) NOT NULL PRIMARY KEY,
    show_theme varchar(100),
    show_type varchar(100),
    show_place varchar(100),
    show_time datetime,
    show_fee double,
    standy1 varchar(100) NULL,
```

```
    standy2 varchar(100) NULL,
    standy3 varchar(100) NULL,
    standy4 varchar(100) NULL)ENGINE = InnoDB default charset=utf8;
```

（5）stu_show 表：该表描述学生对表演的申请记录，用来记录学生对不同编号的表演进行申请情况，包括学生表演编号、表演编号、学号、表演名称、表演详情。stu_show 表的逻辑结构见表 15-6。

表 15-6   **学生表演表 stu_show**

序号	字段名	标识	类型	长度	精度	允许空	主键
1	Sshow_id	学生表演编号	int				√
2	show_id	表演编号	int				
3	stu_id	学号	int				
4	Sshow_name	表演名称	varchar	100		√	
5	Sshow_info	表演详情	varchar	8000		√	
6	standy1	备用字段 1	varchar	100			
7	standy2	备用字段 2	varchar	100			
8	standy3	备用字段 3	varchar	100			
9	standy4	备用字段 4	varchar	100			

创建上表的语句如下：

```
CREATE TABLE stu_show(
    Sshow_id int PRIMARY KEY AUTO_INCREMENT,
    show_id int,
    stu_id int,
    Sshow_name varchar(100),
    Sshow_info varchar(8000),
    standy1 varchar(100),
    standy2 varchar(100),
    standy3 varchar(100),
    standy4 varchar(100))ENGINE = InnoDB default charset=utf8;
```

（6）tea_info 表：该表描述教师的信息，包括教师 ID、职工号、姓名、性别、籍贯、民族、家庭地址、家庭电话等。tea_info 表的逻辑结构见表 14-7。

表 14-7   **教师表 tea_info**

序号	字段名	标识	类型	长度	允许空	主键
1	id	教师 ID	int			联合主键
2	tea_id	职工号	int			联合主键
3	tea_name	姓名	varchar	100		
4	tea_sex	性别	varchar	100	√	
5	tea_native	籍贯	varchar	100	√	

（续表）

序号	字段名	标识	类型	长度	允许空	主键
6	tea_nation	民族	varchar	100	√	
7	tea_address	家庭地址	varchar	100	√	
8	tea_phone	家庭电话	varchar	100	√	
9	tea_record	学历	varchar	100	√	
10	wage	工资（月）	double			
11	operate_time	操作时间	datetime			
12	operate_person	操作人	varchar	100		
13	operate_type	操作类型	varchar	100		
14	standy1	备用字段 1	varchar	100	√	
15	standy2	备用字段 2	varchar	100	√	
16	standy3	备用字段 3	varchar	100	√	
17	standy4	备用字段 4	varchar	100	√	

创建上表的语句如下：

```
CREATE TABLE tea_info(
    id int NOT NULL,
    tea_id int NOT NULL,
    tea_name varchar(100),
    tea_sex varchar(100),
    tea_native varchar(100),
    tea_nation varchar(100),
    tea_address varchar(100),
    tea_phone varchar(100),
    tea_record varchar(100),
    wage double,
    operate_time datetime,
    operate_person varchar(100),
    operate_type varchar(100),
    standy1 varchar(100),
    standy2 varchar(100),
    standy3 varchar(100),
    standy4 varchar(100),
    PRIMARY KEY(id, tea_id))ENGINE = InnoDB default charset=utf8;
```

（7）tea_course 表：该表描述课程详细情况，包括教师课程 ID、职工号、课程 ID、授课形式、课程地点、课程时间、授课金额、节数、教师已选课程情况、教师账户、课程名称、课程状态、班级人数、已选人数。tea_course 表的逻辑结构见表 14-8。

表 14-8 　　　　　　　　　　　　　**教师课程表 tea_course**

序号	字段名	标识	类型	长度	精度	允许空	主键
1	Tcourse_id	教师课程 ID	int				√
2	tea_id	职工号	int				
3	course_id	课程 ID	int				
4	Tcourse_type	授课形式	varchar	100		√	
5	Tcourse_place	课程地点	varchar	100		√	
6	Tcourse_time	课程时间	datetime	8		√	
7	Tcourse_money	授课金额	double			√	
8	Tcourse_No	节数	int			√	
9	standy4	教师已选课程	varchar	100		√	
10	standy5	教师账户	varchar	100		√	
11	standy6	课程名称	varchar	100		√	
12	standy7	课程状态	varchar	100		√	
13	Tcourse_num	班级人数	int				
14	Tcourse_elnum	已选人数	int				

创建上表的语句如下：

```
CREATE TABLE tea_course(
    Tcourse_id int PRIMARY KEY AUTO_INCREMENT,
    tea_id int,
    course_id int NULL,
    Tcourse_type varchar(100),
    Tcourse_place varchar(100),
    Tcourse_time varchar(8),
    Tcourse_money double,
    Tcourse_No int,
    standy4 varchar(100),
    standy5 varchar(100),
    standy6 varchar(100),
    standy7 varchar(100),
    Tcourse_num int,
    Tcourse_elenum int)ENGINE = InnoDB default charset＝utf8;
```

（8）stu_tea_course 表：该表描述学生选课情况，用来记录学生对教师课程选择情况，包括学生教师课程 ID、教师课程 ID、学号、缴费金额、成绩。stu_tea_course 表的逻辑结构见表 14-9。

表 14-9   学生教师课程表 stu_tea_course

序号	字段名	标识	类型	长度	精度	允许空	主键
1	STcourse_id	学生教师课程 ID	int				√
2	Tcourse_id	教师课程 ID	int				
3	stu_id	学号	int				
4	STcourse_money	缴费金额	double			√	
5	STcourse_score	成绩	int			√	

创建上表的语句如下：

```
CREATE TABLE stu_tea_course(
    STcourse_id int PRIMARY KEY AUTO_INCREMENT,
    stu_id int,
    Tcourse_id int,
    STcourse_money double,
    STcourse_score int,
    standy4 varchar(100))ENGINE = InnoDB default charset=utf8;
```

（9）money 表：该表描述缴费情况，用来记录学生对课程，表演，艺术等级考试申请的费用，包括缴费 ID、财务编号、工号或学号、缴费类型、缴费信息、时间、操作时间、操作人、操作类型、金额、缴费名字。money 表的逻辑结构见表 15-10。

表 15-10   财务表 money

序号	字段名	标识	类型	长度	精度	允许空	主键
1	ID	缴费 ID	int				√
2	money_id	财务编号	varchar	100			
3	tsmoney_id	工号或学号	varchar	100			
4	money_type	缴费类型	varchar	100			
5	money_No	缴费信息	varchar	100			
6	money_time	时间	datetime			√	
7	operate_time	操作时间	datetime			√	
8	operate_person	操作人	varchar	100		√	
9	operate_type	操作类型	varchar	100		√	
10	standy2	金额	double				
11	standy3	缴费名字	varchar	100		√	
12	standy4	备用字段	varchar	100		√	
13	standy5	备用字段	varchar	100		√	

创建上表的语句如下：

```
CREATE TABLE money(
    id int PRIMARY KEY AUTO_INCREMENT,
    money_id varchar(100),
```

```
        tsmoney_id varchar(100),
        money_type varchar(100),
        money_No varchar(100),
        money_time datetime,
        operate_time datetime,
        operate_person varchar(100),
        operate_type varchar(100),
        standy2 double,
        standy3 varchar(100),
        standy4 varchar(100),
        standy5 varchar(100))ENGINE = InnoDB default charset=utf8;
```

(10)user_role_relate 表：该表描述教师和角色的关系，包括关系 ID、教师标识、角色标识、教师 ID、角色编号、操作时间、操作人、操作时间、操作类型。user_role_relate 表的逻辑结构见表 14-11。

表 14-11　　　　　　　　　　　教师和角色的关系表 user_role_relate

序号	字段名	标识	类型	长度	允许空	主键
1	relate_id	关系 ID	int			√
2	user_code	教师标识	varchar	100		
3	org_id	角色标识	varchar	100		
4	user_id	教师 ID	int			
5	id	角色编号	int			
6	update_time	更新时间	datetime		√	
7	operate_person	操作人	varchar	100	√	
8	operate_time	操作时间	datetime		√	
9	operate_type	操作类型	varchar	100	√	

创建上表的语句如下：

```
CREATE TABLE user_role_relate(
    relate_id int PRIMARY KEY AUTO_INCREMENT,
    user_code varchar(100) NOT NULL,
    org_id varchar(100) NOT NULL,
    user_id int NOT NULL,
    id int NOT NULL,
    update_time datetime,
    operate_person varchar(100),
    operate_time datetime,
    operate_type varchar(100),
    )ENGINE = InnoDB default charset=utf8;
```

(11)mg_popedom 表：该表描述权限管理信息，包括权限 ID、角色编号、角色管理编号、节点 ID、权限说明、上级权限点 ID、权限类别、权限标识、记录更新时间、操作时间、操作人、操作类型。user_role_relate 表的逻辑结构见表 14-12。

表 14-12　　　　　　　　　　　权限管理表 mg_popedom

序号	字段名	标识	类型	长度	允许空	主键
1	popedom_id	权限 ID	int			√
2	id	角色编号	int			
3	mg_id	角色管理编号	int			
4	privilege_id	节点 ID	varchar	100		
5	privilege_name	权限说明	varchar	4000	√	
6	parent_privilege_id	上级权限点 ID	varchar	100	√	
7	privilege_type	权限类别	varchar	100	√	
8	privilege_flag	权限标识	varchar	100	√	
9	record_time	记录更新时间	datetime		√	
10	operate_person	操作人	varchar	100	√	
11	operate_time	操作时间	datetime		√	
12	operate_type	操作类型	varchar	100	√	

创建上表的语句如下：

```
CREATE TABLE mg_popedom(
    popedom_id int PRIMARY KEY AUTO_INCREMENT,
    privilege_id varchar(100) NOT NULL,
    org_id varchar(100) NOT NULL,
    privilege_name varchar(4000),
    parent_privilege_id varchar(100),
    privilege_type varchar(100),
    privilege_flag varchar(100),
    remark varchar(4000),
    record_time datetime,
    operate_person varchar(100),
    operate_time datetime,
    operate_type varchar(100),
    sys_code varchar(100))ENGINE = InnoDB default charset=utf8;
```

三、系统数据库连接访问实现

本系统在 Eclipse 中使用 JDBC 连接数据库进行访问。首先在 MySQL 中创建数据库 lqsql，通过以上 SQL 语句创建好相关表。

首先打开 eclipse，新建一个 java 项目 Servers（名称可以自行决定），并且新建一个包 test（名称可以自行决定），在 test 包下新建一个类，取名为 Test 类（名称可以自行决定），如图 14-10 所示。

接着，导入连接 MySQL 所需要的 JDBC 连接 jar 包，右击工程名，选择 Build Path，在弹出的菜单中选择 Configure-build-path，再选择 Add Externa JARs...，选择对应的 jar 包，如图 14-11、图 14-12 所示。

图 14-10　添加 java 项目

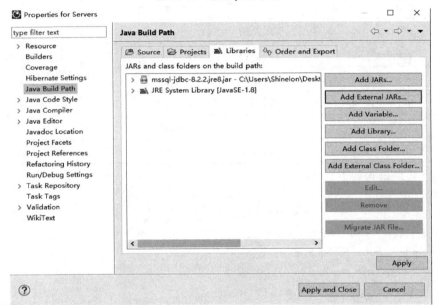

图 14-11　导入连接 MySQL 所需要的 JDBC 连接 jar 包

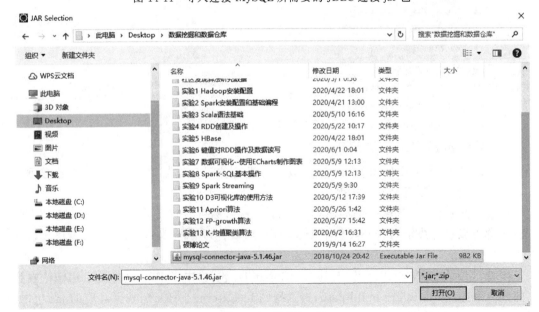

图 14-12　选择 jar 包

添加完 jar 包后,在 Test 类中,将以下代码复制进去,记得修改代码中的用户名和密码(MySQL 登录时使用的用户名和密码)。

```
package Test;
import java.sql.DriverManager;
import java.sql.ResultSet;
import com.mysql.jdbc.Connection;
import com.mysql.jdbc.PreparedStatement;
public class Test {
    public static void main(String[] args) {
        String url="jdbc:mysql://localhost/lqsql";//创建
        String user="root";
        String passwar="123456";
        String sql = "SELECT * FROM stu_info";
        try {
            Class.forName("com.mysql.jdbc.Driver");//加载驱动
            Connection con=(Connection) DriverManager.getConnection(url, user,
passwar);//连接数据库
            PreparedStatement stm=(PreparedStatement) con.prepareStatement
(sql);//创建 PreparedStatement 对象
            ResultSet re=stm.executeQuery(sql);//执行 SQL 语句
            while (re.next()) {
                System.out.println(re.getString("stu_name"));//打印输出 stu_info
表中的 stu_name 字段
            }
        }
        catch (Exception e) {
            e.printStackTrace();
        }
    }
}
```

若执行上述代码可以显示数据,则说明访问 MySQL 成功。

四、系统运行演示

1.学生模块,如图 14-13 所示。

2.学生选课,如图 14-14 所示。

3.教师模块,如图 14-15 所示。

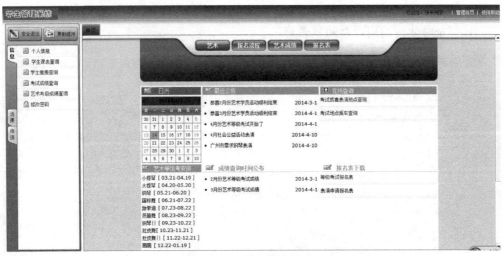

图 14-13　学生模块界面

| 授课方式：全部 ▼ | | | | 课程名查询：流行歌曲演唱 | | 查询 |
| 查看课程详细信息（请输入班级编号）： | | | | 查询 | | |
时间	星期日	星期一	星期二	星期三	星期四	星期五	星期六
			上午				
08：00-09：00			○课程编号：5 班级编号：19 科目：流行歌曲演唱 地点：音乐室D 教师：刘洋 上课形式：一对一 授课金额：100 剩余人数：1		○课程编号：5 班级编号：9 科目：流行歌曲演唱 地点：音乐室B 教师：刘洋 上课形式：一对一 授课金额：120 剩余人数：1 ○课程编号：5 班级编号：15 科目：流行歌曲演唱 地点：音乐室B 教师：刘洋 上课形式：一对一 授课金额：120 剩余人数：1	○课程编号：5 班级编号：5 科目：流行歌曲演唱 地点：音乐室B 教师：刘洋 上课形式：一对一 授课金额：100 剩余人数：1
09：00-10：00						
10：00-11：00	○课程编号：5 班级编号：20 科目：流行歌曲演唱 地点：音乐室D 教师：刘洋 上课形式：一对一 授课金额：100 剩余人数：0					○课程编号：5 班级编号：18 科目：流行歌曲演唱 地点：音乐室D 教师：刘洋 上课形式：一对一 授课金额：100 剩余人数：1
11：00-12：00						

图 14-14　学生选课界面

图 14-15　教师模块界面

4.行政管理模块,如图 14-16 所示。

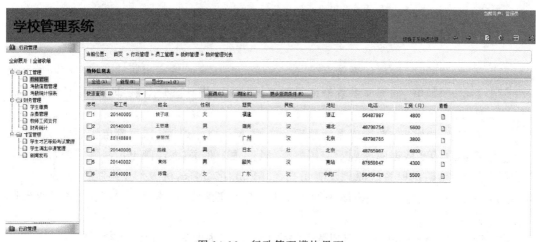

图 14-16　行政管理模块界面

本综合实验介绍了艺术学校管理系统的整体设计及实现界面,重点介绍了系统的数据库设计,数据库连接方式采用了 JDBC 的连接技术,操作简单,代码易学,系统界面清新。

参考文献

[1] 王珊,萨师煊. 数据库系统概论[M].5 版. 北京:高等教育出版社,2014.

[2] 王珊,萨师煊. 数据库系统概论习题解析与实验指导[M].5 版.北京:高等教育出版社,2014.

[3] 何玉洁,李宝安. 数据库系统原理及应用[M].2 版. 北京:人民邮电出版社,2020.

[4] 陈志泊,等. 数据库原理及应用教程[M].4 版. 北京:人民邮电出版社,2017.

[5] 苗雪兰. 数据库系统原理及应用教程[M].5 版. 北京:机械工业出版社,2020.

[6] 李辉,等. 数据库系统原理及 MySQL 应用教程[M].2 版. 北京:机械工业出版社,2019.

[7] 明日科技. mysql 从入门到精通[M]. 北京:清华大学出版社,2020.

[8] 万常选,廖国琼,吴京慧,刘喜平. 数据库系统原理与设计[M].3 版. 北京:清华大学出版社,2017.

[9] 郭胜,王志,丁忠俊. 数据库系统原理及应用[M].2 版. 北京:清华大学出版社,2015.

[10] 王六平,张楚才,刘先锋. 数据库系统原理与应用[M].2 版. 武汉:华中科技大学出版社,2019.

[11] 陆慧娟 高波涌 何灵敏. 数据库系统原理[M].2 版. 北京:中国电力出版社,2018.

[12] 沈钧毅,侯迪,冯中慧,何亮. 数据库系统原理[M]. 西安:西安交通大学出版社,2014.